“十二五”普通高等教育本科国家级规划教材

新大学化学学习导引

（第三版）

黄如丹　贺　欢　迟瑛楠　主编

科学出版社
北　京

内 容 简 介

本书是与《新大学化学》(第四版)(科学出版社,2018年)教材配套的教学参考书。全书共12章,与教材相对应,具体包括化学反应基本规律、溶液与离子平衡、氧化还原反应和电化学、物质结构基础、金属元素与金属材料、非金属元素与无机非金属材料、有机高分子化合物及高分子材料、化学与能源、化学与环境保护、化学与生命、化学与生活、化学与国防等内容的学习导引。每章包括两大部分内容:本章小结(基本要求、基本概念、计算公式集锦)和习题及详解。在本章小结部分,给出了该章的知识点及重点,并对基本概念进行了详细解说。习题部分涵盖判断题、选择题、填空题、简答题、计算题等各类题型,易、中、难等各种题目,配有详细的解答,并提供了八套综合练习题。此外,本书配备了第1～6章部分习题的视频讲解,读者可扫描封底二维码下载“爱一课”APP,观看视频讲解。

本书可作为高等院校理工科非化学化工类本科生学习大学化学课程的指导书,也可作为大学化学通识课素质教育的教学参考书。

图书在版编目(CIP)数据

新大学化学学习导引/黄如丹,贺欢,迟瑛楠主编. —3版. —北京:科学出版社,2018.6

“十二五”普通高等教育本科国家级规划教材

ISBN 978-7-03-058125-9

Ⅰ.①新… Ⅱ.①黄… ②贺… ③迟… Ⅲ.①化学-高等学校-教学参考资料 Ⅳ.①O6

中国版本图书馆CIP数据核字(2018)第134398号

责任编辑:陈雅娴 侯晓敏 / 责任校对:何艳萍
责任印制:吴兆东 / 封面设计:陈 敬

科学出版社出版
北京东黄城根北街16号
邮政编码:100717
http://www.sciencep.com
北京富资园科技发展有限公司印刷
科学出版社发行 各地新华书店经销
*
2008年4月第 一 版 开本:787×1092 1/16
2012年3月第 二 版 印张:13 1/2
2018年6月第 三 版 字数:312 000
2024年7月第二十三次印刷
定价: 39.00 元
(如有印装质量问题,我社负责调换)

第三版前言

随着《新大学化学》(第四版)(科学出版社,2018 年)教材的出版,配套的辅助教材《新大学化学学习导引》(第三版)也与读者见面了。本书仍保持了第二版的体例,在基本内容和习题的选取上,紧紧围绕教材的知识点、重点展开,附加题做了适当扩充,综合练习题增加到了八套。

为了加深读者对本书相关内容及解题思路的认识和理解,编者选择部分习题录制了视频讲解,读者可扫描封底二维码下载“爱一课”APP,观看视频讲解。视频讲解从具体的习题入手,将相关的概念、理论、计算公式等知识进行再总结、再复习,力求进一步提高学生的学习效率。配套的数字化教学资源使教与学的互动更直观、生动。

第三版修订由北京理工大学黄如丹、贺欢、迟瑛楠完成,其中视频讲解由贺欢(第 1～4 章)、迟瑛楠(第 5、6 章)完成。

借本书出版之际,诚挚感谢参加第一版、第二版编写的朱湛老师、许颜清老师,感谢她们为本书做出的卓越贡献。

由于编者水平有限,书中不妥之处在所难免,恳请读者在使用本书时,提出宝贵意见和建议。

编　者

2018 年 2 月于北京理工大学

第二版前言

为配合《新大学化学》(第三版)教材的出版,我们修订了第一版《新大学化学学习导引》一书。经观察,这本教学辅助教材在使用的几年中,对非化学化工类的学生更好地理解教材内容,提高大学化学课程的学习效率,起到了应有的作用,受到学生的赞许。

第二版保留了第一版的结构,对部分内容进行了调整和修改,使之与新版教材更融合。第二版由北京理工大学黄如丹担任主编。参加修订工作的有:北京理工大学黄如丹(第1章、第3章、索引)、朱湛(第2章、第4章)、迟瑛楠(第5~7章)、许颜清(第8章、第9章)、贺欢(第10~12章)。综合练习题素材由北京理工大学、吉林大学两校提供。全书由黄如丹统稿、修改和定稿。

恳请使用本书的老师和同学能及时反馈意见和建议,使本书更好地发挥其教学辅助作用。

编　者

2011年10月于北京理工大学

第一版前言

对于工科非化学化工类学生而言，学习“大学化学”对拓宽知识面、改善知识和能力结构、提高素质是非常重要的。2007年，科学出版社出版了由吉林大学和北京理工大学合编的《新大学化学》第二版教材。该书是普通高等教育“十一五”国家级规划教材。在教学中，学生渴望能有一本相应的教学指导书来辅助学习。为了搭建教学辅助平台，应科学出版社之邀，我们编写了本书。本书对《新大学化学》第二版教材中的全部习题给出了详细的参考解答，并对教材中的基本概念做了全面总结和详细解说。这是本书的一大特色，它起到了工具书的作用。本书可较好地辅助学生的课后学习，大大提高学习效率。在目前课堂教学时数不断缩减、知识本身又不断膨胀的矛盾状况下，本书更显示了其优越性，对辅助课堂教学、提高教学质量有很好的帮助作用。

本书由北京理工大学黄如丹教授主编。参加本书编写工作的有：北京理工大学朱湛（第2、4、5章）、许颜清（第1～4章基本概念部分）、黄如丹（第1、3、6章，索引），吉林大学贾琼（第7～12章）。综合练习题素材由北京理工大学和吉林大学提供。全书由黄如丹统稿、修改和定稿。书中的习题解答内容请北京理工大学朱炳林教授主审，研究生储伟、傅继光等同学帮助整理书稿，做了大量工作，在此一并表示感谢！

由于编者水平有限，时间也比较仓促，出现错误和疏漏在所难免，恳请同仁和读者指正。

编　者

2007年11月于北京

目　录

第1章　化学反应基本规律

1.1　本章小结

1.1.1　基本要求

第一节

系统与环境、相的概念

第二节

化学反应的质量守恒定律——化学反应计量方程式

状态与状态函数、热、功、热力学能的概念

化学反应的能量守恒定律——热力学第一定律

焓、化学反应热——定容热和定压热、赫斯定律、标准摩尔生成焓、标准摩尔燃烧焓、化学反应热(反应的标准摩尔焓变)的计算

第三节

熵、热力学第三定律、标准摩尔熵、标准摩尔熵变的计算

吉布斯函数、定温定压下化学反应方向的判据、熵变及焓变与吉布斯函数变之间的关系(吉布斯-亥姆霍兹公式)、标准摩尔生成吉布斯函数、标准摩尔吉布斯函数变的计算、定温定压下任意状态摩尔吉布斯函数变的计算(化学反应等温方程式)

第四节

气体分压定律、标准平衡常数、标准摩尔吉布斯函数变与标准平衡常数之间的关系、混合气体系统的总压改变对化学平衡的影响及其定量计算、温度对化学平衡的影响及其计算

第五节

化学反应速率的表示法、反应进度

反应速率理论、活化能、化学反应热效应(焓变)与正、逆反应活化能之间的关系

基元反应与非基元反应、质量作用定律——基元反应速率方程、速率常数、反应级数

温度与反应速率常数之间的关系及其计算

催化剂对反应速率的影响

1.1.2 基本概念

第一节

系统与环境(三类热力学系统) 系统是人为划定作为研究对象的物质;环境是系统以外并与之密切相关的其他物质。系统和环境之间通过物质和能量的交换相互作用,按照物质和能量交换的不同情况,可将系统分为三类。

(1) 敞开系统:与环境之间既有物质交换,又有能量交换。

(2) 封闭系统:与环境之间仅存在能量交换,不存在物质交换。

(3) 隔离系统:与环境之间既无物质交换,也无能量交换。

相(相与聚集态) 系统中的任何物理和化学性质完全相同的部分称为相。不同相之间有明显的界面,但有界面不一定就是不同的相,如相同的固态物质。对于不同的相,在相界面两侧的物质的某些宏观性质(如折射率、相对密度等)会发生突变。聚集状态相同的物质在一起,并不一定是单相系统(如油与水的混合),同一种物质可因聚集状态不同而形成多相系统(如冰、水及水蒸气)。

单相(均匀)**和多相**(不均匀)**系统** 系统由一个相组成,称为单相系统或均匀系统,如气体(单一组分、混合)和溶液都是单相系统。

系统由两个或多于两个相组成,称为多相系统或不均匀系统,如不同液体、不同固体之间或同一种物质不同聚集状态共存的系统等。

第二节

质量守恒定律(物质不灭定律——化学反应计量方程式) 在化学反应中,原子本身不发生变化,发生变化的是原子的组合方式,即化学反应发生前后,原子的种类和数量保持不变。物质的质量既不能创造,也不能毁灭,只能由一种形式转变为另一种形式。可用化学反应计量方程式表述反应物与生成物之间的原子数目和质量的平衡关系,即参加反应的全部物质的质量等于全部反应生成物的质量。

化学计量数 在化学反应计量方程式中,各物质的化学式前的系数称为化学计量数,用符号 ν_B 表示,量纲为1。将反应物的计量数定为负值,而生成物的计量数定为正值。化学计量方程通式即 $0=\sum_B \nu_B B$。

状态 用来描述系统的宏观性质(如压力、体积、温度、物质的量)的总和。系统的性质确定,其状态也就确定了。反之,系统的状态确定,其性质也就有确定的值。

状态函数 用来确定系统状态性质的物理量,如压力、体积、温度、物质的量、热力学能、焓、熵、吉布斯函数等称为状态函数,它是系统自身的性质。状态函数有三个主要特点:

(1) 状态一定,其值一定。

(2) 殊途同归,值变相等。

(3) 周而复始,值变为零。

热力学能及其特征 宏观静止系统中,在不考虑系统整体运动的动能和系统在电磁场、离心力场等外场中的势能的情况下,系统内各种能量的总和称为系统的热力学能(U),包括系统内部各种物质的分子平动能、分子间转动能、分子振动能、电子运动能、核能等。

其特征表现在:①无法知道一个热力学系统的热力学能的绝对值;②热力学能是一个状态函数,其改变量只与始态和终态有关,而与变化的途径无关;③热力学能具有加和性,与系统中物质的量成正比。

热 由于温度不同而在系统与环境之间能量传递的形式称为热,用符号 Q 表示,它是系统和环境发生能量交换的一种形式。热不是状态函数,与过程有关。

功(体积功、有用功) 系统与环境之间除热以外的其他传递能量的形式称为功,用符号 W 表示。热力学中将功分为体积功和非体积功两类。在一定外压下,由于系统体积的变化而与环境交换能量的形式称为体积功(又称膨胀功);除体积功以外的一切功称为非体积功(或称有用功、其他功),用符号 W' 表示,书中遇到的非体积功有表面功、电功等。功与热一样都不是状态函数,其数值与途径有关。功的单位为 $\mathrm{Pa \cdot m^3 = J}$。

Q 和 W 的符号规定 一般规定,系统吸收热,Q 为正值;系统放出热,Q 为负值。系统对环境做功,W 为负值;环境对系统做功,W 为正值。

热力学第一定律数学表达式 若封闭系统由始态(热力学能为 U_1)变到终态(热力学能为 U_2),同时系统从环境吸热 Q,得功 W,则系统热力学能的变化为

$$\Delta U = U_2 - U_1 = Q + W$$

它表示封闭系统以热和功的形式传递能量,必定等于系统热力学能的变化。

化学反应的反应热 通常把只做体积功,且始态和终态具有相同温度时,系统吸收或放出的热量称为化学反应的反应热。按照反应条件的不同,又可分为定容反应热和定压反应热。

定容(恒容)反应热 在定容、不做非体积功的条件下,$\Delta V = 0$,$W = -p\Delta V = 0$,$W' = 0$,所以 $\Delta U = Q + W = Q_V$。其意义是:在定容条件下进行的化学反应(该系统既不做体积功,也不做非体积功),其反应热等于该系统中热力学能的改变量。

定压(恒压)反应热 在定压、只做体积功的条件下,$W = -p\Delta V$,$W' = 0$,$\Delta U = Q + W = Q_p - p\Delta V$,所以 $Q_p = \Delta U + p\Delta V = (U_2 - U_1) + p(V_2 - V_1) = (U + pV)_2 - (U + pV)_1 = H_2 - H_1 = \Delta H$。其意义是:等压过程(该系统只做体积功,不做非体积功)反应热等于系统焓的改变量。

焓及其特征 热力学状态函数,符号为 H,$H = U + pV$。焓具有加和性。由于热力学能的绝对值无法测得,因此焓的绝对值也无法知道。

赫斯定律 化学反应的反应热(在定压和定容下)只与过程的始态和终态有关,而与变化的途径无关。也可表述为,一个总反应的反应热 $\Delta_r H_m$ 等于其所有分步反应的反应热($\Delta_r H_{m,i}$)的总和,即

$$\Delta_r H_m = \sum_i \Delta_r H_{m,i}$$

标准摩尔生成焓(热) 在一定温度和标准状态下,由参考态单质生成 1mol 物质 B 时反应的焓变,以符号 $\Delta_f H_m^\ominus$ 表示,SI 单位为 $\mathrm{kJ \cdot mol^{-1}}$。参考态单质的标准摩尔生成焓

$\Delta_f H^{\ominus}_{m,B}(T)$(参考态单质)为0;水合$H^+$的标准摩尔生成焓$\Delta_f H^{\ominus}_m(H^+,aq)$为0。一般附表中列出的是物质在298.15K时的标准摩尔生成焓的数据。

标准摩尔燃烧焓(热) 在一定温度和标准状态下,1mol物质B完全燃烧反应的摩尔焓变,以符号$\Delta_c H^{\ominus}_m$表示,SI单位为kJ·mol^{-1}。这里所说的"完全燃烧"是指可燃物分子中的各种元素,如碳变为CO_2(g)、氢变为H_2O(l)、硫变为SO_2(g)、磷变为P_2O_5(s)、氮变为N_2(g)、氯变为HCl(aq)等,热力学上规定这些产物为最终产物。由于标准摩尔燃烧焓是以燃烧终点为参照物的相对值,因此这些燃烧最终产物的标准摩尔燃烧焓规定为零。单质氧没有燃烧反应,也可以认为它的燃烧焓为零。

标准摩尔焓变 在标准状态和某一温度下,任一化学反应的标准摩尔焓变等于生成物标准摩尔生成焓的总和减去反应物标准摩尔生成焓的总和,以符号$\Delta_r H^{\ominus}_m(T)$表示。温度变化不大时,反应的焓变可以看成是不随温度变化的,即

$$\Delta_r H^{\ominus}_m(T) \approx \Delta_r H^{\ominus}_m(298.15\text{K})$$

对于有机化学反应,其标准摩尔焓变也等于反应物标准摩尔燃烧焓总和减去生成物标准摩尔燃烧焓总和。

热力学标准态 气体物质的标准态:标准压力$p^{\ominus}=100.00$kPa时的(假想的)理想气体状态。溶液(溶质为B)的标准态:标准压力时,标准质量摩尔浓度$b^{\ominus}=1.0$mol·kg^{-1},并表现为无限稀溶液特性时溶质B的(假想)状态。液体和固体的标准态:标准压力$p^{\ominus}=100.00$kPa下的纯液体和纯固体。

参考态元素(单质) 一般指在所讨论T、p下最稳定状态的单质或规定的单质。根据标准摩尔生成焓的定义,参考态元素的标准摩尔生成焓为零。

第三节

自发过程 在一定条件下不需任何外力作用就能自动进行的过程。

控制系统变化方向的自然规律

(1) 从过程的能量来看,物质系统倾向于取得最低能量状态。

(2) 从系统中质点分布和运动状态来分析,物质系统倾向于取得最大混乱度。

(3) 凡是自发过程通过一定的装置都可以做有用功。

熵及其特征 熵用来表征系统内部质点的无序度或混乱度,符号为S,是状态函数,具有加和性,与系统中物质的量成正比。

(1) 物质的熵值随温度升高而增大,这是因为动能随温度升高而增大,导致微粒运动的自由度增大。

(2) 同一物质在气态的熵值总是大于液态的熵值,液态的熵值又大于固态的熵值。

(3) 气态多原子分子的$S^{\ominus}_{m,B}$比单原子分子大。

(4) 压力对气态物质的熵值影响较大,压力越高,熵值越小。

(5) 对于摩尔质量相同的不同物质,其结构越复杂,对称性越低,$S^{\ominus}_{m,B}$值越大。

(6) 混合物的熵值总是大于纯净物的熵值。

规定熵(绝对熵) 根据热力学第三定律,规定0K纯净的完整晶态物质的熵为零。因此,如果知道某物质从0K到指定温度下的热力学数据,如热容、相变热等,便可求出此

温度下的熵值,称为规定熵。

摩尔熵　单位物质的量的物质 B 的规定熵称为摩尔熵。

标准摩尔熵　在一定温度和标准状态下的摩尔熵称为标准摩尔熵,符号为 $S^{\ominus}_{m,B}$,单位为 $J \cdot mol^{-1} \cdot K^{-1}$。注意,参考态元素的标准摩尔熵不等于零。一般附表中列出的是物质在 298.15K 时的标准摩尔熵的数据。

标准摩尔熵变　在一定温度和标准态条件下,终态与始态之间标准摩尔熵的改变量。化学反应的标准摩尔熵变等于生成物标准摩尔熵的总和减去反应物标准摩尔熵的总和。对于同一个反应,由于反应物和生成物的熵值随温度升高而同时相应增加,标准摩尔熵变随温度变化较小,因此

$$\Delta_r S^{\ominus}_m(T) \approx \Delta_r S^{\ominus}_m(298.15\mathrm{K})$$

吉布斯函数及其特征　吉布斯函数是热力学系统的状态函数,其定义式为 $G=H-TS$。吉布斯函数具有加和性。由于焓的绝对值无法测得,因此吉布斯函数的绝对值也无法知道。

吉布斯函数变与焓变、熵变的关系　$\Delta G=\Delta H-T\Delta S$

类型	ΔH	ΔS	ΔG	评论
1	−	+	−	任何温度均自发
2	+	−	+	任何温度非自发
3	−	−	低温−	低温自发
			高温+	高温非自发
4	+	+	高温−	高温自发
			低温+	低温非自发

吉布斯函数变与有用功的关系　系统吉布斯函数的减少等于它在定温、定压下对环境所能做的最大有用功,即

$$\Delta G = W'_{max}$$

标准摩尔生成吉布斯函数　在一定温度和标准状态下,由参考态元素生成单位物质的量的某物质时反应的吉布斯函数变,以符号 $\Delta_f G^{\ominus}_m$ 表示,SI 单位为 $kJ \cdot mol^{-1}$。

标准摩尔吉布斯函数变　在标准状态和某一温度下,化学反应的标准摩尔吉布斯函数变等于生成物标准摩尔生成吉布斯函数的总和减去反应物标准摩尔生成吉布斯函数的总和,以符号 $\Delta_r G^{\ominus}_m(T)$表示。

非标准态摩尔吉布斯函数变与标准摩尔吉布斯函数变的关系　根据化学反应等温方程式有

$$\Delta_r G_m(T) = \Delta_r G^{\ominus}_m(T) + RT\ln\prod_B \left(\frac{p_B}{p^{\ominus}}\right)^{\nu_B}$$

式中:$\prod_B$ 为连乘算符。

熵判据　在隔离系统中,自发过程朝着熵增大的方向进行,即 ΔS 为正值的过程(熵增过程)是自发过程,而 ΔS 为负值的过程(熵减过程)是非自发过程。

吉布斯函数判据　在等温、等压和系统不做非体积功的条件下:

$\Delta G<0$,过程可正向自发进行;

$\Delta G>0$，正向过程非自发，逆向过程可自发进行；

$\Delta G=0$，系统处于平衡状态。

第四节

可逆反应 若一个化学反应系统，在相同条件下可以由反应物之间相互作用生成生成物（正反应），同时生成物之间也可以相互作用生成反应物（逆反应），这样的反应称为可逆反应。可逆性是化学反应的普遍特征。

化学平衡状态 当可逆反应进行到最大限度时，系统中反应物和生成物的浓度不再随时间而改变，反应似乎已经“停止”，系统的这种表面上静止的状态称为化学平衡状态。化学平衡是动态平衡，是有条件的、相对的、暂时的。

标准平衡常数 当反应达到动态平衡时，用各组分在平衡时的相对浓度或相对分压（气相反应）来定量表达化学反应的平衡关系的常数称为标准平衡常数。它表达反应进行的程度：$K^\ominus$值越大，平衡系统中生成物越多而反应物越少，反之亦然。标准平衡常数是反应的特性常数，是由反应的本性决定的，仅与温度有关，与系统组分的浓度和压力无关；量纲为1；其值与反应方程式的写法有关。对于反应

$$aA+bB=\!=\!=cC+dD$$

(1) 如果四种物质都是气体，$K^\ominus=\dfrac{[p_C/p^\ominus]^c[p_D/p^\ominus]^d}{[p_A/p^\ominus]^a[p_B/p^\ominus]^b}$，$p^\ominus=100.00\text{kPa}$。

(2) 如果是稀溶液，$K^\ominus=\dfrac{[b_C/b^\ominus]^c[b_D/b^\ominus]^d}{[b_A/b^\ominus]^a[b_B/b^\ominus]^b}$，$b^\ominus=1.0\text{mol}\cdot\text{kg}^{-1}$。

(3) 如果是多相共存的反应，如 $aA(g)+fF(l)=\!=\!=gG(s)+dD(aq)$，则平衡常数 $K^\ominus=\dfrac{[b_D/b^\ominus]^d}{[p_A/p^\ominus]^a}$，纯液体和纯固体不用考虑。

分体积 相同温度下，组分气体具有混合气体相同压力时所占有的体积。

体积分数 某组分气体的分体积与总体积之比。

$$\varphi=\frac{V_B}{V_{总}}$$

摩尔分数 某组分气体的物质的量与混合气体的总物质的量之比。

$$x_B=\frac{n_B}{n_{总}}$$

分压力 在气相反应中，每一组分气体的分子都会碰撞容器壁产生压力，这种压力称为组分气体的分压力。

分压定律 在温度相同、容器的体积固定不变的条件下，几种不同的理想气体混合，该气体混合物的总压力等于各组分气体的分压力之和。这就是道尔顿提出的气体分压定律。分压和总压之间的关系可以表示为

$$p_A=p\frac{n_A}{n}=px_A$$

式中：p_A 为气体混合物中A组分的分压力。

多重平衡规则 如果多个化学反应计量方程式经过线性组合得到一个总的化学反应

计量方程式，则总反应的标准平衡常数等于各反应的标准平衡常数的积或商。这一结论称为多重平衡规则，即

如果反应 3=反应 1+反应 2，则 $K_3^\ominus = K_1^\ominus K_2^\ominus$；

如果反应 3=反应 1−反应 2，则 $K_3^\ominus = K_1^\ominus / K_2^\ominus$。

平衡转化率 某指定反应物的平衡转化率是指该反应物在平衡状态时，已消耗的部分占该反应物初始用量的百分数。

标准吉布斯函数变与标准平衡常数的关系 由化学反应等温方程式可推导出

$$\Delta_r G_m^\ominus(T) = -RT\ln K^\ominus$$

可逆反应进行的方向

$\prod_B \left(\frac{p_B}{p^\ominus}\right)^{\nu_B} < K^\ominus$ $\Delta_r G_m < 0$ 正向反应自发进行

$\prod_B \left(\frac{p_B}{p^\ominus}\right)^{\nu_B} = K^\ominus$ $\Delta_r G_m = 0$ 反应处于平衡状态

$\prod_B \left(\frac{p_B}{p^\ominus}\right)^{\nu_B} > K^\ominus$ $\Delta_r G_m > 0$ 正向反应非自发进行，逆向反应自发进行

化学平衡的移动（压力、温度对平衡的影响） 外界条件改变时一种平衡状态向另一种新的平衡状态的转化过程称为化学平衡的移动。对于化学平衡系统，外界条件指的是浓度、压力和温度，前两者引起的化学平衡移动不改变标准平衡常数，而温度在引起化学平衡移动的同时其标准平衡常数也会改变。另外，催化剂同等程度地提高正、逆反应的速率，从而加快平衡状态的到达，不改变标准平衡常数。具体如下：

(1) 浓度的影响。增大反应物浓度或减小生成物浓度时平衡正向移动；反之，平衡逆向移动。

(2) 压力的影响。压力对平衡的影响实质是通过浓度的变化起作用。由于固液相浓度几乎不随压力变化，因此改变压力对无气相参与的系统影响甚微。另外，压力变化只对反应方程式两端气体分子数不相同的反应有影响。增大系统的总压力，平衡向气体分子数减少的方向移动；减小压力，平衡向气体分子数增加的方向移动。需要指出的是，改变系统的总压，各组分的分压都会发生改变。

(3) 温度的影响。升高温度，平衡向吸热反应方向移动；降低温度，平衡向放热反应方向移动。可以定量讨论温度对标准平衡常数的影响，即

$$\ln\frac{K_2^\ominus}{K_1^\ominus} = \frac{\Delta_r H_m^\ominus}{R}\left(\frac{T_2 - T_1}{T_2 T_1}\right)$$

或

$$\lg\frac{K_2^\ominus}{K_1^\ominus} = \frac{\Delta_r H_m^\ominus}{2.303R}\left(\frac{T_2 - T_1}{T_2 T_1}\right)$$

勒夏特列原理 如果改变平衡系统的条件之一，如浓度、压力或温度，平衡就向减弱这个改变的方向移动。这一定性判断平衡移动的规则是 1884 年由法国科学家勒夏特列（Le Châtelier）提出来的。

第五节

化学反应速率表示法 瞬时速率 $v=\frac{1}{\nu_B}\frac{dc_B}{dt}$，单位为 $mol \cdot dm^{-3} \cdot s^{-1}$。

反应进度 对于一个反应 $bA \longrightarrow yY$

反应开始时，Y 的物质的量/mol $n_0(Y)$

反应经时间 t 后，Y 的物质的量/mol $n(Y)$

定义 $n(Y)=n_0(Y)+\nu(Y)\xi$，则

$$\xi=\frac{n(Y)-n_0(Y)}{\nu(Y)}=\frac{\Delta n(Y)}{\nu(Y)}$$

式中：ξ 表示反应进度，mol。

反应级数 在反应速率方程式中，各反应物浓度指数之和称为反应级数。基元反应的反应级数与其计量数一致，非基元反应的反应级数必须通过实验来确定，而不能根据总反应方程式的计量数直接写出。反应的分级数和总级数可以是整数、负数以及零，也可以是分数。

活化能 碰撞理论认为：活化分子具有的最低能量与反应系统中分子的平均能量之差称为活化能。过渡状态理论认为：活化络合物所具有的最低势能和反应物分子的平均势能之差称为活化能。

活化能与反应热之间的关系 $\Delta H=E_{a,1}$(正)$-E_{a,2}$(逆)

当 $E_{a,1}>E_{a,2}$，$\Delta H>0$ 时，为吸热反应；

当 $E_{a,1}<E_{a,2}$，$\Delta H<0$ 时，为放热反应。

浓度、温度、催化剂对反应速率的影响

(1) 增大反应物的浓度(或气体压力)，可增加单位体积反应物分子总数，使单位体积中活化分子总数增加，反应速率加快。

(2) 升高温度，能增加活化分子的百分数，从而使反应速率加快。

(3) 加入催化剂，改变反应的机理，降低反应的活化能，能增加活化分子的百分数，进而反应速率加快。

质量作用定律 在一定温度下，基元反应的反应速率与各反应物的浓度的幂的乘积成正比，即基元反应为

$$aA+fF = gG+dD$$

其反应速率为

$$v=kc_A^a c_F^f$$

基元反应与非基元反应 基元反应指一步完成的简单反应；非基元反应则是由两个或两个以上基元反应构成的复杂化学反应。

反应速率常数 其值由反应本性决定，与反应温度、催化剂以及溶剂等因素有关，与反应物浓度无关。k 的大小直接决定反应速率的大小及反应进行的难易程度。k 的量纲与反应级数有关，其单位的通式为(浓度)$^{1-n}$(时间)$^{-1}$，即$(mol \cdot dm^{-3})^{1-n} \cdot s^{-1}$。

阿伦尼乌斯公式 阿伦尼乌斯公式是描述反应温度与反应速率关系的经验公式，即

$$k = A\mathrm{e}^{-E_a/RT}$$

式中：A 为指前因子，是给定反应的特性常数，与 k 的单位相同；E_a 为反应的活化能，也是反应的特性常数，其单位为 $\mathrm{kJ\cdot mol^{-1}}$。

影响多相反应速率的因素 多相化学反应的反应速率不仅与反应物浓度、反应温度、催化剂有关，还与相界面的面积大小、扩散作用、吸附和脱附的速率有关。相界面面积越大，反应速率越快；反应物和产物的扩散越快，反应速率也越快。

1.1.3 计算公式集锦

热力学第一定律 对于一封闭系统

$$\Delta U = Q + W$$

热力学能 U、热 Q、功 W 三者具有相同的量纲：J 或 kJ。

ΔU 与 ΔH 的关系——Q_V 与 Q_p 的关系

$$\Delta H = \Delta U + p\Delta V$$

式中：ΔH 为焓变；$p\Delta V$ 为定压下的体积功。

说明：(1) 对于固体或液体间的反应，因为 ΔV 很小，可忽略，所以 $p\Delta V \approx 0$，$\Delta H \approx \Delta U$，$Q_V \approx Q_p$（$Q_V$ 代表定容热；Q_p 代表定压热）。

(2) 对于气体反应，处在高温低压条件下的气体可近似地看成是理想气体。已知

$$pV = nRT \quad (\text{理想气体状态方程})$$

p、T 一定时，$p\Delta V = \Delta nRT$，$\Delta n = \sum_B \nu_B$（Δn 等于气体生成物计量数之和减去气体反应物计量数之和）。

$$\Delta H = \Delta U + \Delta nRT \qquad R = 8.314\,\mathrm{J\cdot mol^{-1}\cdot K^{-1}}$$

反应的标准摩尔焓变 对于任一反应 $a\mathrm{A} + b\mathrm{B} \longrightarrow g\mathrm{G} + d\mathrm{D}$

以标准摩尔生成焓计算：

$$\Delta_r H_m^\ominus = (g\Delta_f H_{m,G}^\ominus + d\Delta_f H_{m,D}^\ominus) - (a\Delta_f H_{m,A}^\ominus + b\Delta_f H_{m,B}^\ominus)$$

即

$$\Delta_r H_m^\ominus = \sum_B \nu_B \Delta_f H_{m,B}^\ominus \qquad \Delta_r H_m^\ominus(T) \approx \Delta_r H_m^\ominus(298\mathrm{K})$$

以标准摩尔燃烧焓计算：

$$\Delta_r H_m^\ominus = (a\Delta_c H_{m,A}^\ominus + b\Delta_c H_{m,B}^\ominus) - (g\Delta_c H_{m,G}^\ominus + d\Delta_c H_{m,D}^\ominus)$$

即

$$\Delta_r H_m^\ominus = -\sum_B \nu_B \Delta_c H_{m,B}^\ominus \qquad \Delta_r H_m^\ominus(T) \approx \Delta_r H_m^\ominus(298\mathrm{K})$$

反应的标准摩尔熵变

$$\Delta_r S_m^\ominus = (gS_{m,G}^\ominus + dS_{m,D}^\ominus) - (aS_{m,A}^\ominus + bS_{m,B}^\ominus)$$

即

$$\Delta_r S_m^\ominus = \sum_B \nu_B S_{m,B}^\ominus$$

$$\Delta_r S_m^\ominus(T) \approx \Delta_r S_m^\ominus(298\mathrm{K})$$

注意：标准摩尔熵以符号 $S_m^\ominus(T)$ 表示，单位为 $\mathrm{J\cdot mol^{-1}\cdot K^{-1}}$。

ΔG、ΔH、ΔS 之间的关系（吉布斯-亥姆霍兹方程）

$$\Delta_r G = \Delta_r H - T\Delta_r S$$

反应自发进行的最低温度(反应逆转的转折温度)

$$T \geqslant \Delta_r H_m^\ominus(298\text{K})/\Delta_r S_m^\ominus(298\text{K})$$

反应的标准摩尔吉布斯函数变

$$\Delta_r G_m^\ominus = (g\Delta_f G_{m,G}^\ominus + d\Delta_f G_{m,D}^\ominus) - (a\Delta_f G_{m,A}^\ominus + b\Delta_f G_{m,B}^\ominus)$$

即

$$\Delta_r G_m^\ominus = \sum\nolimits_B \nu_B \Delta_f G_{m,B}^\ominus$$

化学反应等温式——$\Delta_r G$、$\Delta_r G^\ominus$、$K^\ominus$之间的关系

对于反应 $aA+bB \longrightarrow gG+dD$,在任意状态(非平衡态、非标准态)

$$\Delta_r G_m(T) = \Delta_r G_m^\ominus(T) + RT\ln\prod\nolimits_B \left(\frac{p_B}{p^\ominus}\right)^{\nu_B}$$

当反应达平衡时,$\Delta_r G_m(T)=0$,所以 $\Delta_r G_m^\ominus(T) = -RT\ln K^\ominus$ 或 $\Delta_r G_m^\ominus(T) = -2.303RT\lg K^\ominus$。

这是根据热力学理论求算标准平衡常数的方法。

说明:

由平衡分压(浓度)→$K^\ominus$→$\Delta_r G_m^\ominus$;

由任意分压(浓度)→ $\prod\nolimits_B \left(\frac{p_B}{p^\ominus}\right)^{\nu_B}$ → $\Delta_r G_m$。

气相反应总压对化学平衡的影响——混合气体系统各组分的分压计算方法

p_B 的计算:

(1) $p_B V = n_B RT = \frac{W_B}{M_B}RT$(理想气体状态方程)。

(2) $p_B = x_B p_{总}$,x_B 代表摩尔分数。

(3) $p_B = \varphi_B p_{总}$,φ_B 代表体积分数。

(4) $p_B V_{总} = p_{总} V_B$。

温度对化学平衡的影响

设某反应在温度为 T_1 和 T_2 时,其标准平衡常数分别为 $K_1^\ominus$ 和 $K_2^\ominus$,满足

$$\ln\frac{K_2^\ominus}{K_1^\ominus} = -\frac{\Delta_r H_m^\ominus}{R}\left(\frac{1}{T_2} - \frac{1}{T_1}\right)$$

或

$$\ln\frac{K_2^\ominus}{K_1^\ominus} = \frac{\Delta_r H_m^\ominus}{R}\left(\frac{T_2 - T_1}{T_1 T_2}\right)$$

或

$$\lg\frac{K_2^\ominus}{K_1^\ominus} = \frac{\Delta_r H_m^\ominus}{2.303R}\left(\frac{T_2 - T_1}{T_1 T_2}\right)$$

五个变量知其中四个可求另一个。

基元反应速率方程 对于任一基元反应 $aA+bB \longrightarrow gG+dD$

$$v = kc_A^a c_B^b$$

温度对反应速率的影响

$$\lg\frac{k_2}{k_1}=-\frac{E_a}{2.303R}\left(\frac{1}{T_2}-\frac{1}{T_1}\right)$$

$$\lg\frac{k_2}{k_1}=\frac{E_a}{2.303R}\left(\frac{T_2-T_1}{T_1T_2}\right)$$

式中：k_1 和 k_2 分别表示某反应在 T_1 和 T_2 时的反应速率常数；E_a 为反应的活化能。

五个变量知其中四个可求另一个。

***R* 的常用单位**　$Pa\cdot m^3\cdot mol^{-1}\cdot K^{-1}$ 或 $J\cdot mol^{-1}\cdot K^{-1}$。

1.2　习题及详解

一、判断题

1. 系统中只含有一种纯净物，则该系统一定是单相系统。（×）

解析　水、冰和水蒸气可构成多相系统。

2. 状态函数都具有加和性。（×）

解析　只有容量性质的状态函数有加和性，强度性质的状态函数无加和性，如热力学温度 T 无加和性。

3. 系统的状态发生改变时，至少有一个状态函数发生了改变 。（√）

解析　系统处在一定状态时，状态函数具有单一确定值。只要有一个状态函数发生了变化，系统的状态必定发生变化。

4. 由于 $CaCO_3$ 固体的分解反应是吸热的，故 $CaCO_3$ 的标准摩尔生成焓是负值。（×）

解析　$CaCO_3$ 固体分解的产物不是参考态单质，所以不能根据分解热判断标准摩尔生成焓。

5. 利用赫斯定律计算反应热效应时，其热效应与过程无关，这表明任何情况下，化学反应的热效应只与反应的起始状态有关，而与反应途径无关。（×）

解析　在封闭系统且无非体积功、定容或定压条件下，才有 $Q_V=\Delta U$，$Q_p=\Delta H$，并非在任何条件下都成立。

6. 因为物质的绝对熵随温度的升高而增大，故温度升高可使各种化学反应的 ΔS 大大增加。（×）

解析　ΔS 随温度变化的改变不大，特别是液、固反应。

7. ΔH、ΔS 受温度影响很小，所以 ΔG 受温度的影响不大。（×）

解析　由吉布斯-亥姆霍兹公式可知，ΔG 是温度的函数。

8. 凡 $\Delta G^\ominus$ 大于零的过程都不能自发进行。（×）

解析　$\Delta G^\ominus$ 大于零，只说明在标态下反应非自发。

9. 273K、101.325kPa 下，水凝结为冰，其过程的 $\Delta S<0$，$\Delta G=0$。（√）

解析　水结冰是相变，相变过程是可逆的平衡态，称为相平衡，因而吉布斯函数变等于零。液态转变成固态，混乱度减小，因而熵变小于零。

10. 反应 $Fe_3O_4(s)+4H_2(g)\longrightarrow 3Fe(s)+4H_2O(g)$的标准平衡常数表达式为 $K^\ominus=\frac{[p(H_2O)/p^\ominus]^4}{[p(H_2)/p^\ominus]^4}$。 (√)

解析 按照平衡常数表达式书写规则，纯固态、纯液态物质参加的反应，由于反应在纯固态、纯液态物质的表面进行，物质的相对密度不变，浓度可视为常数，不表示。

11. 温度改变，压力改变，浓度改变，化学平衡将向减弱这个改变的方向移动，但是 $K^\ominus$ 并不发生改变。 (×)

解析 对于同一个化学反应方程式，$K^\ominus$ 只与温度相关，因此温度改变时 $K^\ominus$ 发生改变。

【附加题 1】 高分子溶液与溶胶都是多相不稳定系统。 (×)

解析 高分子溶液是均相，热力学稳定系统。溶胶是多相，热力学不稳定系统。

【附加题 2】 吉布斯函数受温度影响很大，焓和熵受温度影响很小，计算时可以忽略不计。 (×)

解析 焓和熵受温度影响而明显变化，但是对于一个化学反应的焓变和熵变受温度影响很小，计算时可以忽略不计。

二、选择题

12. 已知：

(1) $CuCl_2(s)+Cu(s)\longrightarrow 2CuCl(s)$ $\quad \Delta_r H^\ominus_{m,1}=170kJ\cdot mol^{-1}$

(2) $Cu(s)+Cl_2(g)\longrightarrow CuCl_2(s)$ $\quad \Delta_r H^\ominus_{m,2}=-206kJ\cdot mol^{-1}$

则 $\Delta_f H^\ominus_m(CuCl,s)$应为(D)$kJ\cdot mol^{-1}$

A. 36 B. −36 C. 18 D. −18

解析 由$[(1)+(2)]/2=-18kJ\cdot mol^{-1}$，因此选 D。

13. 下列方程式中，能正确表示 AgBr(s)的 $\Delta_f H^\ominus_m$ 的是(B)

A. $Ag(s)+1/2Br_2(g)\longrightarrow AgBr(s)$

B. $Ag(s)+1/2Br_2(l)\longrightarrow AgBr(s)$

C. $2Ag(s)+Br_2(l)\longrightarrow 2AgBr(s)$

D. $Ag^+(aq)+Br^-(aq)\longrightarrow AgBr(s)$

解析 依据标准摩尔生成焓的定义。

14. 298K 下，对参考态元素的下列叙述中，正确的是(C)

A. $\Delta_f H^\ominus_m\neq 0, \Delta_f G^\ominus_m=0, S^\ominus_m=0$

B. $\Delta_f H^\ominus_m\neq 0, \Delta_f G^\ominus_m\neq 0, S^\ominus_m\neq 0$

C. $\Delta_f H^\ominus_m=0, \Delta_f G^\ominus_m=0, S^\ominus_m\neq 0$

D. $\Delta_f H^\ominus_m=0, \Delta_f G^\ominus_m=0, S^\ominus_m=0$

解析 依据标准摩尔生成焓、标准摩尔生成吉布斯函数、标准摩尔熵的定义。

15. 某反应在高温时能自发进行，低温时不能自发进行，则其(B)

A. $\Delta H>0$，$\Delta S<0$ B. $\Delta H>0$，$\Delta S>0$

C. $\Delta H<0$，$\Delta S<0$ D. $\Delta H<0$，$\Delta S>0$

解析 依据吉布斯-亥姆霍兹公式，对于吸热、熵增反应，低温非自发，高温自发。

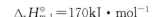

16. 1mol 气态化合物 AB 和 1mol 气态化合物 CD 按下式进行反应：

$$AB(g)+CD(g)\longrightarrow AD(g)+BC(g)$$

平衡时，每一种反应物 AB 和 CD 都有$\frac{3}{4}$mol 转化为 AD 和 BC，但是体积没有变化，则反应标准平衡常数为(B)

A. 16　　B. 9　　C. 1/9　　D. 16/9

解析　设达到平衡时反应体系的总压为 p，此时各种气体组分的总物质的量为 2mol。根据气体分压定律，平衡时 $p(AB)=1/8p$，$p(CD)=1/8p$，$p(AD)=3/8p$，$p(BC)=3/8p$ 。代入标准平衡常数表达式，$K^{\ominus}=\dfrac{\dfrac{3p}{8p^{\ominus}}\cdot\dfrac{3p}{8p^{\ominus}}}{\dfrac{p}{8p^{\ominus}}\cdot\dfrac{1p}{8p^{\ominus}}}=9$。

17. 400℃时，反应 $3H_2(g)+N_2(g)\longrightarrow 2NH_3(g)$的 $K^{\ominus}(673K)=1.66\times10^{-4}$。同温同压下，$3/2H_2(g)+1/2N_2(g)\longrightarrow NH_3(g)$的 $\Delta_r G_m^{\ominus}$ 为(D)kJ · mol^{-1}

A. −10.57　　B. 10.57　　C. −24.35　　D. 24.35

解析　两条途径计算：① 由 $K^{\ominus}(673K)\rightarrow\Delta_r G_{m,1}^{\ominus}\rightarrow\Delta_r G_{m,1}^{\ominus}/2\rightarrow\Delta_r G_{m,2}^{\ominus}$；② 由 $[K^{\ominus}(673K)]^{1/2}\rightarrow K_2^{\ominus}(673K)\rightarrow\Delta_r G_{m,2}^{\ominus}$。

18. 已知下列反应的标准吉布斯函数和标准平衡常数：

(1) $C(s)+O_2(g)\longrightarrow CO_2(g)$　　$\Delta G_1^{\ominus}$，$K_1^{\ominus}$

(2) $CO_2(g)\longrightarrow CO(g)+1/2O_2(g)$　　$\Delta G_2^{\ominus}$，$K_2^{\ominus}$

(3) $C(s)+1/2O_2(g)\longrightarrow CO(g)$　　$\Delta G_3^{\ominus}$，$K_3^{\ominus}$

则下列表达式正确的是(A)

A. $\Delta G_3^{\ominus}=\Delta G_1^{\ominus}+\Delta G_2^{\ominus}$　　B. $\Delta G_3^{\ominus}=\Delta G_1^{\ominus}\times\Delta G_2^{\ominus}$

C. $K_3^{\ominus}=K_1^{\ominus}-K_2^{\ominus}$　　D. $K_3^{\ominus}=K_1^{\ominus}+K_2^{\ominus}$

解析　当反应(3)=反应(1)+反应(2)时，$\Delta G_3^{\ominus}=\Delta G_1^{\ominus}+\Delta G_2^{\ominus}$；$K_3^{\ominus}=K_1^{\ominus}K_2^{\ominus}$。

19. 若反应 $A+B\longrightarrow C$ 对 A、B 来说都是一级反应，下列说法正确的是(C)

A. 该反应是一级反应

B. 该反应速率常数的单位可以用 min^{-1}

C. 两种反应物中，无论哪一种物质的浓度增加 1 倍，都将使反应速率增加 1 倍

D. 两反应物的浓度同时减半时，其反应速率也相应减半

解析　依据速率方程 $v=kc(A)c(B)$来判断。

20. 对于一个化学反应，下列叙述正确的是(C)

A. $\Delta G^{\ominus}$越小，反应速率越快

B. $\Delta H^{\ominus}$越小，反应速率越快

C. 活化能越小，反应速率越快

D. 活化能越大，反应速率越快

解析　反应速率是动力学因素，与热力学函数无关。

21. 化学反应中，加入催化剂的作用是(C)

A. 促使反应正向进行　　　　B. 增加反应活化能

C. 改变反应途径，降低活化能　　　　D. 增加反应标准平衡常数

解析　依据催化剂特点及催化机理，催化剂不改变反应方向，不改变平衡。改变反应途径，降低反应的活化能，加快反应达到平衡的时间。

22. 升高温度，反应速率常数增加的主要原因是(A)

A. 活化分子百分数增加　　　　B. 活化熵增加

C. 活化能增加　　　　D. 压力增加

解析　依据温度对反应速率影响的机理，升高温度可使部分普通分子吸收能量变成活化分子，从而使活化分子的百分数增加，反应速率常数增大，反应速率加快。

23. 某反应 298K 时，$\Delta_r G^\ominus = 130\text{kJ} \cdot \text{mol}^{-1}$，$\Delta_r H^\ominus = 150\text{kJ} \cdot \text{mol}^{-1}$，下列说法错误的是(C)

A. 可以求得 298K 时反应的 $\Delta_r S^\ominus$

B. 可以求得 298K 时反应的标准平衡常数

C. 可以求得反应的活化能

D. 可以近似求得反应达平衡时的温度

解析　活化能要由反应速率的相关数值求得。由 $\Delta_r G_m^\ominus = \Delta_r H_m^\ominus - T\Delta_r S_m^\ominus$，$\Delta_r G_m^\ominus = -RT\ln K^\ominus$，可计算 A、B、D。

24. 某反应在 370K 时反应速率常数是 300K 时的 4 倍，则这个反应的活化能近似值是(A)$\text{kJ} \cdot \text{mol}^{-1}$

A. 18.3　　　　B. －9.3　　　　C. 9.3　　　　D. 数值不够，不能计算

解析　依据温度与速率常数关系的定量计算公式来求算：

$$\lg \frac{4k_1}{k_1} = \frac{E_a}{2.303R}\left(\frac{370-300}{300 \times 370}\right)$$

【附加题 1】 某气体系统经途径 1 和途径 2 膨胀到相同的终态，两个变化过程所做的体积功相等且无非体积功，则两过程(B)

A. 因变化过程的温度未知，依吉布斯公式无法判断 ΔG 是否相等

B. ΔH 相等

C. 系统与环境间的热交换不相等

D. 以上选项均正确

解析　任何系统无论经历多么复杂的途径，只要始态和终态相同，状态函数的改变量就相同，因此 A 选项不正确，B 选项正确。由热力学第一定律可知，本气体系统经历了不同途径后，热力学能的改变量相同，两个变化过程所做的体积功相等且无非体积功，则两过程的热交换相等，因此 C、D 选项不正确。

【附加题 2】 某基元反应 $2A(g) + B(g) \longrightarrow C(g)$，其速率常数为 k。当 2mol A 与 1mol B 在 1L 容器中混合时，反应速率是(A)

A. $4k$　　　　B. $2k$　　　　C. $1/4k$　　　　D. $1/2k$

解析　依据质量作用定律计算，$v = kc^2(A)c(B) = k \times 2^2 \times 1 = 4k$。

【附加题 3】　下列物质的 $\Delta_f H_m^\ominus$ 不等于零的是(C)

A. Fe(s)　　B. C(石墨)　　C. Cl_2(l)　　D. Ne(g)

解析　Cl_2 的最稳定状态是气态,故 Cl_2(l)的 $\Delta_f H_m^\ominus$ 不等于零。

【附加题 4】　判断下列物质熵值最小的是(D)

A. $S_m(C_2H_5OH, g)$　　B. $S_m(CH_3—O—CH_3, g)$

C. $S_m(C_2H_5OH, l)$　　D. $S_m(CH_3—O—CH_3, l)$

解析　气态物质的熵大于液态物质,因此排除 A 和 B。C 和 D 同为液态且相对分子质量相同,甲醚结构对称,因此熵值最小。

三、填空题

25. 对于一封闭系统,在定温、定容且不做非体积功的条件下,系统热力学能的变化,数值上等于<u>　定容反应热　</u>;在定温、定压且不做非体积功的条件下,系统的焓变,数值上等于<u>　定压反应热　</u>。

26. 一种溶质从溶液中结晶析出,其熵值<u>　减小　</u>,纯碳与氧气反应生成 CO,其熵值<u>　增加　</u>。

27. 定温、定压下,<u>　ΔG　</u>可以作为过程自发性的判据。

28. 当 $\Delta H<0$、$\Delta S<0$ 时,低温下反应可能是<u>　自发进行　</u>,高温下反应可能是<u>　非自发进行　</u>。

29. U、S、H、G 是<u>　状态　</u>函数,其改变量只取决于系统的<u>　始态　</u>和<u>　终态　</u>,而与变化的<u>　途径　</u>无关,它们都是<u>　容量　</u>性质,其数值大小与参与变化的<u>　物质的量　</u>有关。

30. 在 300K、101.3kPa 条件下,$100cm^3$ 煤气中 CO 的体积分数为 60%,此时 CO 的分压为<u>　60.78　</u>kPa,CO 的物质的量是<u>　2.437×10^{-3}　</u>mol。

解析

$$p(CO)=xp(总)=0.6\times101.3=60.78(kPa)$$

$$n=\frac{pV}{RT}=\frac{60.78\times0.1}{8.314\times300}=2.437\times10^{-3}(mol)$$

31. 在一固定体积的容器中放置一定量的 NH_4Cl,发生反应

$$NH_4Cl(s)\longrightarrow NH_3(g)+HCl(g)$$

$\Delta_r H^\ominus=177kJ\cdot mol^{-1}$,360℃达平衡时测得 $p(NH_3)=1.50kPa$。则该反应在 360℃时的 $K^\ominus=$<u>　2.25×10^{-4}　</u>,当温度不变时,加压使体积缩小到原来的 1/2, $K^\ominus$ 值<u>　不变　</u>,平衡向<u>　左　</u>移动;温度不变时,向容器内充入一定量的氮气,$K^\ominus$ 值<u>　不变　</u>,平衡<u>　不移动</u>;升高温度,$K^\ominus$ 值<u>　增大　</u>,平衡<u>　向右　</u>移动。

解析　$$K^\ominus=\frac{p(NH_3)}{p^\ominus}\frac{p(HCl)}{p^\ominus}=\frac{1.50}{100}\times\frac{1.50}{100}=2.25\times10^{-4}$$

32. 反应 A(g)+B(g)⟶AB(g),根据下列每一种情况的反应速率数据,写出其反应速率方程式。

(1) 当 A 浓度为原来的 2 倍时,反应速率也为原来的 2 倍;B 浓度为原来的 2 倍时,反应速率为原来的 4 倍,则 $v=$<u>　$kc_Ac_B^2$　</u>。

(2) 当 A 浓度为原来的 2 倍时，反应速率也为原来的 2 倍；B 浓度为原来的 2 倍时，反应速率为原来的 1/2 倍，则 $v=$ <u>$kc_Ac_B^{-1}$</u>。

(3) 反应速率与 A 的浓度成正比，而与 B 浓度无关，则 $v=$ <u>kc_A</u>。

33. 非基元反应是由若干<u>基元反应</u>组成的。质量作用定律不适合<u>非基元反应(复杂反应)</u>。

34. 指出下列过程的 $\Delta S^\ominus$ 大于零还是小于零：① NH_4NO_3 爆炸<u>$\Delta S^\ominus>0$</u>；②KNO_3从溶液中结晶<u>$\Delta S^\ominus<0$</u>；③将焦炭在高温下与水蒸气反应制备水煤气$(CO+H_2)$<u>$\Delta S^\ominus>0$</u>；④ 臭氧的生成 $3O_2(g)\longrightarrow 2O_3(g)$<u>$\Delta S^\ominus<0$</u>；⑤向硝酸银溶液中滴加氯化钠溶液<u>$\Delta S^\ominus<0$</u>；⑥打开啤酒瓶盖的过程<u>$\Delta S^\ominus>0$</u>。

四、计算题

35. 标准状态下，下列物质燃烧的热化学方程式如下：

(1) $2C_2H_2(g)+5O_2(g)\longrightarrow 4CO_2(g)+2H_2O(l)\quad \Delta H^\ominus_{m,1}=-2602kJ\cdot mol^{-1}$

(2) $2C_2H_6(g)+7O_2(g)\longrightarrow 4CO_2(g)+6H_2O(l)\quad \Delta H^\ominus_{m,2}=-3123kJ\cdot mol^{-1}$

(3) $H_2(g)+1/2O_2(g)\longrightarrow H_2O(l)\quad \Delta H^\ominus_{m,3}=-286kJ\cdot mol^{-1}$

根据以上反应焓变，计算乙炔(C_2H_2)氢化反应 $C_2H_2(g)+2H_2(g)\longrightarrow C_2H_6(g)$的标准摩尔焓变。

解 由(1)/2 得

(4) $C_2H_2(g)+5/2O_2(g)\longrightarrow 2CO_2(g)+H_2O(l)\quad \Delta H^\ominus_{m,4}=-1301kJ\cdot mol^{-1}$

将(3)×2 得

(5) $2H_2(g)+O_2(g)\longrightarrow 2H_2O(l)\quad \Delta H^\ominus_{m,5}=-572kJ\cdot mol^{-1}$

将(2)/2 得

(6) $C_2H_6(g)+7/2O_2(g)\longrightarrow 2CO_2(g)+3H_2O(l)\quad \Delta H^\ominus_{m,6}=-1561.5kJ\cdot mol^{-1}$

由(4)+(5)-(6)得

$$C_2H_2(g)+2H_2(g)\longrightarrow C_2H_6(g)$$

所以 $\Delta H^\ominus_m=\Delta H^\ominus_{m,4}+\Delta H^\ominus_{m,5}-\Delta H^\ominus_{m,6}=(-1301-572+1561)kJ\cdot mol^{-1}$

$=-312kJ\cdot mol^{-1}$

36. 已知下列物质的标准摩尔生成焓：

	$NH_3(g)$	$NO(g)$	$H_2O(g)$
$\Delta_f H^\ominus_m/(kJ\cdot mol^{-1})$	-46.11	90.25	-241.818

计算在 25℃标态时，5mol $NH_3(g)$氧化为 $NO(g)$及 $H_2O(g)$的反应热效应。

解 反应方程式为

$$4NH_3(g)+5O_2(g)\longrightarrow 4NO(g)+6H_2O(g)$$

由化学反应热效应与标准摩尔生成焓间的关系式可知

$$\Delta_r H^\ominus_m=\sum(\nu_i\Delta_f H^\ominus_m)_{生成物}-\sum(\nu_i\Delta_f H^\ominus_m)_{反应物}$$

$$=[4\times 90.25+6\times(-241.818)]-[4\times(-46.11)]kJ\cdot mol^{-1}$$

$$=-905.47kJ\cdot mol^{-1}$$

由上面计算知：1mol NH_3(g) 氧化时产生热效应为

$$\Delta_r H_m^\ominus/4 = -226.37\text{kJ}\cdot\text{mol}^{-1}$$

所以氧化 5mol NH_3(g) 的热效应为

$$\Delta_r H^\ominus = (-226.37\times 5)\text{kJ} = -1131.85\text{kJ}$$

37. 已知 $\Delta_c H_m^\ominus(CH_3CH_2OH, l, 298.15K) = -1366.91\text{kJ}\cdot\text{mol}^{-1}$，$\Delta_c H_m^\ominus(CH_3COOH, l, 298.15K) = -874.54\text{kJ}\cdot\text{mol}^{-1}$，$\Delta_c H_m^\ominus(CH_3COOCH_2CH_3, l, 298.15K) = -2730.9\text{kJ}\cdot\text{mol}^{-1}$。求在298.15K时反应 $CH_3COOH + CH_3CH_2OH \longrightarrow CH_3COOCH_2CH_3 + H_2O$ 的 $\Delta_r H_m^\ominus$。

解　　$CH_3COOH + CH_3CH_2OH \longrightarrow CH_3COOCH_2CH_3 + H_2O$

$\Delta_c H_m^\ominus/(\text{kJ}\cdot\text{mol}^{-1})$　-874.54　　-1366.91　　-2730.9

$\Delta_r H_m^\ominus = [-874.54 + (-1366.91)] - (-2730.9) = 489.45(\text{kJ}\cdot\text{mol}^{-1})$

38. 通过计算说明用以下反应合成乙醇的条件(标准状态下)：

$$4CO_2(g) + 6H_2O(l) \longrightarrow 2C_2H_5OH(l) + 6O_2(g)$$

解　$\Delta_r G_m^\ominus = [2\times(-174.8) - 4\times(-394.36) - 6\times(-237.13)]\text{kJ}\cdot\text{mol}^{-1}$

$= 2650.6\text{kJ}\cdot\text{mol}^{-1} > 0$

所以在298K时，标准状态下，反应非自发。

又因为 $\Delta_r H_m^\ominus = 2733.64\text{kJ}\cdot\text{mol}^{-1}$，$\Delta_r S_m^\ominus = 277.82\text{J}\cdot\text{mol}^{-1}\cdot\text{K}^{-1}$，当反应能自发进行时，有

$$\Delta_r G_m^\ominus(T) = \Delta_r H_m^\ominus - T\Delta_r S_m^\ominus = 2733.64\times 1000 - T\times 277.82 < 0$$

解得

$$T > 9840\text{K}$$

如此高的温度，无实际意义。

39. 由锡石(SnO_2)冶炼制金属锡(Sn)有以下三种方法，请从热力学原理讨论应推荐哪一种方法。实际上应用什么方法更好？为什么？

(1) $SnO_2(s) \longrightarrow Sn(白) + O_2(g)$

(2) $SnO_2(s) + C(s) \longrightarrow Sn(白) + CO_2(g)$

(3) $SnO_2(s) + 2H_2(g) \longrightarrow Sn(白) + 2H_2O(g)$

解　(1)　$SnO_2(s) \longrightarrow Sn(白) + O_2(g)$　　$\Delta_r G_m^\ominus = 519.6\text{kJ}\cdot\text{mol}^{-1}$

在298K、标准状态下，反应非自发。

$$\Delta_r H_m^\ominus = 580.7\text{kJ}\cdot\text{mol}^{-1}$$

$$\Delta_r S_m^\ominus = 240.4\text{J}\cdot\text{mol}^{-1}\cdot\text{K}^{-1}$$

由吉布斯-亥姆霍兹方程得

$$\Delta_r G_m^\ominus(T) = \Delta_r H_m^\ominus - T\Delta_r S_m^\ominus = 580.7\times 1000 - T\times 240.3 < 0$$

所以

$$T_1 > 2415.6\text{K}$$

(2)　　$SnO_2(s) + C(s) \longrightarrow Sn(白) + CO_2(g)$

同样有

$$\Delta_r G_m^\ominus = 125.2\text{kJ}\cdot\text{mol}^{-1}$$

$$\Delta_r H_m^\ominus = 187.2\text{kJ}\cdot\text{mol}^{-1}$$

$$\Delta_r S_m^\ominus = 207.3\text{J} \cdot \text{mol}^{-1} \cdot \text{K}^{-1}$$

由吉布斯-亥姆霍兹方程得

$$T_2 > 903\text{K}$$

(3) $$SnO_2(s) + 2H_2(g) \longrightarrow Sn(白) + 2H_2O(g)$$

$$\Delta_r G_m^\ominus = 62.46\text{kJ} \cdot \text{mol}^{-1}$$

$$\Delta_r H_m^\ominus = 97.1\text{kJ} \cdot \text{mol}^{-1}$$

$$\Delta_r S_m^\ominus = 115.55\text{J} \cdot \text{mol}^{-1} \cdot \text{K}^{-1}$$

由吉布斯-亥姆霍兹方程得

$$T_2 > 840\text{K}$$

比较(1)、(2)、(3)可知：反应(1)需要温度最高；反应(3)需要温度最低，但是使用 H_2 设备复杂，成本高；反应(2)所需温度稍高于(3)，但使用 C(s)作为还原剂，经济安全，工业上就采用此法。

40. Ag_2O 遇热分解：$2Ag_2O(s) \longrightarrow 4Ag(s) + O_2(g)$。已知在 298K 时，$Ag_2O$ 的 $\Delta_f H_m^\ominus = -31.1\text{kJ} \cdot \text{mol}^{-1}$，$\Delta_f G_m^\ominus = -11.2\text{kJ} \cdot \text{mol}^{-1}$，试求在 298K 时 $p(O_2)$ 和 Ag_2O 的最低分解温度。

解 $$2Ag_2O(s) \longrightarrow 4Ag(s) + O_2(g)$$

$$\Delta_r G_m^\ominus = 22.4\text{kJ} \cdot \text{mol}^{-1} \qquad \Delta_r H_m^\ominus = 62.2\text{kJ} \cdot \text{mol}^{-1}$$

由 $\Delta_r G_m^\ominus = -RT\ln K^\ominus$ 得

$$\ln K^\ominus = -\Delta_r G_m^\ominus / RT = -22.4 \times 1000/(8.314 \times 298) = -9.04$$

所以

$$K^\ominus = 1.186 \times 10^{-4}, \quad K^\ominus = p(O_2)/p^\ominus, \quad p(O_2) = 11.9\text{Pa}$$

由 $\Delta_r G_m^\ominus(T) = \Delta_r H_m^\ominus - T\Delta_r S_m^\ominus$ 得

$$\Delta_r S_m^\ominus = (\Delta_r H_m^\ominus - \Delta_r G_m^\ominus)/T = [(62.2 - 22.4) \times 1000/298]\ \text{J} \cdot \text{mol}^{-1} \cdot \text{K}^{-1}$$
$$= 133.6\text{J} \cdot \text{mol}^{-1} \cdot \text{K}^{-1}$$

当 $\Delta_r G_m^\ominus(T) = \Delta_r H_m^\ominus - T\Delta_r S_m^\ominus < 0$ 时，Ag_2O 开始分解，即

$$T > \Delta_r H_m^\ominus / \Delta_r S_m^\ominus = 62.2 \times 1000/133.6 = 465.6\ (\text{K})$$

所以在温度高于 465.6K 时，Ag_2O 开始自发分解。

41. 反应 $CaCO_3(s) \longrightarrow CaO(s) + CO_2(g)$ 在 973K 时 $K^\ominus = 2.92 \times 10^{-2}$，900℃时 $K^\ominus = 1.04$，试由此计算该反应的 $\Delta_r G_m^\ominus(973\text{K})$、$\Delta_r G_m^\ominus(1173\text{K})$ 及 $\Delta_r H_m^\ominus$、$\Delta_r S_m^\ominus$。

解 在 973～1173K，不考虑 $\Delta_r H_m^\ominus$ 和 $\Delta_r S_m^\ominus$ 随温度的变化。

由 $\ln \dfrac{K_2^\ominus}{K_1^\ominus} = \dfrac{\Delta_r H_m^\ominus}{R}\left(\dfrac{T_2 - T_1}{T_2 T_1}\right)$，可知

$$\Delta_r H_m^\ominus = \frac{RT_1 T_2}{(T_2 - T_1)} \ln \frac{K_2^\ominus}{K_1^\ominus} = \frac{8.314 \times 973 \times 1173}{(1173 - 973)} \ln \frac{1.04}{0.0292}$$

得

$$\Delta_r H_m^\ominus = 169.5\text{kJ} \cdot \text{mol}^{-1}$$

由吉布斯-亥姆霍兹方程

$$-RT\ln K_2 = \Delta_r H_m^\ominus - T_2 \Delta_r S_m^\ominus$$

$$\Delta_r S_m^\ominus = \frac{\Delta_r H_m^\ominus + RT_2 \ln K_2^\ominus}{T_2} = \frac{169.5\times10^3 + 8.314\times1173\times\ln1.04}{1173}$$

得

$$\Delta_r S_m^\ominus = 144.8\text{J}\cdot\text{mol}^{-1}\cdot\text{K}^{-1}$$

$$\begin{aligned}\Delta_r G^\ominus(973\text{K}) &= -RT\ln K^\ominus(973\text{K})\\ &= (-8.314\times973\times\ln0.0292)\text{J}\cdot\text{mol}^{-1} = 28.6\text{kJ}\cdot\text{mol}^{-1}\end{aligned}$$

$$\begin{aligned}\Delta_r G^\ominus(1173\text{K}) &= -RT\ln K^\ominus(1173\text{K})\\ &= (-8.314\times1173\times\ln1.04)\text{J}\cdot\text{mol}^{-1} = -0.382\text{kJ}\cdot\text{mol}^{-1}\end{aligned}$$

42. 有人提出利用反应 $CO(g)+NO(g)═══1/2N_2(g)+CO_2(g)$净化汽车尾气中 CO 和 NO 气体，试通过计算说明：(1)在 298.15K 和标准条件下，反应能否自发进行？(2)在标准条件下，求反应自发进行的温度范围。

解 查表得：

	CO(g)	NO(g)	N_2(g)	CO_2(g)
$\Delta_f H_m^\ominus/(\text{kJ}\cdot\text{mol}^{-1})$	−110.525	90.25	0	−393.509
$S_m^\ominus/(\text{J}\cdot\text{mol}^{-1}\cdot\text{K}^{-1})$	197.674	210.761	191.61	213.74
$\Delta_f G_m^\ominus/(\text{kJ}\cdot\text{mol}^{-1})$	−137.168	86.66	0	−394.359

(1) 可以通过 $\Delta_f G_m^\ominus$ 计算该反应的 $\Delta_r G_m^\ominus(298.15\text{K})$，从而判断在 298.15K 和标准状态下能否自发进行。

$$\begin{aligned}\Delta_r G_m^\ominus(298.15\text{K}) &= [(-394.359+0.5\times0)-(-137.168+86.66)]\text{kJ}\cdot\text{mol}^{-1}\\ &= -343.851\text{kJ}\cdot\text{mol}^{-1}\end{aligned}$$

$\Delta_r G_m^\ominus<0$，所以反应能自发进行。

(2) $$\begin{aligned}\Delta_r H_m^\ominus &= [(-393.509+0.5\times0)-(-110.525+90.25)]\text{kJ}\cdot\text{mol}^{-1}\\ &= -373.234\text{kJ}\cdot\text{mol}^{-1}\end{aligned}$$

$$\begin{aligned}\Delta_r S_m^\ominus &= [(213.74+0.5\times191.61)-(197.674+210.761)]\text{J}\cdot\text{mol}^{-1}\cdot\text{K}^{-1}\\ &= -98.89\ \text{J}\cdot\text{mol}^{-1}\cdot\text{K}^{-1}\end{aligned}$$

转化温度 $T=\dfrac{\Delta_r H_m^\ominus}{\Delta_r S_m^\ominus}=\dfrac{-373.234\text{kJ}\cdot\text{mol}^{-1}}{-0.09889\text{kJ}\cdot\text{mol}^{-1}\cdot\text{K}^{-1}}=3.77\times10^3\text{K}$

对于这种 $\Delta_r H_m^\ominus<0$、$\Delta_r S_m^\ominus<0$ 的反应，在温度低于 3.77×10^3K 时自发进行。

43. 气体混合物中的氢气，可以让它在 200℃下与氧化铜反应而较好地除去：

$$CuO(s)+H_2(g)\longrightarrow Cu(s)+H_2O(g)$$

查表计算 200℃时反应的 $\Delta_r G_m^\ominus$、$\Delta_r H_m^\ominus$、$\Delta_r S_m^\ominus$ 和 $K^\ominus$。

解 查表得

	H_2O(g)	CuO(s)	H_2(g)	Cu(s)
$\Delta_f G_m^\ominus/(\text{kJ}\cdot\text{mol}^{-1})$	−228.57	−129.7	0	0
$\Delta_f H_m^\ominus/(\text{kJ}\cdot\text{mol}^{-1})$	−241.818	−157.3	0	0
$S_m^\ominus/(\text{J}\cdot\text{mol}^{-1}\cdot\text{K}^{-1})$	188.83	42.63	130.68	33.15

解法一：$\Delta_r H_m^\ominus=[(-241.818)+157.3]\text{kJ}\cdot\text{mol}^{-1}=-84.518\text{kJ}\cdot\text{mol}^{-1}$

同理 $$\begin{aligned}\Delta_r S_m^\ominus &= [(188.83+33.15)-(130.68+42.63)]\ \text{J}\cdot\text{mol}^{-1}\cdot\text{K}^{-1}\\ &= 48.67\ \text{J}\cdot\text{mol}^{-1}\cdot\text{K}^{-1}\end{aligned}$$

由于 $\Delta_r H_m^\ominus(473K) \approx \Delta_r H_m^\ominus(298K)$，$\Delta_r S_m^\ominus(473K) \approx \Delta_r S_m^\ominus(298K)$，则

$$\Delta_r G_m^\ominus(T) = \Delta_r H_m^\ominus - T\Delta_r S_m^\ominus = -84.518 - 473 \times 48.67/1000 = -107.539(kJ \cdot mol^{-1})$$

又因为 $$\Delta_r G_m^\ominus = -RT\ln K^\ominus$$

则 $$\lg K^\ominus = -\frac{\Delta_r G_m^\ominus}{2.303RT} = -\frac{-107.539 \times 10^3}{2.303 \times 8.314 \times 473} = 11.874$$

所以 $$K^\ominus = 7.48 \times 10^{11}$$

或 $$\Delta_r G_m^\ominus = [(-228.57) + 129.7]kJ \cdot mol^{-1} = -98.87kJ \cdot mol^{-1}$$

$$\Delta_r H_m^\ominus = \Delta_r G_m^\ominus + T\Delta_r S_m^\ominus = [-98.87 + 298 \times 48.7 \times 10^{-3}]kJ \cdot mol^{-1} = -84.36kJ \cdot mol^{-1}$$

又因为 $$\Delta_r G_m^\ominus = -RT\ln K^\ominus$$

则 $$\lg K^\ominus = -\frac{\Delta_r G_m^\ominus}{2.303RT} = -\frac{-98.87 \times 10^3}{2.303 \times 8.314 \times 298} = 17.33$$

所以 $$K^\ominus = 2.14 \times 10^{17}$$

设 200℃时，上述反应的标准平衡常数为 $K_2^\ominus$，由于 $\Delta_r H_m^\ominus$ 受温度影响较小，此时可视为定值。

而 $$\ln \frac{K_2^\ominus}{K_1^\ominus} = -\frac{\Delta H_m^\ominus}{R}\left(\frac{1}{T_2} - \frac{1}{T_1}\right)$$

$$\lg K_2^\ominus - 17.33 = \frac{-84.36 \times 1000}{2.303 \times 8.314} \times \frac{(473-298)}{473 \times 273} = -5.47$$

$$\lg K_2^\ominus = 11.86$$

代入数据解得 $$K_2^\ominus = 7.2 \times 10^{11}$$

44. 在 300K 时，反应 $2NOCl(g) \longrightarrow 2NO(g) + Cl_2(g)$ 的 NOCl 浓度和反应速率的数据如下：

NOCl 的起始浓度/($mol \cdot dm^{-3}$)	起始速率/($mol \cdot dm^{-3} \cdot s^{-1}$)
0.30	3.60×10^{-9}
0.60	1.44×10^{-8}
0.90	3.24×10^{-8}

(1) 写出反应速率方程式。

(2) 求出反应速率常数。

(3) 如果 NOCl 的起始浓度从 $0.30mol \cdot dm^{-3}$ 增大到 $0.45mol \cdot dm^{-3}$，反应速率将增大多少倍？

(4) 如果体积不变，将 NOCl 的浓度增大到原来的 3 倍，反应速率将如何变化？

解 设 $2NOCl(g) \xlongequal{} 2NO(g) + Cl_2(g)$ 速率方程式为

$$v = kc^m(NOCl)$$

根据表中的数据有

$$3.60 \times 10^{-9} = k(0.30)^m$$

$$1.44 \times 10^{-8} = k(0.60)^m$$

$$3.24 \times 10^{-8} = k(0.90)^m$$

联合解得

$$m=2$$

（1）该反应的速率方程式为

$$v=kc^2(\mathrm{NOCl})$$

（2）$k=\dfrac{3.60\times10^{-9}}{(0.30)^2}=4.0\times10^{-8}(\mathrm{dm^3\cdot mol^{-1}\cdot s^{-1}})$

（3）因为 $v=k(0.45)^2$，所以

$$\frac{v}{k}=(0.45)^2$$

$$\frac{v}{3.60\times10^{-9}}=\left(\frac{0.45}{0.30}\right)^2=2.25$$

NOCl 的起始浓度从 $0.30\mathrm{mol\cdot dm^{-3}}$ 增大到 $0.45\mathrm{mol\cdot dm^{-3}}$，反应速率增大 2.25 倍。

（4）

$$v_3=k[3c(\mathrm{NOCl})]^2=9kc^2(\mathrm{NOCl})=9v$$

$$v_3/v=9$$

反应速率是原来的 9 倍。

【附加题 1】 已知制造煤气的主要反应 $\mathrm{C(石墨)+H_2O(g)\longrightarrow CO(g)+H_2(g)}$：

（1）在 1073K 下，H_2O、CO、H_2 分压分别为 10^3Pa、10^4Pa 和 10^2Pa，通过计算说明此反应能否自发进行；

（2）求 1073K 时的标准平衡常数 $K^\ominus$；

（3）求出在标准条件下，该反应自发进行的温度。

已知：	C(石墨)	H_2O(g)	CO(g)	H_2(g)
$\Delta_f H_m^\ominus/(\mathrm{kJ\cdot mol^{-1}})$	0	−242	−110	0
$S_m^\ominus/(\mathrm{J\cdot mol^{-1}\cdot K^{-1}})$	5.7	189	198	131
$\Delta_f G_m^\ominus/(\mathrm{kJ\cdot mol^{-1}})$	0	−228	−137	0

解　（1）$\Delta_r H_m^\ominus=[(-110+0)-(0-242)]\mathrm{kJ\cdot mol^{-1}}=132\mathrm{kJ\cdot mol^{-1}}$

$$\Delta_r S_m^\ominus=[(198+131)-(5.7+189)]\mathrm{J\cdot mol^{-1}\cdot K^{-1}}=134.3\mathrm{J\cdot mol^{-1}\cdot K^{-1}}$$
$$=0.1343\mathrm{kJ\cdot mol^{-1}\cdot K^{-1}}$$

根据吉布斯-亥姆霍兹方程

$$\Delta_r G_m^\ominus(1073\mathrm{K})\approx\Delta_r H_m^\ominus(298\mathrm{K})-T\Delta_r S_m^\ominus(298\mathrm{K})$$
$$=132\mathrm{kJ\cdot mol^{-1}}-1073\mathrm{K}\times0.1343\mathrm{kJ\cdot mol^{-1}\cdot K^{-1}}$$
$$=-12.1\mathrm{kJ\cdot mol^{-1}}$$

题目的反应条件不是标准态，故代入等温方程中计算反应的 $\Delta_r G_m$，判断反应的自发性。

$$\Delta_r G_m=\Delta_r G_m^\ominus+RT\ln\prod_B(p_B/p^\ominus)^{\nu_B}$$

$$=-12.1\mathrm{kJ\cdot mol^{-1}}+8.314\times10^{-3}\mathrm{kJ\cdot mol^{-1}\cdot K^{-1}}\times1073\mathrm{K}\times\ln\left[\frac{\dfrac{p(\mathrm{CO})}{p^\ominus}\cdot\dfrac{p(\mathrm{H_2})}{p^\ominus}}{\dfrac{p(\mathrm{H_2O})}{p^\ominus}}\right]$$

$$=-53\mathrm{kJ\cdot mol^{-1}}<0$$

故此条件下反应能够自发进行。

(2) $\Delta_r G_m^\ominus(1073K)=-RT\ln K^\ominus(1073K)$ $K^\ominus(1073K)=\exp(-\Delta_r G_m^\ominus/RT)=3.88$

也可以根据 $K^\ominus(1073K)$的数值判断(1)中反应的自发性:

$\prod_B(p_B/p^\ominus)^{\nu_B}=0.01<K^\ominus(1073K)$,所以在(1)中的条件下反应可以自发进行。

(3) 转化温度 $T=\dfrac{\Delta_r H_m^\ominus}{\Delta_r S_m^\ominus}=\dfrac{132kJ\cdot mol^{-1}}{0.1343kJ\cdot mol^{-1}\cdot K^{-1}}=983K$

在标准条件下,对于 $\Delta_r H_m^\ominus>0$、$\Delta_r S_m^\ominus>0$ 的反应,当温度高于 985K 时可以自发进行。

【附加题 2】 试计算 $ZnCO_3$ 在 400K 分解时 CO_2 的分压。若在此温度下空气中 $p(CO_2)=0.12\times10^5Pa$,$ZnCO_3$ 能否自发分解?

解 (1)

	$ZnCO_3(s) \longrightarrow$	$ZnO(s)$ +	$CO_2(g)$
$\Delta_f H_{m,B}^\ominus/(kJ\cdot mol^{-1})$	−812.78	−348.28	−393.509
$S_{m,B}^\ominus/(J\cdot mol^{-1}\cdot K^{-1})$	82.4	43.64	213.74

$\Delta_r H_{m,B}^\ominus=\sum_B \nu_B\Delta_f H_{m,B}^\ominus=70.991kJ\cdot mol^{-1}$

$\Delta_r S_m^\ominus=\sum_B \nu_B S_{m,B}^\ominus=174.98J\cdot mol^{-1}\cdot K^{-1}$

$\Delta_r G_m^\ominus(400K)\approx\Delta_r H_m^\ominus-T\Delta_r S_m^\ominus$

$=70.991kJ\cdot mol^{-1}-400K\times174.98\times10^{-3}kJ\cdot mol^{-1}\cdot K^{-1}$

$=0.9999kJ\cdot mol^{-1}$

由 $\lg K^\ominus=\lg[p^{eq}(CO_2)/p^\ominus]=-\Delta_r G_m^\ominus(400K)/2.303RT$

$=-0.99\times10^3J\cdot mol^{-1}/2.303\times8.314J\cdot mol^{-1}\cdot K^{-1}\times400K=0.130$

$K^\ominus=1.35$, $K^\ominus=p^{eq}(CO_2)/p^\ominus$, $p^{eq}(CO_2)=1.35\times10^5Pa$

(2)

$\Delta_r G_m=\Delta_r G_m^\ominus+2.303RT\lg p(CO_2)/p^\ominus$

$=0.999kJ\cdot mol^{-1}+2.303\times8.314\times10^{-3}kJ\cdot mol^{-1}\cdot K^{-1}\times400K\times\lg\dfrac{0.12\times10^5Pa}{10^5Pa}$

$=-6.05kJ\cdot mol^{-1}<0$

在 400K 时,$p(CO_2)=0.12\times10^5Pa$ 下,$ZnCO_3$ 能够自发分解。

【附加题 3】 $CuSO_4\cdot5H_2O$ 的风化可用 $CuSO_4\cdot5H_2O(s)\longrightarrow CuSO_4(s)+5H_2O(g)$ 表示。

(1) 求 25℃的 $\Delta_r G_m^\ominus$ 和 $K^\ominus$。

(2) 在 25℃ ,若空气中水蒸气相对湿度为 60%,在敞口容器中上述反应的 $\Delta_r G_m$ 是多少?此时 $CuSO_4\cdot5H_2O$ 是否会风化成 $CuSO_4$?[298K,$p(H_2O)=3.167kPa$]

解 $CuSO_4\cdot5H_2O(s)\longrightarrow CuSO_4(s)+5H_2O(g)$

(1) $\Delta_r G_m^\ominus=[(-661.8)-228.572\times5]-(-1879.745)$

$=75.085(kJ\cdot mol^{-1})$

$\lg K^\ominus=\dfrac{-75.085\times10^3J\cdot mol^{-1}}{2.303\times8.314J\cdot mol^{-1}\cdot K^{-1}\times298K}$

$K^\ominus=6.93\times10^{-14}$

(2) $\Delta_r G_m(T)=\Delta_r G_m^{\ominus}(T)+RT\ln\prod_B\left(\frac{p_B}{p^{\ominus}}\right)^{\nu_B}$

$$=75.085+8.314\times10^{-3}\times298\ln\left(\frac{3.167\times0.6}{100}\right)^5$$

$$=25.99(\text{kJ}\cdot\text{mol}^{-1})$$

则此时 $CuSO_4\cdot5H_2O$ 不会风化成 $CuSO_4$。

【附加题 4】 将 0.1mol·dm^{-3} Na_3AsO_3 和 0.1mol·dm^{-3} Na_2SO_3 溶液与过量稀 H_2SO_4 混合均匀，发生如下反应：

$$2H_3AsO_3+9H_2SO_3 \longrightarrow \underset{\text{(黄色)}}{As_2O_3(s)}+3SO_2+9H_2O+3H_2S_2O_5$$

实验测得在 17℃时，从溶液混合开始至刚出现黄色沉淀 As_2O_3 所需时间为 1515s。若将上述溶液升温至 27℃，重复上述实验，测得所需时间为 500s。求该反应的活化能。

解 出现黄色沉淀所需时间越短，说明反应速率越快，即速率常数 k 越大。

$$\frac{v_2}{v_1}=\frac{k_2}{k_1}=\frac{t_1}{t_2}$$

即

$$\lg\frac{k_2}{k_1}=\lg\frac{t_1}{t_2}$$

$$\lg\frac{1515\text{s}}{500\text{s}}=\lg\frac{k_2}{k_1}=\frac{E_a}{2.303R}\left(\frac{T_2-T_1}{T_1T_2}\right)$$

$$E_a=\frac{2.303\times8.314\times10^{-3}\text{kJ}\cdot\text{mol}^{-1}\cdot\text{K}^{-1}\times300\text{K}\times290\text{K}}{300\text{K}-290\text{K}}\times\lg\frac{1515\text{s}}{500\text{s}}$$

$$=80.2\text{kJ}\cdot\text{mol}^{-1}$$

【附加题 5】 金属钙极易与空气中的氧反应：

$$Ca(s)+1/2O_2(g)\longrightarrow CaO(s) \qquad \Delta_r G_m^{\ominus}=-604\text{kJ}\cdot\text{mol}^{-1}$$

欲使钙不被氧化，在 298K 空气中氧气的分压不能超过多少 Pa？

解 根据范特霍夫方程 $\Delta_r G_m=\Delta_r G_m^{\ominus}+RT\ln\prod(p_B/p^{\ominus})^{\nu_B}$ 得：要使 Ca 不被氧化，则 $\Delta_r G_m>0$。因为 $\prod(p_B/p^{\ominus})^{\nu_B}=\frac{1}{[p(O_2)/p^{\ominus}]^{1/2}}$，所以 $1/2RT\ln[p(O_2)/p^{\ominus}]<\Delta_r G_m^{\ominus}$，解得

$$p<1.2\times10^{-207}\text{Pa}$$

如此低的分压，在空气中不可能实现。

说明：为了简化计算过程的书写，部分计算题在解题过程中省略了单位。

第 2 章　溶液与离子平衡

2.1　本章小结

2.1.1　基本要求

第一节

五种常用浓度的表示法及相互间的换算

第二节

稀溶液的依数性(溶液蒸气压下降、沸点升高、凝固点下降和渗透压)

第三节

酸碱质子理论；酸、碱的定义；酸、碱反应的实质；酸、碱的强度

第四节

$K_w^\ominus$、pH 和 pOH 的定义及其定量关系
一元弱酸(碱)和多元弱酸溶液的 pH 及解离平衡中各组分浓度的计算
同离子效应、同离子效应系统中各组分浓度的计算
缓冲溶液的组成、缓冲原理、缓冲溶液 pH 的计算

第五节

溶度积常数、溶解度和溶度积之间的换算
沉淀-溶解平衡的移动：溶度积规则、同离子效应对沉淀-溶解平衡移动的影响、沉淀转化、分步沉淀和沉淀分离等及相关的计算

第六节

配合物的基本概念：组成、命名
配位平衡；配合物在水溶液中的解离特点及配离子的稳定常数的意义
配位平衡移动的计算及酸碱平衡、沉淀溶解平衡、氧化还原平衡对配位平衡的影响，以及配位平衡之间的移动

2.1.2　基本概念

第一节

浓度　一定量溶剂或溶液中所含溶质 B 的量。

第二节

溶液的依数性(通性)　与溶质的本性无关,仅与溶质的相对含量有关的性质。

蒸气压　平衡状态时液面上方的蒸气称为饱和蒸气,所产生的压力称为液体在该温度下的饱和蒸气压,简称蒸气压。

溶液的蒸气压下降　在一定温度下,溶液的蒸气压总是低于纯溶剂的蒸气压的现象。

拉乌尔定律　在一定温度下,难挥发、非电解质稀溶液的蒸气压下降与溶质在溶液中的摩尔分数成正比,而与溶质本性无关。

液体的沸点　当某一液体的蒸气压等于外界压力(大气压)时,液体就会沸腾,此时的温度称为该液体的沸点。

凝固点　在一定外压下,当物质的液相蒸气压等于固相蒸气压时,液态纯物质与其固态纯物质平衡共存时的温度,称为该液体的凝固点或熔点。

溶液的沸点升高　相同温度下,溶液的蒸气压总是比纯溶剂的蒸气压低,要使溶液的蒸气压等于外压,必须升高温度。这将导致溶液的沸点总是高于纯溶剂的沸点,这种现象称为溶液的沸点升高。

凝固点下降　由于溶液的蒸气压下降,只有在更低的温度下才能使溶液与溶剂的蒸气压相等,即溶液的凝固点总是低于溶剂的凝固点,这种现象称为溶液凝固点降低。

半透膜　膜上的微孔只允许溶剂分子通过,而不允许溶质分子通过的膜。

渗透　由于半透膜的存在,因此膜两侧不同浓度溶液出现液面差的现象。渗透发生的条件是:溶液被半透膜隔开,膜两侧溶液浓度不同。自发渗透的方向是稀溶液中的溶剂向浓溶液中移动,直至达平衡。

渗透平衡　单位时间内从膜两侧透过的水分子数相等时,纯水的液面不再下降,溶液的液面不再升高,此时系统达到渗透平衡。

溶液的渗透压　阻止纯溶剂向溶液中渗透,在溶液液面上所施加的额外压力称为此温度下该溶液的渗透压。

反渗透　加于较浓溶液上的压力 p 超过渗透压 Π,使浓溶液中的溶剂向稀溶液扩散的现象。

等渗溶液　在相同温度下,渗透压相等的溶液。

高渗溶液　在相同温度下,渗透压较参比溶液渗透压高的溶液。

低渗溶液　在相同温度下,渗透压较参比溶液渗透压低的溶液。

第三节

酸碱的定义(酸碱质子理论)　凡是能给出质子的物质是酸;凡是能接受质子的物质

是碱。酸和碱不是孤立的，酸给出质子后的物质就是碱，称为酸的共轭碱；碱接受质子后的物质就是酸，称为碱的共轭酸。

共轭关系 酸碱相互依存的关系。酸$\rightleftharpoons$质子＋碱

酸碱反应的实质 依据酸碱质子理论，酸碱反应的实质是两对共轭酸碱对之间的质子转移。

两性物质 在一定条件下可以给出质子，而在另一种条件下又可以接受质子的物质。

第四节

质子自递反应 同种物质之间的质子传递反应，如水分子之间的质子传递：

$$H_2O+H_2O \longrightarrow H_3O^+ + OH^-$$

水的离子积 一定温度下，水的质子自递反应达到平衡时的标准平衡常数 $K_w^\ominus$，简称水的离子积。

质子转移平衡常数(解离平衡常数) 弱电解质在水溶液中存在分子与其解离出的离子之间的解离平衡，相应的平衡常数表达式称为解离平衡常数。按照酸碱质子理论，该常数反映了弱电解质与水作用给出或获得质子能力的大小。

同离子效应 在弱电解质溶液中，加入与弱电解质具有相同离子的强电解质，使弱电解质的解离度降低，这种现象称为同离子效应。

盐效应 在弱电解质溶液中，加入不含有相同离子的强电解质，使弱电解质的质子转移平衡向右移动，使弱电解质的解离度增大，这种现象称为盐效应。

缓冲溶液 在一定浓度的共轭酸碱对混合溶液中，外加少量强酸、强碱或稍加稀释时，混合溶液的 pH 不发生显著变化。这种能抵抗外加少量强酸或强碱，而维持 pH 基本不发生变化的溶液称为缓冲溶液。

缓冲作用 缓冲溶液所具有的抵抗外加少量强酸或强碱，而维持 pH 基本不发生变化的作用。

缓冲对(缓冲系) 组成缓冲溶液的共轭酸碱对。常见的有：弱酸-弱酸盐（HAc-NaAc、H_2CO_3-$NaHCO_3$）；弱碱-弱碱盐（NH_3-NH_4Cl）；弱酸的酸式盐-次级盐（NaH_2PO_4-Na_2HPO_4）。

缓冲容量 衡量缓冲溶液缓冲能力大小的尺度。

第五节

溶度积 在一定温度下，难溶强电解质的饱和溶液中，离子的"相对质量摩尔浓度"（离子的质量摩尔浓度除以标准质量摩尔浓度）以其化学计量数为幂指数的乘积为一常数，此常数称为溶度积常数，符号为 $K_{sp}^\ominus$或 $K_s^\ominus$。

离子积 在一定温度下，难溶强电解质溶液中，有关离子的"相对质量摩尔浓度"为任意值时，以其化学计量数为幂指数的乘积称为离子积，用符号 $\prod_B (b_B/b^\ominus)^{\nu_B}$ 表示。它表示有关离子在任意浓度下的离子积，不是常数。

溶度积规则 在任何给定溶液中，$\prod_B (b_B/b^\ominus)^{\nu_B}$ 和 $K_{sp}^\ominus$ 之间可能有三种情况，借此

可以判断沉淀的生成或溶解。

(1) $\prod_{B}(b_B/b^{\ominus})^{\nu_B}=K_{sp}^{\ominus}$，系统是饱和溶液，此时沉淀和溶解处于平衡状态。

(2) $\prod_{B}(b_B/b^{\ominus})^{\nu_B}<K_{sp}^{\ominus}$，系统是未饱和溶液，不会有沉淀析出，若系统中有沉淀存在，沉淀将溶解，直至溶液饱和。

(3) $\prod_{B}(b_B/b^{\ominus})^{\nu_B}>K_{sp}^{\ominus}$，系统是过饱和溶液，将有沉淀析出，直至溶液成为饱和溶液。

上述三条规则称为溶度积规则。

多相离子平衡中的同离子效应 在难溶电解质饱和溶液中加入具有相同离子的强电解质，则难溶电解质的多相离子平衡将向生成沉淀的方向移动，从而降低了难溶电解质溶解度的现象，称为同离子效应。

沉淀的转化 在含有某种沉淀的溶液中，加入适当的沉淀剂，使之与其中某一离子结合为更难溶的另一种沉淀，称为沉淀的转化。

分步沉淀 如果溶液中同时含有几种离子，当加入某种沉淀剂时，都能与该沉淀剂发生沉淀反应，可先后产生几种不同的沉淀，这种先后沉淀的现象称为分步沉淀。分步沉淀的次序与沉淀的溶解度大小有关，溶解度小的物质先沉淀(同类型的 $K_{sp}^{\ominus}$ 小的先沉淀)。

沉淀分离 利用分步沉淀的原理，可以使多种离子有效分离，而且两种同类型沉淀的溶度积相差越大，分离越完全。当然，被沉淀离子的初始浓度也有影响。

第六节

配位化合物 由一个简单正离子(或原子)与一定数目的中性分子或负离子以配位键结合，形成的不易解离的复杂离子或分子通常称为配位单元。含有配位单元的化合物称为配位化合物。

中心离子 配合物的组成中，一般情况下，有一个带正电荷的离子占据中心位置，称为配离子的中心离子或配离子的形成体。

配位体 中心离子周围直接相连着一些中性分子或简单负离子，称为配位体。

内界 中心离子与配位体构成了配离子或中性配位分子，在配合物结构中称为内配位层或内界。

外界 配合物中不在内界、距中心离子较远的离子称为外配位层或外界。外界的离子与配离子以静电引力相结合。

配位原子 在配位体中与中心离子直接键合的原子。

配位数 与中心离子结合的配位原子总数称为中心离子的配位数。

配位体的分类 含有一个配位原子的配位体称为单齿配位体，含有两个或两个以上配位原子的配位体称为多齿配位体(除该种分类方式外，还可按配位原子的种类分成含氧配体、含氮配体、含硫配体、含磷配体等)。

配合物的解离 在含有配合物的水溶液中，其内界与外界间的解离与强电解质相同。解离出的配离子在溶液中有一小部分会再解离为它的组成离子和分子，这种解离如同弱电解质在水溶液中的情形一样，存在解离平衡，称为配位平衡。

配离子的稳定常数 向配离子解离方向移动的配位平衡所对应的平衡常数称为该配离子的不稳定常数，以 $K^{\ominus}$(不稳)表示。$K^{\ominus}$(不稳)的倒数称为该配离子的稳定常数，以 $K^{\ominus}$(稳)表示。

酸效应 由于酸的加入，配位平衡发生移动，配离子稳定性降低的作用称为酸效应。

溶解效应 由配位平衡的建立而导致沉淀溶解的作用称为溶解效应。

配离子的转化反应 在有配离子参与的反应中，一种配离子可以转化为更稳定的另一种配离子的反应。

2.1.3 计算公式集锦

溶液浓度的表示方法

1) B 的质量分数

$$w_B = \frac{m_B}{m}$$

式中：m 为溶液(溶剂+溶质)的质量；m_B 为溶质 B 的质量。w_B 的量纲为 1。

2) B 的体积分数

$$\varphi_B = \frac{V_B}{V}$$

式中：V 为混合前各纯组分气体的体积之和；V_B 为与气体混合物相同温度和压力下纯组分 B 的体积，即组分 B 的分体积。φ_B的量纲为 1。

3) B 的物质的量浓度

$$c_B = \frac{n_B}{V}$$

式中：V 为溶液的总体积；n_B 为物质 B 的物质的量。c_B 的单位为 $mol \cdot m^{-3}$，常用其导出单位为 $mol \cdot dm^{-3}$(或 $mol \cdot L^{-1}$)、$mmol \cdot dm^{-3}$(或 $mmol \cdot L^{-1}$)等。

4) 溶质 B 的质量摩尔浓度

$$b_B = \frac{n_B}{m_A}$$

式中：m_A 为溶剂 A 的质量而不是溶液的质量。b_B 的单位为 $mol \cdot kg^{-1}$。

5) B 的摩尔分数

$$x_B = \frac{n_B}{n}$$

式中：x_B 的量纲为 1。若溶液是由溶剂 A 和溶质 B 组成的，则

$$x_A + x_B = 1$$

拉乌尔定律

$$\Delta p = p^* \frac{n_A}{n_A + n_B} = p^* x_B$$

式中：Δp 为溶液的蒸气压下降值；p^* 为纯溶剂的蒸气压；n_A 和 n_B 分别为溶剂 A 和溶质 B 的物质的量；x_B 为溶质 B 的摩尔分数。

沸点升高和凝固点降低的拉乌尔定律的数学表达式为

$$\Delta T_b = T_b - T_b^* = K_b b_B$$
$$\Delta T_f = T_f^* - T_f = K_f b_B$$

式中：T_b^*、T_f^* 分别为纯溶剂的沸点、凝固点；T_b、T_f 分别为溶液的沸点、凝固点；K_b、K_f 分别为纯溶剂的沸点升高常数、凝固点降低常数，单位为 $K \cdot kg \cdot mol^{-1}$。

范特霍夫方程式 非电解质稀溶液的渗透压有与理想气体状态方程式相似的关系式，即

$$\Pi V = n_B RT$$

或

$$\Pi = \frac{n_B RT}{V} = \frac{m_B RT}{M_B V}$$

式中：Π 为溶液的渗透压，Pa；V 为纯溶剂的体积，m^3；R 为摩尔气体常量，$R = 8.314 J \cdot mol^{-1} \cdot K^{-1}$。

水的质子自递平衡——水的离子积常数

$$K_w^\ominus = [b(H_3O^+)/b^\ominus][b(OH^-)/b^\ominus]$$

式中：$K_w^\ominus$ 为水的离子积。$K_w^\ominus$ 随温度升高而增大。

pH 和 pOH 当酸碱溶液的浓度较低时，溶液的酸度常用 pH 表示：$pH = -\lg[b(H_3O^+)/b^\ominus]$。碱度常用 pOH 表示：$pOH = -\lg[b(OH^-)/b^\ominus]$。

$$pH + pOH = pK_w^\ominus(298K) = 14$$

缓冲溶液 pH

$$pH = pK_a^\ominus - \lg\frac{b(弱酸)}{b(弱酸盐)} \text{ 或 } pH = pK_a^\ominus + \lg\frac{b(共轭碱)}{b(弱酸)}$$

缓冲溶液的缓冲范围

$$pH = pK_a^\ominus(HA) \pm 1$$

难溶电解质的沉淀——溶解平衡常数

$$A_mB_n(s) \rightleftharpoons mA^{n+}(aq) + nB^{m-}(aq)$$
$$K_{sp}^\ominus = [b(A^{n+})/b^\ominus]^m[b(B^{m-})/b^\ominus]^n$$

2.2 习题及详解

一、判断题

1. 在一定温度下，液体蒸气产生的压力称为饱和蒸气压。（ × ）

解析 平衡状态时，液面上方蒸气所产生的压力称为液体在该温度下的饱和蒸气压。

2. 溶质是强电解质或其浓度较大时，溶液的蒸气压下降不符合拉乌尔定律的定量关系。（ √ ）

解析 拉乌尔定律适用于在一定温度下，难挥发、非电解质稀溶液的蒸气压下降的定量关系，而溶质是强电解质或其浓度较大时偏离拉乌尔定律的定量关系。

3. 液体的凝固点是指液体蒸发和凝聚速率相等时的温度。（ × ）

解析 液态纯物质与其固态物质平衡共存，并且固态蒸气压等于液态蒸气压，所对应的温度为凝固点。

4. 质量相等的丁二胺[$H_2N(CH_2)_4NH_2$]和尿素[$CO(NH_2)_2$]分别溶于1000g水中，所得两溶液的凝固点相同。 （×）

解析 根据凝固点 $T_f = T_f^* - K_f \cdot b_B$，丁二胺的摩尔质量为 $88g \cdot mol^{-1}$，尿素的摩尔质量为 $62g \cdot mol^{-1}$，虽然两溶液溶质的质量相同，但由于两物质摩尔质量不同，因此所得溶液的质量摩尔浓度不同，所以两溶液的凝固点不同。

5. 常利用稀溶液的渗透压来测定溶质的相对分子质量。 （√）

解析 溶液的浓度越大，渗透压越高，对半透膜耐压的要求越高，就越难直接测定。对于高分子溶质的稀溶液，溶质的质点数很少，所以确定高分子溶质的摩尔质量常用渗透压法，$\Pi = \frac{m_B RT}{M_B V}$，$M_B = \frac{m_B RT}{\Pi V}$。

6. 弱酸或弱碱的浓度越小，其解离度也越小，酸性或碱性越弱。 （×）

解析 $\alpha = \sqrt{\frac{K^\ominus}{b}}$，所以弱酸(碱)的浓度越小，解离度 α 越大。

7. 在一定温度下，某两种酸的浓度相等，其水溶液的pH也必然相等。 （×）

解析 两种酸如果是同类型强酸，浓度相同，则pH相同。两种酸如果都为弱酸，尽管浓度相等，但由于 $K^\ominus$ 不同，因此pH也不同。两种酸如一种为强酸，另一种为弱酸，浓度相同，pH肯定不同。

8. 难挥发非电解质稀溶液的凝固点和沸点不是恒定的值。 （√）

解析 溶液的沸点不是恒定的，因为非饱和溶液随着溶液中溶剂的蒸发，溶液浓度处于不断变化中，只有溶液为饱和溶液时，溶液沸腾的温度才不会改变。同理，非饱和溶液随着溶液中溶剂的蒸发，凝固点也不是恒定的。

9. 在缓冲溶液中，只要每次加少量强酸或强碱，无论添加多少次，缓冲溶液始终具有缓冲能力。 （×）

解析 任何缓冲溶液的缓冲能力都是有限度的，虽然只是每次加少量强酸或强碱，但如添加无数次，相当于加入了大量的强酸或强碱，当溶液中的抗酸或抗碱成分都消耗尽时，缓冲溶液就不具有缓冲能力了。

10. 已知 $K_{sp}^\ominus(Ag_2CrO_4) = 1.11 \times 10^{-12}$，$K_{sp}^\ominus(AgCl) = 1.76 \times 10^{-10}$，在 $0.0100mol \cdot kg^{-1}$ K_2CrO_4 和 $0.1000mol \cdot kg^{-1}$ KCl的混合溶液中，逐滴加入 $AgNO_3$ 溶液，则 CrO_4^{2-} 先沉淀。 （×）

解析 两种沉淀的类型不同(A_2B 型和AB型)，因此不能直接通过溶度积大小判断谁先沉淀，需要通过计算确定两种沉淀产生时需要的最低 Ag^+ 浓度。

当AgCl沉淀生成时所需要的最低 $b(Ag^+)$：

$$K_{sp}(AgCl) = [b(Ag^+)/b^\ominus][b(Cl^-)/b^\ominus]$$

$$b(Ag^+) = K_{sp}(AgCl)/b(Cl^-) = 1.76 \times 10^{-10}/0.1 = 1.76 \times 10^{-9}(mol \cdot kg^{-1})$$

当 Ag_2CrO_4 沉淀生成时所需要的最低 $b(Ag^+)$：

$$K_{sp}(Ag_2CrO_4) = [b(Ag^+)/b^\ominus]^2[b(CrO_4^{2-})/b^\ominus]$$

$b(Ag^+)=\sqrt{K_{sp}(Ag_2CrO_4)/b(CrO_4^{2-})}=\sqrt{1.11\times10^{-12}/0.01}=1.05\times10^{-5}(mol\cdot kg^{-1})$

AgCl 沉淀时所需要的 Ag^+ 浓度更小，因此 AgCl 先沉淀。

11. 用 EDTA 作重金属的解毒剂是因为其可以降低金属离子的浓度。（ √ ）

解析 EDTA 是螯合剂。螯合剂中配位原子越多，则形成的五元环或六元环的数目越多，螯合物就越稳定。EDTA 分子中有 6 个配位原子，它可以和绝大多数金属离子形成含 5 个五元环的螯合物，具有特殊的稳定性，因此可以大大降低溶液中金属离子的浓度，所以可作重金属的解毒剂。

12. 相同温度下，纯水和 $0.10mol\cdot dm^{-3}$ HCl 水溶液中，水的离子积不相同。（ × ）

解析 水的离子积为平衡常数，仅随温度而变化，与 pH 无关，因此相同温度下纯水和 $0.10mol\cdot dm^{-3}$ HCl 水溶液中，水的离子积相同。

13. 在实际应用中，可利用稀溶液的凝固点降低法测定小分子溶质的相对分子质量。（ √ ）

解析 根据拉乌尔定律，$\Delta T_f=K_f b_B=\dfrac{K_f m_B/M_B}{m_A}$，$M_B=\dfrac{K_f m_B}{m_A\Delta T_f}$。

【附加题 1】 在 100g 水中溶解 5.2g 某非电解质，该非电解质的摩尔质量为 $60g\cdot mol^{-1}$，此溶液在标准压力下的沸点为 373.60K。（ √ ）

解析 $b_B=\dfrac{5.2g/60g\cdot mol^{-1}}{100g}\times1000g=0.87mol\cdot kg^{-1}$

根据 $\Delta T_b=K_b b_B=0.52K\cdot kg\cdot mol^{-1}\times0.87mol\cdot kg^{-1}=0.45K$

因此 $T_b=T_b^*+\Delta T_b=373.15K+0.45K=373.60K$

【附加题 2】 由于 $K_a^\ominus(HAc)>K_a^\ominus(HCN)$，故相同浓度的 NaAc 溶液的 pH 比 NaCN 溶液的 pH 大。（ × ）

解析 NaAc 溶液和 NaCN 溶液的 pH 涉及溶液的水解平衡，盐对应的酸越弱，其溶液的 pH 越大。

二、选择题

14. 在质量摩尔浓度为 $1.00mol\cdot kg^{-1}$ NaCl 水溶液中，溶质的摩尔分数 x_B 和质量分数 w_B 分别为（ C ）

A. 1.00，18.09%　　B. 0.055，17.0%

C. 0.0177，5.53%　　D. 0.180，5.85%

解析 溶质的摩尔分数 $x_B=\dfrac{1}{1+\dfrac{1000}{18}}=0.0177$

溶质的质量分数 $w_B=1mol\times58.5g\cdot mol^{-1}/(58.5g+1000g)=0.0553$ 或 5.53%。

15. 30%的盐酸溶液，密度为 $1.15g\cdot cm^{-3}$，其物质的量浓度 c_B 和质量摩尔浓度 b_B 分别为（ A ）

A. $9.452mol\cdot dm^{-3}$，$11.74mol\cdot kg^{-1}$

B. $94.52mol\cdot dm^{-3}$，$27.39mol\cdot kg^{-1}$

C. 31.51mol·dm^{-3}, 1.74mol·kg^{-1}

D. 0.945mol·dm^{-3}, 2.739mol·kg^{-1}

解析 $c_B=\frac{1000\times1.15\times30\%}{36.5}=\frac{345}{36.5}=9.452(mol\cdot dm^{-3})$

$$b_B=\frac{30/36.5}{70\times10^{-3}}=11.74(mol\cdot kg^{-1})$$

16. 取两小块冰,分别放在温度均为 273K 的纯水和盐水中,将会发生的现象是(C)

A. 放在纯水和盐水中的冰均不融化

B. 放在纯水中的冰融化为水,而放在盐水中的冰不融化

C. 放在纯水中的冰不融化,而放在盐水中的冰融化为水

D. 放在纯水和盐水中的冰均融化为水

解析 根据拉乌尔定律,在相同温度下,溶液的蒸气压总是比纯溶剂的蒸气压低。因此在 273K 的盐水和冰系统中,盐水中水的蒸气压下降,而冰的蒸气压不变,所以冰的蒸气压大于盐水的蒸气压,冰将融化为水。

17. 已知 298K 时,$K_{sp}^{\ominus}(Ag_2CrO_4)=1.0\times10^{-12}$,则在该温度下,$Ag_2CrO_4$ 在 0.010mol·L^{-1} $AgNO_3$ 溶液中的溶解度是(B)

A. 1.0×10^{-10}mol·L^{-1}　　B. 1.0×10^{-8}mol·L^{-1}

C. 1.0×10^{-5}mol·L^{-1}　　D. 1.0×10^{-6}mol·L^{-1}

解析 $K_{sp}^{\ominus}=0.01^2S$, $S=1.0\times10^{-12}/1.0\times10^{-4}=1.0\times10^{-8}$。

18. 已知水的 $K_f=1.86K\cdot kg\cdot mol^{-1}$,测得某人血清的凝固点为−0.56℃,则该血清的浓度为(C)

A. 332mmol·kg^{-1}　　B. 147mmol·kg^{-1}

C. 301mmol·kg^{-1}　　D. 146mmol·kg^{-1}

解析 由凝固点下降公式得:$[273-(273-0.56)]K=1.86K\cdot kg\cdot mol^{-1}\times b_B$, $b_B=0.56/1.86=0.301(mol\cdot kg^{-1})=301(mmol\cdot kg^{-1})$。

19. 下列混合溶液,属于缓冲溶液的是(A)

A. 50g 0.2mol·kg^{-1} HAc 与 50g 0.1mol·kg^{-1} NaOH

B. 50g 0.1mol·kg^{-1} HAc 与 50g 0.1mol·kg^{-1} NaOH

C. 50g 0.1mol·kg^{-1} HAc 与 50g 0.2mol·kg^{-1} NaOH

D. 50g 0.2mol·kg^{-1} HCl 与 50g 0.1mol·kg^{-1} $NH_3\cdot H_2O$

解析 缓冲溶液可以由弱酸和弱酸盐组成,上述 4 组溶液只有 A 符合缓冲溶液的组成。

20. 已知 H_3PO_4 的 $pK_{a_1}^{\ominus}=2.12$, $pK_{a_2}^{\ominus}=7.20$, $pK_{a_3}^{\ominus}=12.36$,则浓度均为 0.10 mol·L^{-1} KH_2PO_4 溶液和 K_2HPO_4 溶液等体积混合后,溶液的 pH 为(C)

A. 4.66　　B. 9.78　　C. 7.20　　D. 12.36

解析 根据缓冲溶液 pH 计算公式,pH=7.20+lg(0.1/0.1)=7.20。

21. 植物能从土壤中吸收水分和养分是因为(C)

A. 土壤溶液的浓度大于植物细胞溶液的浓度

B. 土壤溶液的渗透压大于植物细胞溶液的渗透压

C. 植物细胞溶液的渗透压大于土壤溶液的渗透压

D. 植物的细胞壁只允许水分子从细胞外向细胞内流动

解析 植物细胞的渗透压可高达2MPa,所以水可由植物根部送到数十米的树枝顶端。

22. AgCl在下列物质中溶解度最大的是(B)

A. 纯水　　B. $6mol \cdot kg^{-1}$ $NH_3 \cdot H_2O$

C. $0.1mol \cdot kg^{-1}$ NaCl　　D. $0.1mol \cdot kg^{-1}$ $BaCl_2$

解析 AgCl在$6mol \cdot kg^{-1}$ $NH_3 \cdot H_2O$中可以转化为$[Ag(NH_3)_2]^+$而使AgCl沉淀溶解。

23. 在PbI_2沉淀中加入过量的KI溶液,使沉淀溶解的原因是(B)

A. 同离子效应　　B. 生成配位化合物

C. 氧化还原作用　　D. 溶液碱性增强

解析 $PbI_2+2I^- \rightleftharpoons [PbI_4]^{2-}$。

24. 若$[M(NH_3)_2]^+$的稳定常数$K^\ominus_{稳}=a$,$[M(CN)_2]^-$的稳定常数$K^\ominus_{稳}=b$,则反应$[M(NH_3)_2]^+ +2CN^- \rightleftharpoons [M(CN)_2]^- +2NH_3$的平衡常数$K^\ominus$为(D)

A. $a-b$　　B. a/b　　C. ab　　D. b/a

解析 $K^\ominus=K^\ominus_{稳}\{[M(CN)_2]^-\}/K^\ominus_{稳}\{[M(NH_3)_2]^+\}=b/a$。

25. 下列配合物的中心离子的配位数都是6,相同浓度的水溶液导电能力最强的是(D)

A. $K_2[MnF_6]$　　B. $[Co(NH_3)_6]Cl_3$

C. $[Cr(NH_3)_4]Cl_3$　　D. $K_4[Fe(CN)_6]$

解析 配合物在水溶液中的解离与强电解质相同,而相同浓度的水溶液导电能力的大小与溶液中带电粒子的多少有关。离子多,导电能力强。

【附加题1】 下面稀溶液的浓度相同,其蒸气压最高的是(C)

A. NaCl溶液　　B. H_3PO_4溶液

C. $C_6H_{12}O_6$溶液　　D. $NH_3 \cdot H_2O$溶液

解析 电解质溶液与难挥发的非电解质稀溶液一样具有依数性,且浓度越大,其蒸气压下降、沸点上升、凝固点下降和渗透压值越大,只是稀溶液通性中表达的这些性质与溶液浓度间的定量关系不适用于浓溶液和电解质溶液。由于电解质的解离,因此相同浓度的电解质溶液中溶质粒子数目大于相同浓度的非电解质溶液中溶质粒子数目。因而其蒸气压下降、沸点上升、凝固点下降和渗透压的数值比相同浓度的非电解质溶液的数值都大。对于相同浓度的溶液,蒸气压大小或凝固点高低的顺序为非电解质溶液>弱电解质溶液>AB型强电解质>A_2B或AB_2型强电解质。本题中只有C是非电解质溶液,其蒸气压下降(Δp)最小,所以蒸气压最大。

【附加题2】 相同浓度的下列溶液中沸点最高的是(C)

A. 葡萄糖　　B. NaCl　　C. $CaCl_2$　　D. $[Cu(NH_3)_4]SO_4$

解析 本题中C为AB_2型强电解质溶液,溶液中溶质粒子的数目多,所以其沸点最高。

【附加题3】 下列物质水溶液中,凝固点最低的是(C)

A. $0.2mol \cdot kg^{-1} C_{12}H_{22}O_{11}$　　B. $0.2mol \cdot kg^{-1}$ HAc

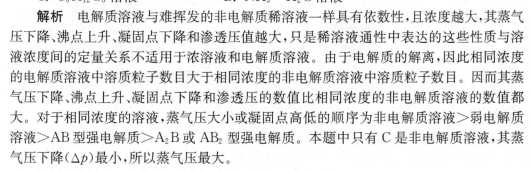

C. $0.2mol \cdot kg^{-1}$ NaCl　　D. $0.1mol \cdot kg^{-1}$ HAc

解析　本题C中微粒浓度最高，故凝固点最低。

【附加题4】　HAc、HCN、H_2O 的共轭碱的碱性强弱顺序是(C)

A. $OH^- > Ac^- > CN^-$　　B. $CN^- > Ac^- > OH^-$

C. $OH^- > CN^- > Ac^-$　　D. $CN^- > OH^- > Ac^-$

解析　在水溶液中，一般根据弱酸弱碱的质子转移平衡常数(又称解离平衡常数)的大小，比较酸碱的相对强弱。在共轭酸碱对中，若酸的酸性越强，给出质子的能力越强，其共轭碱接受质子的能力就越弱，即共轭碱的碱性越弱。由质子转移平衡常数得知，酸强度的顺序为 HAc>HCN>H_2O，因此C选项正确。

【附加题5】　$0.1mol \cdot kg^{-1}$ 的下列溶液中 pH 最小的是(B)

A. HAc　　B. NaAc　　C. $NH_3 \cdot H_2O$　　D. H_2S

解析　先查弱电解质的解离常数，然后由公式 $\frac{b(H^+)}{b^\ominus}=\sqrt{K_a^\ominus \times \frac{b(酸)}{b^\ominus}}$ 或 $\frac{b(OH^-)}{b^\ominus}=\sqrt{K_b^\ominus \times \frac{b(碱)}{b^\ominus}}$，$pH=-\lg\frac{b(H^+)}{b^\ominus}$，$pH=pK_w-pOH$ 计算。对于二元弱酸，当 $K_{a_1}^\ominus \gg K_{a_2}^\ominus$，可在计算时当作一元弱酸看待，忽略第二步解离。对于 NaAc，由于 $Ac^- + H_2O \rightleftharpoons HAc + OH^-$，$\frac{b(OH^-)}{b^\ominus}=\sqrt{K^\ominus \times \frac{b(Ac^-)}{b^\ominus}}=\sqrt{\frac{K_w^\ominus}{K^\ominus(HAc)} \times \frac{b(Ac^-)}{b^\ominus}}$，得 HAc pH 为 2.88；NaAc pH 为 8.88；$NH_3 \cdot H_2O$ pH 为 11.12；H_2S pH 为 4.02。

【附加题6】　若用 HAc 和 NaAc 溶液配制 pH=4.5 的缓冲溶液，则二者浓度之比为(C)

A. $\frac{1}{1.8}$　　B. $\frac{3.2}{36}$　　C. $\frac{1.8}{1}$　　D. $\frac{8}{9}$

解析　依据：$pH=pK_a^\ominus-\lg\frac{b(弱酸)}{b(弱酸盐)}$

$$4.5=-\lg 1.76\times10^{-5}-\lg\frac{b(弱酸)}{b(弱酸盐)}=-(0.2455-5)-\lg\frac{b(弱酸)}{b(弱酸盐)}$$

$$=4.75-\lg\frac{b(弱酸)}{b(弱酸盐)}$$

$$4.5-4.75=-\lg\frac{b(弱酸)}{b(弱酸盐)}$$

所以
$$\frac{b(弱酸)}{b(弱酸盐)}\approx 1.8$$

【附加题7】　配制 pH≈7 的缓冲溶液，应选择(D)

A. $K^\ominus(HAc)=1.8\times10^{-5}$　　B. $K^\ominus(HCOOH)=1.77\times10^{-4}$

C. $K^\ominus(H_2CO_3)=4.3\times10^{-7}$　　D. $K^\ominus(H_2PO_4^-)=6.23\times10^{-8}$

解析　缓冲溶液的 pH 在缓冲范围内，应尽可能接近 $pK_a^\ominus$。对 D 项物质，$pH=-\lg 6.23\times10^{-8}=7.2$

【附加题8】　下列说法中正确的是(A)

A. 在 H_2S 的饱和溶液中加入 Cu^{2+}，溶液的 pH 将变小

B. 分步沉淀的结果总能使两种溶度积不同的离子通过沉淀反应完全分离开

C. 所谓沉淀完全是指沉淀剂将溶液中某一离子除净了

D. 若某系统的溶液中离子积等于溶度积，则该系统必然存在固相

解析 $Cu^{2+}+H_2S \rightleftharpoons 2H^{+}+CuS(s)$，由于生成了极难溶的CuS沉淀，促使平衡向右移动，溶液中H^+浓度增大，导致溶液的pH变小。

三、填空题

26. 稀溶液的依数性是指溶液的 蒸气压下降 、 沸点升高 、 凝固点下降 和 渗透压 。它们的数值只与溶质的 粒子数目(一定量溶剂中溶质的物质的量) 成正比。

27. 已知25℃时，某二元弱酸H_2A的$K_{a_1}^{\ominus}=1.0\times10^{-7}$，$K_{a_2}^{\ominus}=1.0\times10^{-14}$，则$0.10mol\cdot kg^{-1}$ H_2A溶液中A^{2-}的浓度约为 1.0×10^{-14} $mol\cdot kg^{-1}$；在$0.10mol\cdot kg^{-1}$ H_2A和$0.10mol\cdot kg^{-1}$盐酸混合溶液中A^{2-}的浓度约为 1.0×10^{-20} $mol\cdot kg^{-1}$。

解析 (1) $H_2A \rightleftharpoons H^+ + HA^-$ ； $HA^- \rightleftharpoons H^+ + A^-$

设 $0.1-x\approx0.1$ x x ； $x-y\approx x$ $x+y\approx x$ y

$$K_{a_2}^{\ominus}=\frac{xy}{x}=y,\ y=1.0\times10^{-14}$$

(2) $H_2A \rightleftharpoons H^+ + HA^-$；$HA^- \rightleftharpoons H^+ + A^-$

$0.1-x'\approx0.1$ $0.1+x'\approx0.1$ x'；$x'-y'\approx x'$ $0.1+x'+y'\approx0.1$ y'

$$x'=K_{a_1}^{\ominus}=1.0\times10^{-7},\ y'=1.0\times10^{-20},\ K_{a_2}^{\ominus}=\frac{0.1y'}{x'}$$

28. Ag_2CrO_4的溶度积常数表达式为 $K_{sp}^{\ominus}=[b(Ag^+)/b^{\ominus}]^2[b(CrO_4^{2-})/b^{\ominus}]$ ，其溶解度S与$K_{sp}^{\ominus}$的关系为 $S=\sqrt[3]{\dfrac{K_{sp}^{\ominus}}{4}}$ 。

29. 填表：

化学式	名称	中心离子	配位体	配位原子	配位数	配离子电荷
$[Pt(NH_3)_4(NO_2)Cl]SO_4$	硫酸一氯·一硝基·四氨合铂(Ⅳ)	Pt^{4+}	NH_3、NO_2^-、Cl^-	N、N、Cl	6	+2
$[Ni(en)_3]Cl_2$	二氯化三乙二胺合镍(Ⅱ)	Ni^{2+}	en	N	6	+2
$[Fe(EDTA)]^{2-}$	乙二胺四乙酸根合铁(Ⅱ)配离子	Fe^{2+}	$EDTA^{4-}$	N、O	6	−2
$NH_4[Co(NCS)_4(NH_3)_2]$	四异硫氰根·二氨合钴(Ⅲ)酸铵	Co^{3+}	NCS^-、NH_3	N、N	6	−1
$[Co(ONO)(NH_3)_3(H_2O)_2]Cl_2$	二氯化一亚硝酸根·三氨·二水合钴(Ⅲ)	Co^{3+}	ONO^-、NH_3、H_2O	O、N、O	6	+2
$[Co(C_2O_4)_3]^{3-}$	三乙二酸根合钴(Ⅲ)配离子	Co^{3+}	$C_2O_4^{2-}$	O	6	−3

30. 用理想的半透膜将两种浓度不同的蔗糖溶液隔开，水分子的渗透方向是<u>低浓度溶液向高浓度溶液方向渗透</u>。

31. 一些配位剂能增大难溶金属盐溶解度的原因是<u>形成稳定的可溶配合物，使沉淀平衡向溶解的方向移动</u>。

32. 根据酸碱质子理论，$H_2PO_4^-$、H_2O、HSO_4^-、$[Fe(H_2O)_6]^{3+}$的共轭碱的化学式分别是<u>HPO_4^{2-}</u>、<u>OH^-</u>、<u>SO_4^{2-}</u>、<u>$[Fe(H_2O)_5OH]^{2+}$</u>。

33. 称取某一化合物 9.0g 溶于 200.0g 水中，测得溶液的凝固点为−0.186℃，已知水的 $K_f=1.86K\cdot kg\cdot mol^{-1}$，$K_b=0.512K\cdot kg\cdot mol^{-1}$，则该物质的摩尔质量为<u>450</u>$g\cdot mol^{-1}$，此物质溶液的沸点为<u>373.20K</u>。

解析 $M_B=K_fm_B/m_A\Delta T_f=1.86K\cdot kg\cdot mol^{-1}\times 9g/200g\times 0.186K=0.45kg\cdot mol^{-1}=450g\cdot mol^{-1}$，$b_B=n_B/m_A=9g/450g\cdot mol^{-1}/0.2kg=0.1mol\cdot kg^{-1}$，$\Delta T_b=K_bb_B=0.512K\cdot kg\cdot mol^{-1}\times 0.1mol\cdot kg^{-1}=0.0512K$。

根据稀溶液的依数性，沸点升高了 0.0512K，此时的沸点为 372.15K+0.0512K=373.20K。

34. 下列物质 HPO_4^{2-}、NH_4^+、OH^-、$[Al(H_2O)_5OH]^{2+}$、H_2S、CO_3^{2-} 中，只属于质子酸的是<u>H_2S、NH_4^+</u>；只属于质子碱的是<u>CO_3^{2-}、OH^-</u>；属于两性物质的是<u>$[Al(H_2O)_5OH]^{2+}$、HPO_4^{2-}</u>。

解析 根据酸碱质子理论：H_2S 和 NH_4^+ 仅能给出质子，只属于酸；CO_3^{2-} 和 OH^- 仅能接受质子，只属于碱；$[Al(H_2O)_5OH]^{2+}$ 和 HPO_4^{2-} 既可以给出质子，又可以接受质子，具有两性。

【附加题 1】 环境污染可造成体内污染元素积累过量，而应用某些配位剂可以使一些难溶金属盐<u>溶解</u>，其原因是<u>利用配体生成无毒可溶的配合物</u>，从肾脏排出体外除去有毒金属。

【附加题 2】 已知 NH_3 的 $K_b^\ominus$ 为 1.76×10^{-5}，NH_4^+ 的 $K_a^\ominus$ 值为<u>5.68×10^{-10}</u>。

解析 提示：$K_w^\ominus=K_a^\ominus K_b^\ominus$，所以 $K_a^\ominus=\dfrac{K_w^\ominus}{K_b^\ominus}=\dfrac{1\times10^{-14}}{1.76\times10^{-5}}=5.68\times10^{-10}$。

四、问答题

35. 决定缓冲溶液 pH 的主要因素有哪些？通常用哪个物理量表示缓冲溶液的缓冲能力？影响这个物理量的因素有哪些？

答 决定缓冲溶液 pH 的主要因素从缓冲公式可以看出，影响溶液 pH 的因素有两个：一是弱酸本身的 $K_a^\ominus$ 值；二是缓冲比的值。缓冲溶液的缓冲能力通常用缓冲容量表示。影响缓冲溶液的缓冲容量的因素主要有以下两个方面。

(1) 当缓冲溶液的缓冲比一定时，缓冲溶液中共轭酸碱对的总浓度越大，维持体系 pH 不变的能力越强，缓冲容量越大。

(2) 缓冲溶液的缓冲能力与缓冲比有关。当缓冲溶液的总浓度一定时，缓冲比越接近 1，缓冲容量越大。此时，缓冲溶液具有对酸、碱同等的最大的缓冲能力。

36. 试用平衡移动的观点说明下列事实将产生什么现象。

(1) 向含有 Ag_2CO_3 沉淀的溶液中加入 Na_2CO_3。

(2) 向含有 Ag_2CO_3 沉淀的溶液中加入氨水。

(3) 向含有 Ag_2CO_3 沉淀的溶液中加入 HNO_3。

答 (1) 加入 Na_2CO_3 时，Ag_2CO_3 溶解度变小。根据同离子效应的原理，向难溶电解质饱和溶液中加入具有相同离子的另一种强电解质，可以降低难溶电解质溶解度，平衡向着生成沉淀的方向移动。溶液中 $b(Ag^+)$ 降低，所以 Ag_2CO_3 溶解度变小。

(2) 加入氨水时，Ag_2CO_3 溶解度增大。当氨水为足量时，Ag_2CO_3 沉淀将完全溶解。因为

$$\begin{aligned} Ag_2CO_3(s) &\rightleftharpoons 2Ag^+ + CO_3^{2-} \\ &\quad\;\; + \\ &\quad 4NH_3 \rightleftharpoons 2[Ag(NH_3)_2]^+ \end{aligned}$$

Ag^+ 与 NH_3 生成了稳定的 $[Ag(NH_3)_2]^+$，使溶液中 $b(Ag^+)$ 降低，平衡向着沉淀溶解的方向，即生成配离子的方向移动。

(3) 加入 HNO_3 时，Ag_2CO_3 溶解度增大。当 HNO_3 足量时，Ag_2CO_3 沉淀可完全溶解。因为

$$\begin{aligned} Ag_2CO_3 &\rightleftharpoons 2Ag^+ + CO_3^{2-} \\ & \qquad\qquad\;\; + \\ 2HNO_3 &\longrightarrow 2NO_3^- + 2H^+ \\ & \qquad\qquad\;\; \Updownarrow \\ & \qquad\qquad H_2CO_3 \rightleftharpoons H_2O + CO_2(g) \end{aligned}$$

溶液中 $b(CO_3^{2-})$ 降低，所以平衡向着沉淀溶解的方向移动。

37. 试说明下列名词的区别。

(1) 单齿配位体与多齿配位体。

(2) 螯合物与简单配合物。

答 (1) 含有一个配位原子的配位体称为单齿配位体，含有两个及以上配位原子的配位体称为多齿配位体。

(2) 螯合物是指由多齿配位体与同一中心原子形成的具有环状结构的配合物。其中以形成五元环、六元环居多，并且形成五元环、六元环的数目越多，螯合物越稳定。简单配合物是指由单齿配位体与中心原子直接配位形成的配合物。

38. 命名下列配位化合物。

(1) $K[PtCl_3(NH_3)]$　　(2) $K_3[Fe(C_2O_4)_3]$

(3) $[Co(en)_3]Cl_3$　　(4) $[Cr(H_2O)_5Cl]Cl_2 \cdot H_2O$

(5) $[Co(ONO)(NH_3)_5]SO_4$　　(6) $[Cu(NH_3)_4][PtCl_4]$

答 (1) 三氯·氨合铂(Ⅱ)酸钾　　(2) 三草酸合铁(Ⅲ)酸钾

(3) 三氯化三乙二胺合钴(Ⅲ)　　(4) 一水合二氯化氯·五水合铬(Ⅲ)

(5) 硫酸(亚硝酸根)·五氨合钴(Ⅲ)　　(6) 四氯合铂(Ⅱ)酸四氨合铜(Ⅱ)

【附加题】 试述酸碱质子理论与电离理论的区别。

答 这两种理论对酸碱的定义不同，且质子理论中没有盐的概念，两种理论根本区别是适用范围不同。酸碱质子理论认为：凡是能给出质子的分子或离子都是酸，凡是能接受质子的分子或离子都是碱，酸碱之间存在共轭关系。酸给出质子后就是碱，而碱接受质子后又成为酸。质子理论认为酸碱反应实质就是质子传递的过程。溶剂的自偶电离；弱酸、弱碱的解离；中和反应等都可以归为酸碱反应。质子理论适用于包括水在内的所有质子溶剂，如 H_2SO_4、HF、HAc 等。

电离理论认为：凡是能解离出 H^+ 的化合物就是酸，凡是能解离出 OH^- 的化合物就是碱。酸碱反应的实质就是 H^+ 和 OH^- 作用生成 H_2O 的反应。电离理论只适用于水溶液系统。

五、计算题

39. 在 $100cm^3$ 水(密度为 $1.0g \cdot cm^{-3}$)中溶解 17.1g 蔗糖($C_{12}H_{22}O_{11}$)，溶液的密度为 $1.0638g \cdot cm^{-3}$，试计算：

(1) 溶液的质量分数。

(2) 溶液的物质的量浓度。

(3) 溶液的质量摩尔浓度。

(4) 蔗糖和水的摩尔分数。

解 (1) 溶液的质量分数为

$$w_B = \frac{17.1g}{117.1g} \times 100\% = 14.6\%$$

(2) 已知蔗糖摩尔质量为 $342g \cdot mol^{-1}$，则物质的量浓度为

$$c_B = \frac{17.1g/342g \cdot mol^{-1}}{117.1g/1.0638g \cdot cm^{-3}} \times 1000cm^3 = 0.454mol \cdot dm^{-3}$$

(3) 质量摩尔浓度为

$$b_B = \frac{17.1g/342g \cdot mol^{-1}}{100cm^3 \times 1.0g \cdot cm^{-3}} = \frac{0.05mol}{100g} = \frac{0.05mol}{0.1kg} = 0.5mol \cdot kg^{-1}$$

(4) 摩尔分数为

$$H_2O\text{的物质的量 } n = \frac{100cm^3 \times 1.0g \cdot cm^{-3}}{18g \cdot mol^{-1}} = 5.56mol$$

$$\text{蔗糖的物质的量 } n = \frac{17.1g}{342g \cdot mol^{-1}} = 0.05mol$$

$$x(\text{糖}) = \frac{0.05mol}{(5.56+0.05)mol} = 8.91 \times 10^{-3}$$

$$x(H_2O) = \frac{5.56mol}{(5.56+0.05)mol} = 0.991$$

40. 溶解 3.2g 硫于 40g 苯中，苯的凝固点降低了 1.60K，试求溶液中的硫分子式由几个硫原子组成。已知：苯的 $K_f = 5.12K \cdot kg \cdot mol^{-1}$。

解　设硫分子(S_n)的摩尔质量为M_B,根据

$$\Delta T_f = K_f \cdot b_B$$

$$b_B = \frac{\frac{m_B}{m_A}}{M_B} = \frac{\frac{3.2g}{40g}}{M_B} = \frac{3.2g}{40g \times M_B}$$

$$b_B = \frac{\Delta T_f}{K_f}$$

$$\frac{3.2g}{40g \times M_B} = \frac{\Delta T_f}{K_f}$$

即

$$M_B = \frac{3.2g \times K_f}{40g \times \Delta T_f} = \frac{3.2g \times 5.12K \cdot kg \cdot mol^{-1}}{40g \times 1.60K}$$

$$M_B = 0.256kg \cdot mol^{-1} = 256g \cdot mol^{-1}$$

已知硫原子的摩尔质量为32.056g·mol^{-1},硫分子中有

$$\frac{256g \cdot mol^{-1}}{32.065g \cdot mol^{-1}} = 7.9 \approx 8(\text{个硫原子})$$

41. 某浓度的蔗糖溶液在−0.250℃时结冰。此溶液在20℃时的蒸气压为多大?渗透压为多大?

解　(1) 根据$\Delta T_f = K_f b_B$,查表可得水的凝固点降低常数为1.86K·kg·mol^{-1},则

$$b_B = \frac{\Delta T_f}{K_f} = \frac{0.25K}{1.86K \cdot kg \cdot mol^{-1}} = 0.134mol \cdot kg^{-1}$$

根据

$$\Delta p = p^* \frac{n_B}{n_A + n_B} = p^* x_B$$

因此,要计算出蔗糖的摩尔分数

$$x(\text{蔗糖}) = \frac{0.134mol}{0.134mol + \frac{1000}{18.0}mol} = 2.406 \times 10^{-3}$$

查表在20℃时,水的饱和蒸气压为2333.14Pa

$$\Delta p = 2333.14Pa \times 2.406 \times 10^{-3} = 5.614Pa$$

蔗糖的蒸气压为

$$p(\text{蔗糖}) = 2333.14Pa - 5.614Pa = 2327.53Pa$$

(2) 对于稀溶液:$c_B \approx b_B$

$$\Pi(\text{蔗糖}) = \frac{n_B}{V}RT$$

$$= 0.134mol \cdot m^{-3} \times 1000 \times 8.314Pa \cdot m^3 \cdot mol^{-1} \cdot K^{-1} \times (273+20)K$$

$$= 326.4kPa$$

42. 计算下列溶液中的$b(H^+)$、$b(Ac^-)$。

(1) 0.10mol·kg^{-1} HAc溶液中加入等质量的0.050mol·kg^{-1} KAc溶液。

(2) 0.10mol·kg^{-1} HAc溶液中加入等质量的0.050mol·kg^{-1} HCl溶液。

(3) $0.10\text{mol}\cdot\text{kg}^{-1}$ HAc 溶液中加入等质量的 $0.050\text{mol}\cdot\text{kg}^{-1}$ NaOH 溶液。

解 (1) 等质量混合,浓度减半,即

$$b(\text{HAc}) = 0.05\text{mol}\cdot\text{kg}^{-1},\qquad b(\text{KAc}) = 0.025\text{mol}\cdot\text{kg}^{-1}$$

$$\text{HAc} \rightleftharpoons \text{H}^+ + \text{Ac}^-$$

$$b_{\text{平}}/(\text{mol}\cdot\text{kg}^{-1})\qquad 0.05-x\approx 0.05\qquad x\qquad x+0.025\approx 0.025$$

$$1.76\times10^{-5}=\frac{\dfrac{0.025}{b^\ominus}\dfrac{x}{b^\ominus}}{\dfrac{0.05}{b^\ominus}}$$

$$\frac{x}{b^\ominus}= 3.5\times10^{-5}$$

平衡时

$$b(\text{H}^+)=3.5\times10^{-5}\ \text{mol}\cdot\text{kg}^{-1}$$

$$b(\text{Ac}^-)=3.5\times10^{-5}+0.025\approx0.025(\text{mol}\cdot\text{kg}^{-1})$$

$$\alpha=\frac{3.5\times10^{-5}}{0.05}\times100\%=0.07\%$$

HAc 解离程度降低,此为同离子效应的作用。

(2) 等质量混合,浓度减半,即

$$b(\text{HAc})=0.05\text{mol}\cdot\text{kg}^{-1},\qquad b(\text{HCl}) = 0.025\text{mol}\cdot\text{kg}^{-1}$$

$$\text{HAc} \rightleftharpoons \text{H}^+ + \text{Ac}^-$$

$$b_{\text{平}}/(\text{mol}\cdot\text{kg}^{-1})\qquad 0.05-x\approx0.05\qquad x+0.025\approx0.025\qquad x$$

$$1.76\times10^{-5}=\frac{\dfrac{0.025}{b^\ominus}\dfrac{x}{b^\ominus}}{\dfrac{0.05}{b^\ominus}}$$

$$\frac{x}{b^\ominus}= 3.52\times10^{-5}$$

平衡时

$$b(\text{H}^+)=3.52\times10^{-5}+0.025\approx0.025(\text{mol}\cdot\text{kg}^{-1})$$

$$b(\text{Ac}^-)=3.52\times10^{-5}\text{mol}\cdot\text{kg}^{-1}\quad\text{(同离子效应的作用)}$$

(3) 等质量混合,浓度减半,即

$$b(\text{HAc})=0.05\text{mol}\cdot\text{kg}^{-1},\quad b(\text{NaOH})=0.025\text{mol}\cdot\text{kg}^{-1}$$

$$\text{HAc} + \text{OH}^- \rightleftharpoons \text{H}_2\text{O} + \text{Ac}^-$$

	HAc	OH^-	Ac^-
中和反应前/($\text{mol}\cdot\text{kg}^{-1}$)	0.050	0.025	
中和反应后/($\text{mol}\cdot\text{kg}^{-1}$)	0.025		0.025

反应系统为 HAc-NaAc 缓冲溶液,其中

$$\frac{b(\text{H}^+)}{b^\ominus} = K^\ominus(\text{HAc})\frac{b_{\text{酸}}}{b_{\text{盐}}} = 1.76\times10^{-5}\times\frac{0.025}{0.025} = 1.76\times10^{-5}$$

$$b(\text{H}^+) =1.76\times10^{-5}\text{mol}\cdot\text{kg}^{-1},\quad b(\text{Ac}^-) = 0.025\text{mol}\cdot\text{kg}^{-1}$$

43. $0.010\text{mol}\cdot\text{kg}^{-1}$的某一弱酸溶液,在 298K 时,测定其 pH 为 5.0,求:

(1) 该酸的 $K_a^\ominus$ 和 α。

(2) 加入1倍水稀释后溶液的 pH、$K_a^\ominus$ 和 α。

解 (1) 已知 pH=5.0,即 $b(H^+)=10^{-5}mol\cdot kg^{-1}$

$$HA \rightleftharpoons H^+ + A^-$$

$b_{平}/(mol\cdot kg^{-1})$ $0.010-10^{-5}\approx0.010$ 10^{-5} 10^{-5}

$$K_a^\ominus=\frac{(10^{-5})^2}{0.010}=1.0\times10^{-8}$$

$$\alpha=\frac{10^{-5}}{0.01}\times100\%=0.10\%$$

(2) 加入1倍水后,一元弱酸的浓度为 $0.005mol\cdot kg^{-1}$

$$HA \rightleftharpoons H^+ + A^-$$

$b_{平}/(mol\cdot kg^{-1})$ $0.005-x$ x x

$$K_a^\ominus=\frac{\left(\frac{x}{b^\ominus}\right)^2}{\frac{0.005-x}{b^\ominus}}=\frac{(10^{-5})^2}{0.010-10^{-5}}$$

由于 $x\ll0.005$，因此 $0.005-x\approx0.005$；因为 $10^{-5}\ll0.010$，所以 $0.010-10^{-5}\approx0.010$,则

$$\frac{\left(\frac{x}{b^\ominus}\right)^2}{0.005}=\frac{10^{-10}}{0.010}$$

$$\frac{x}{b^\ominus}=7.071\times10^{-6}$$

即

$$b(H^+)=b(A^-)=7.071\times10^{-6}\ mol\cdot kg^{-1}$$

$$pH=-\lg7.071\times10^{-6}=5.15$$

$$K_a^\ominus=\frac{(7.071\times10^{-6})^2}{0.005-7.071\times10^{-6}}=1.0\times10^{-8}$$

由此证明 $K_a^\ominus$ 不随浓度变化。

$$\alpha=\frac{7.071\times10^{-6}}{0.005}\times100\%=0.14\%$$

44. 计算293K时,在 $0.10\ mol\cdot kg^{-1}$ 氢硫酸饱和溶液中:

(1) $b(H^+)$、$b(S^{2-})$ 和 pH。

(2) 用HCl调节溶液的酸度为 pH=2.00 时,溶液中的 S^{2-} 浓度是多少？计算结果说明什么问题?

解 (1) 已知氢硫酸的 $K_1^\ominus=9.1\times10^{-8}$,$K_2^\ominus=1.1\times10^{-12}$。

$K_1^\ominus\gg K_2^\ominus$,按一级解离式计算:

$$H_2S \rightleftharpoons H^+ + HS^-$$

$b_{平}/(mol\cdot kg^{-1})$ $0.10-x\approx0.10$ x x

$$9.1\times10^{-8}=\frac{\left(\frac{x}{b^{\ominus}}\right)^2}{\frac{0.10}{b^{\ominus}}}$$

解得

$$x=9.5\times10^{-5}\ \mathrm{mol\cdot kg^{-1}}$$

即

$$b(H^+)=b(HS^-)=9.5\times10^{-5}\ \mathrm{mol\cdot kg^{-1}}$$

$$HS^- \rightleftharpoons H^+ + S^{2-}$$

$$b_{平}/(\mathrm{mol\cdot kg^{-1}})\qquad x-y\approx x\qquad x+y\approx x\qquad y$$

$$1.1\times10^{-12}=\frac{\frac{x}{b^{\ominus}}\frac{y}{b^{\ominus}}}{\frac{x}{b^{\ominus}}}$$

$$b(S^{2-})\approx K_2^{\ominus}=1.1\times10^{-12}\ \mathrm{mol\cdot kg^{-1}}$$

$$\mathrm{pH}=-\lg 9.5\times10^{-5}=4.02$$

(2) 应用多重平衡规则，当 pH = 2 时，$b(H^+)=0.01\mathrm{mol\cdot kg^{-1}}$

$$\frac{b(S^{2-})}{b^{\ominus}}=K_1^{\ominus}K_2^{\ominus}\frac{b(H_2S)}{b(H^+)^2}=9.1\times10^{-8}\times1.1\times10^{-12}\times\frac{0.10}{(0.01)^2}=1.0\times10^{-16}$$

$$b(S^{2-})=1.0\times10^{-16}\ \mathrm{mol\cdot kg^{-1}}$$

计算结果说明：S^{2-}的浓度与H^+浓度的平方成反比。调节溶液的 pH，可以控制溶液中S^{2-}的浓度，即$b^2(H^+)$增大，$b(S^{2-})$则减小。

45. 在 18℃ 时，$PbSO_4$ 的溶度积为 1.82×10^{-8}，试求在该温度下 $PbSO_4$ 在 $0.1\mathrm{mol\cdot kg^{-1}}$ K_2SO_4 溶液中的溶解度。

解 $$PbSO_4(s) \rightleftharpoons Pb^{2+}(aq) + SO_4^{2-}(aq)$$

$$b_{平}/(\mathrm{mol\cdot kg^{-1}})\qquad x\qquad x+0.1\approx0.1$$

$$K_{sp}^{\ominus}=\frac{b(Pb^{2+})}{b^{\ominus}}\frac{b(SO_4^{2-})}{b^{\ominus}}=\frac{x}{b^{\ominus}}\times0.1$$

$$1.82\times10^{-8}=0.1\frac{x}{b^{\ominus}}$$

解得

$$\frac{x}{b^{\ominus}}=1.82\times10^{-7}$$

溶解度为 $$b(Pb^{2+})=1.82\times10^{-7}\ \mathrm{mol\cdot kg^{-1}}$$

46. 试剂厂制备分析试剂乙酸锰 $Mn(CH_3COO)_2$时，常控制溶液的 pH 为4～5，以除去其中的杂质 Fe^{3+}，试用溶度积原理说明其原因。

解 在工业生产中，杂质 Fe^{3+} 常以 $Fe(OH)_3(s)$形式分离除去。

查表 $K_{sp}^{\ominus}[Fe(OH)_3]=2.64\times10^{-39}$， $K_{sp}^{\ominus}[Mn(OH)_2]=2.06\times10^{-13}$

根据溶度积规则，使 Fe^{3+} 沉淀完全所需要的最低 $b(OH^-)$为

$$b(OH^-)=\sqrt[3]{\frac{K_{sp}^{\ominus}[Fe(OH)_3]}{b(Fe^{3+})/b^{\ominus}}}=\sqrt[3]{\frac{2.64\times10^{-39}}{1\times10^{-5}}}=6.415\times10^{-12}(mol\cdot kg^{-1})$$

此时　　$pOH=11.19,\quad pH=14-11.19=2.81$

设溶液中 $b(Mn^{2+})=1.0mol\cdot kg^{-1}$，根据溶度积规则，不沉淀出 $Mn(OH)_2$ 所允许的最高 $b(OH^-)$ 为

$$b(OH^-)=\sqrt{\frac{K_{sp}^{\ominus}[Mn(OH)_2]}{1.0mol\cdot kg^{-1}/b^{\ominus}}}=\sqrt{2.06\times10^{-13}}=4.54\times10^{-7}(mol\cdot kg^{-1})$$

此时　　$pOH=6.34,\quad pH=14-6.34=7.66$

当 pH=4 时，pOH=14−4=10，即

$$-\lg b(OH^-)/b^{\ominus}=10,\quad b(OH^-)=1\times10^{-10}mol\cdot kg^{-1}$$

将 $b(OH^-)$ 代入 $K_{sp}^{\ominus}[Fe(OH)_3]$ 表达式：

$$K_{sp}^{\ominus}[Fe(OH)_3]=b(Fe^{3+})/b^{\ominus}\cdot[b(OH^-)/b^{\ominus}]^3$$

$$b(Fe^{3+})/b^{\ominus}=\frac{K_{sp}^{\ominus}[Fe(OH)_3]}{[b(OH^-)/b^{\ominus}]^3}=\frac{2.64\times10^{-39}}{(10^{-10})^3}=2.64\times10^{-9}$$

计算表明，溶液中残留的 Fe^{3+} 浓度为 2.64×10^{-9} mol・kg^{-1}，杂质 Fe^{3+} 以 $Fe(OH)_3(s)$ 形式已沉淀很完全。同理，可计算出当 pH=5 时，溶液中残留的 Fe^{3+} 浓度。

因此，只要将溶液 pH 控制在 2.81～7.66，即可除去 Fe^{3+} 杂质，而 $Mn(CH_3COO)_2$ 仍留在溶液中。pH=4～5 在上述 pH 范围内。

47. 通过计算说明：

(1) 在 100g 0.15mol・kg^{-1} $K[Ag(CN)_2]$ 溶液中加入 50g 0.10mol・kg^{-1} 的 KI 溶液，是否有 AgI 沉淀产生？

(2) 在上述混合溶液中加入 50g 0.20mol・kg^{-1} KCN 溶液，是否有 AgI 产生？

解　(1)

$$b\{[Ag(CN)_2]^-\}=\frac{100g\times0.15mol\cdot kg^{-1}}{150g}=0.1mol\cdot kg^{-1}$$

$$b(I^-)=\frac{50g\times0.10mol\cdot kg^{-1}}{150g}=0.033mol\cdot kg^{-1}$$

$$[Ag(CN)_2]^- \rightleftharpoons Ag^+ + 2CN^-$$

平衡浓度/(mol・kg^{-1})　$0.1-x\approx0.1$　　x　　$2x$

$$K^{\ominus}\{不稳,[Ag(CN)_2]^-\}=\frac{[b(Ag^+)/b^{\ominus}][b(CN^-)/b^{\ominus}]^2}{b\{[Ag(CN)_2]^-\}/b^{\ominus}}=\frac{x(2x)^2}{0.1}=\frac{4x^3}{0.1}=\frac{1}{4.0\times10^{20}}$$

解得

$$x=3.97\times10^{-8}$$

$$x=b(Ag^+)=3.97\times10^{-8}\ mol\cdot kg^{-1}$$

$$[b(Ag^+)/b^{\ominus}][b(I^-)/b^{\ominus}]=3.97\times10^{-8}\times0.033=1.31\times10^{-9}$$

$$1.31\times10^{-9}>K_{sp}^{\ominus}(AgI)=8.51\times10^{-17}$$

所以有 AgI 沉淀析出。

(2)

$$b(CN^-)=\frac{50g\times0.20mol\cdot kg^{-1}}{200g}=0.05mol\cdot kg^{-1}$$

$$b(I^-)=\frac{50g\times0.1mol\cdot kg^{-1}}{200g}=0.025mol\cdot kg^{-1}$$

$$b\{[Ag(CN)_2]^-\}=\frac{100g\times0.15mol\cdot kg^{-1}}{200g}=0.075mol\cdot kg^{-1}$$

$$[Ag(CN)_2]^- \rightleftharpoons Ag^+ + 2CN^-$$

平衡浓度/($mol\cdot kg^{-1}$)　$0.075-x\approx0.075$　　x　　$2x+0.05\approx0.05$

$$K^\ominus\{不稳,[Ag(CN)_2]^-\}=\frac{[b(Ag^+)/b^\ominus][b(CN^-)/b^\ominus]^2}{b\{[Ag(CN)_2]^-\}/b^\ominus}=\frac{\frac{x}{b^\ominus}(0.05)^2}{0.075}=\frac{1}{4.0\times10^{20}}$$

解得

$$\frac{x}{b^\ominus}=7.5\times10^{-20}$$

$$x=b(Ag^+)=7.5\times10^{-20}mol\cdot kg^{-1}$$

$$\frac{b(Ag^+)}{b^\ominus}\frac{b(I^-)}{b^\ominus}=7.5\times10^{-20}\times0.025=0.1875\times10^{-20}=1.88\times10^{-21}<K_{sp}^\ominus(AgI)$$

所以无 AgI 沉淀析出。

48. $Mg(OH)_2$ 溶解度为 $1.3\times10^{-4}mol\cdot kg^{-1}$，今在 10g $0.10mol\cdot kg^{-1}$ $MgCl_2$ 溶液中加入 10g $0.10mol\cdot kg^{-1}$ $NH_3\cdot H_2O$。如果不希望生成沉淀，则需加入$(NH_4)_2SO_4$ 固体的量不应该少于多少克？{已知 $M[(NH_4)_2SO_4]=132g\cdot mol^{-1}$，$K_b^\ominus(NH_3\cdot H_2O)=1.8\times10^{-5}$}

解　　$Mg(OH)_2(s)=\!=\!=Mg^{2+}(aq)+2OH^-(aq)$

平衡：　　S　　$2S$

$$K_{sp}^\ominus=b(Mg^{2+})\cdot b^2(OH^-)=1.3\times10^{-4}\times(2\times1.3\times10^{-4})^2=8.8\times10^{-12}$$

若不生成沉淀，溶液中的 $b(OH^-)$ 要小于：

$$b(OH^-)=\sqrt{\frac{K_{sp}^\ominus}{b(Mg^{2+})}}=\sqrt{\frac{8.8\times10^{-12}}{\frac{0.1\times10}{20}}}=1.3\times10^{-5}(mol\cdot kg^{-1})$$

$$K_b^\ominus=\frac{b(OH^-)b(NH_4^+)}{b(NH_3)}$$

$$b(NH_4^+)=\frac{K_b^\ominus b(NH_3)}{b(OH^-)}=1.8\times10^{-5}\times\frac{\frac{10\times0.10}{20}}{1.3\times10^{-5}}=0.069(mol\cdot kg^{-1})$$

则　　$$b[(NH_4)_2SO_4]=\frac{0.069}{2}mol\cdot kg^{-1}$$

$$m[(NH_4)_2SO_4]=132\times\frac{0.069}{2}\times\frac{20}{1000}=0.091(g)$$

49. 混合溶液中 Ba^{2+} 和 Ca^{2+} 浓度均为 $0.10mol\cdot kg^{-1}$，通过计算说明能否用 Na_2SO_4 分离 Ba^{2+} 和 Ca^{2+}，如何控制沉淀剂的浓度。已知：$K_{sp}^\ominus(BaSO_4)=1.1\times10^{-10}$，$K_{sp}^\ominus(CaSO_4)=4.9\times10^{-5}$。

解　由 $K_{sp}^\ominus(BaSO_4)\ll K_{sp}^\ominus(CaSO_4)$ 可知，向混合溶液中加入 Na_2SO_4 时，溶液中的 Ba^{2+} 先生成沉淀。当 Ba^{2+} 沉淀完全时

$$BaSO_4 \rightleftharpoons Ba^{2+} + SO_4^{2-}$$

平衡浓度/($mol\cdot dm^{-3}$)　　1.0×10^{-5}　　x

$$K_{sp}^{\ominus}[BaSO_4]=[Ba^{2+}][SO_4^{2-}]=1.0\times10^{-5}x=1.1\times10^{-10}$$

解得 $x=1.1\times10^{-5}mol\cdot kg^{-1}$

此时 $\prod_B(CaSO_4)=0.10\times1.1\times10^{-5}=1.1\times10^{-6}<K_{sp}^{\ominus}(CaSO_4)$，所以 $CaSO_4$ 未开始沉淀。

当 Ca^{2+} 开始生成沉淀时，溶液中 SO_4^{2-} 的浓度为

$$CaSO_4 \rightleftharpoons Ca^{2+}+SO_4^{2-}$$

平衡浓度/($mol\cdot dm^{-3}$)　　0.10　y

$$K_{sp}^{\ominus}[CaSO_4]=[Ca^{2+}][SO_4^{2-}]=0.10y=4.9\times10^{-5}$$

解得 $y=4.9\times10^{-4}mol\cdot kg^{-1}$

由计算可知，可以用沉淀剂 Na_2SO_4 将 Ba^{2+} 和 Ca^{2+} 分离，Na_2SO_4 浓度为 $1.1\times10^{-5}\sim4.9\times10^{-4}mol\cdot kg^{-1}$ 即可，但因为此浓度区间较小，操作时应特别注意控制沉淀剂的量。

【附加题1】 通过计算说明：在100g 1.5mol·kg^{-1}的Na[Ag(CN)$_2$]溶液中加入50g 3mol·kg^{-1}的KI溶液，求达到平衡时CN^-的浓度。已知：$K_{sp}^{\ominus}(AgI)=8.51\times10^{-17}$，$K_{稳}^{\ominus}\{[Ag(CN)_2]^-\}=4.0\times10^{20}$。

解 题中所发生的反应如下，$[Ag(CN)_2]^-$ 和 I^- 的初始浓度均为 1mol·kg^{-1}。

设 I^- 消耗掉 x mol·kg^{-1}，则

	$[Ag(CN)_2]^-(aq)$	$+I^-(aq)\longrightarrow$	$AgI(s)$	$+2CN^-(aq)$
起始/($mol\cdot kg^{-1}$)	1	1	0	0
变化/($mol\cdot kg^{-1}$)	$-x$	$-x$	x	$2x$
平衡/($mol\cdot kg^{-1}$)	$1-x$	$1-x$	x	$2x$

该反应的平衡常数为

$$K^{\ominus}=1/K_{sp}^{\ominus}(AgI)\cdot K_{稳}^{\ominus}\{[Ag(CN)_2]^-\}=1/(8.51\times10^{-17}\times4.0\times10^{20})=2.9\times10^{-5}$$

$$K^{\ominus}=(2x)^2/(1-x)^2\approx4x^2/1$$

解得 $x=2.69\times10^{-3}mol\cdot kg^{-1}$

达到平衡时 CN^- 的浓度为 $2\times2.69\times10^{-3}=5.38\times10^{-3}(mol\cdot kg^{-1})$。

【附加题2】 在298.15K，$[Zn(NH_3)_4]^{2+}+4OH^-\rightleftharpoons[Zn(OH)_4]^{2-}+4NH_3$ 能否正向进行？

解 查表可知，298K时

$$K^{\ominus}\{稳,[Zn(NH_3)_4]^{2+}\}=2.88\times10^9, K^{\ominus}\{稳,[Zn(OH)_4]^{2-}\}=4.57\times10^{17}$$

反应的平衡常数为

$$K^{\ominus}=\frac{b\{[Zn(OH)_4]^{2-}\}\cdot b^4(NH_3)}{b\{[Zn(NH_3)_4]^{2+}\}\cdot b^4(OH^-)}\times\frac{b(Zn^{2+})}{b(Zn^{2+})}=\frac{K^{\ominus}\{稳,[Zn(OH)_4]^{2-}\}}{K^{\ominus}\{稳,[Zn(NH_3)_4]^{2+}\}}$$

$$=\frac{4.57\times10^{17}}{2.88\times10^9}=1.10\times10^6$$

$K^{\ominus}$ 较大，说明在水溶液中由 $[Zn(NH_3)_4]^{2+}$ 转化为 $\{Zn(OH)_4\}^{2-}$ 的反应可以正向进行。由此可知，配离子转化反应总是向着 $K^{\ominus}$(稳)值大的配离子方向进行。

【附加题3】 某溶液中含有 0.01mol·kg^{-1} Cl^- 和 0.01mol·kg^{-1} CrO_4^{2-}，当逐滴加入 $AgNO_3$ 溶液时，哪种离子先沉淀？Cl^- 和 CrO_4^{2-} 有无分离的可能？

已知 $K_{sp}^{\ominus}(AgCl)=1.77\times10^{-10}$，$K_{sp}^{\ominus}(Ag_2CrO_4)=1.12\times10^{-12}$。

解 分别计算溶液中生成 AgCl 和 Ag_2CrO_4 沉淀所需 Ag^+ 的最低浓度：

$$b(\Lambda g^+)-\frac{K_{sp}^{\ominus}(AgCl)}{b(Cl^-/b^{\ominus})}-\frac{1.77\times10^{-10}}{0.01}=1.77\times10^{-8}(mol\cdot kg^{-1})$$

$$b(Ag^+)=\sqrt{\frac{K_{sp}^{\ominus}(Ag_2CrO_4)}{b(CrO_4^{2-})}}=\sqrt{\frac{1.12\times10^{-12}}{0.01}}=1.06\times10^{-5}(mol\cdot kg^{-1})$$

从计算结果可知：沉淀 Cl^- 比沉淀 CrO_4^{2-} 所需的 Ag^+ 少，所以首先析出 AgCl 沉淀。在同一溶液中 $b(Ag^+)$ 只能有一个值，所以当 Ag_2CrO_4 开始沉淀时，溶液中 $b(Cl^-)$ 为

$$b(Cl^-)=\frac{K_{sp}^{\ominus}(AgCl)}{b(Ag^+)}=\frac{1.77\times10^{-10}}{1.06\times10^{-5}}=1.67\times10^{-5}(mol\cdot kg^{-1})$$

计算说明，当 Ag_2CrO_4 开始沉淀时，Cl^- 已经基本沉淀完全。此两种离子可以分离。

第 3 章　氧化还原反应和电化学

3.1　本 章 小 结

3.1.1　基本要求

第一节

氧化数的概念

第二节

电极反应、电池符号、电极类型
电动势、电极电势(平衡电势)、标准电极电势
能斯特方程、离子浓度及介质酸碱性改变对电极电势的影响及计算
原电池电动势与吉布斯函数变的关系
利用电极电势判断原电池的正负极、计算电动势、比较氧化剂与还原剂的相对强弱
氧化还原反应方向的判据
计算氧化还原反应的平衡常数并判断氧化还原反应进行的程度

第三节

分解电压(理论分解电压、实际分解电压、超电压)
电解产物(盐类水溶液电解产物)

第四节

金属的腐蚀：化学腐蚀、电化学腐蚀(析氢腐蚀、吸氧腐蚀)
金属腐蚀的防止

3.1.2　基本概念

第一节

氧化与还原　对于一个氧化还原反应，得到电子的物质称为氧化剂，失去电子的物质称为还原剂。氧化剂从还原剂中获得电子，使自身氧化数降低，这个过程称为还原；还原剂由于给出电子而自身氧化数升高，这个过程称为氧化。还原剂失去电子后呈现的元素的高价态称为氧化态，氧化剂获得电子后呈现的元素的低价态称为还原态。

氧化数　化合物分子中某元素的形式荷电数，可假设把每个键中的电子指定给电负

性较大的原子而求得。氧化数的计算遵循以下规律：

(1) 单质氧化数为 0。

(2) 简单离子的氧化数等于该离子所带的电荷数。

(3) 碱金属和碱土金属在化合物中的氧化数分别为+1、+2。

(4) 氢在化合物中氧化数一般为+1，在活泼金属氢化物中的氧化数为−1。

(5) 化合物中氧的氧化数一般为−2，但在过氧化物中，其氧化数为−1，在超氧化物中为$-\frac{1}{2}$，在氧的氟化物 OF_2 和 O_2F_2 中氧化数分别为+2 和+1。

(6) 在所有的氟化物中，氟的氧化数为−1。

(7) 在多原子分子中，各元素氧化数的代数和为 0；在多原子离子中，各元素的氧化数的代数和等于离子所带的电荷数；在配离子中，各元素氧化数的代数和等于该配离子的电荷。

第二节

原电池(电池符号)　利用氧化还原反应产生电流，使化学能转变为电能的装置称为原电池。原电池由两个电极组成，发生氧化反应的部分称为负极，发生还原反应的部分称为正极。书写电池符号时，负极写在左边，正极写在右边；以单垂线“|”表示两相界面，同相内不同物质之间用“,”隔开；参与电极反应的气体、液体分别注明压力与浓度；以双虚线“┊┊”表示盐桥，盐桥两边是两个电极所处的溶液。

半电池(电极)　原电池由氧化和还原两个半电池(两个电极)组成，每个半电池(电极)一般由同一种元素不同氧化数的两种物质组成，宏观上表现由电极导体和电极溶液组成，进行氧化态和还原态相互转化的反应。

半反应(电极反应)　半电池中发生的，由同一种元素形成的氧化态物质与还原态物质之间相互转化的反应。氧化半反应是元素由还原态变为氧化态的过程，而还原半反应是元素由氧化态变为还原态的过程。半电池中进行的氧化态和还原态相互转化的反应也称为电极反应。

氧化还原电对　构成电极相应的同一元素的氧化态物质和还原态物质称为氧化还原电对。

电极类型

大致分为四类：金属-金属离子电极、非金属-非金属离子电极(气体-阴离子电极)、氧化还原电极、金属-金属难溶盐电极(氧化物-离子电极)。

电极类型与电极反应	电极符号	电对示例
$Zn^{2+}+2e^- \rightleftharpoons Zn$	$Zn\|Zn^{2+}$	Zn^{2+}/Zn
$O_2+2H_2O+4e^- \rightleftharpoons 4OH^-$	$Pt\|O_2\|OH^-$	O_2/OH^-
$Fe^{3+}+e^- \rightleftharpoons Fe^{2+}$	$Fe^{3+},Fe^{2+}\|Pt$ $Pt\|Fe^{3+},Fe^{2+}$	Fe^{3+}/Fe^{2+}
$Hg_2Cl_2(s)+2e^- \rightleftharpoons 2Hg+2Cl^-$	$Pt\|Hg\|Hg_2Cl_2\|Cl^-$	Hg_2Cl_2/Hg

电极电势　电极电势是电极的平衡电势。对于金属电极，电极电势是指金属表面与

附近含该金属离子溶液形成的类似电容器一样的双电层所产生的电势差，其绝对数值目前无法得到。对于某一电极，其电极电势的相对数值等于在一定温度下与标准氢电极之间的电势差。

标准电极电势　当构成电极的各物质均处于标准态（纯净气体的分压为 100kPa，溶液中离子浓度为 1.0mol · kg^{-1}，纯固体，纯液体）时，与标准氢电极之间的电势差称为标准电极电势。

标准电极电势的物理意义　国际上规定标准氢电极的电极电势为零，其他标准态的待测电极与标准氢电极一起构成原电池，所测得的原电池电动势 $E^{\ominus}=E_{+}^{\ominus}-E_{-}^{\ominus}$。当标准氢电极作负极时，$E^{\ominus}=E_{+}^{\ominus}$ 就是待测电极的标准电极电势。当标准氢电极作正极时，$E_{-}^{\ominus}=-E^{\ominus}$，待测电极的标准电极电势等于原电池电动势的负值。而标准氢电极是指将 100kPa 的纯氢气流通入镀有蓬松铂黑的铂片，并插入 H^+ 浓度为 1.0mol · kg^{-1} 的酸溶液中，这时氢气被铂黑吸附，被氢气饱和了的铂电极就是标准氢电极，其电极符号是

$$H^+(1.0\text{mol}\cdot\text{kg}^{-1})\ |H_2(100\text{kPa})|\text{Pt}$$

能斯特方程　用于表示当电极处于非标准态时，氧化还原电对的电极电势与溶液中相关离子浓度、气体压力、温度等影响因素的定量关系式

$$E=E^{\ominus}+\frac{RT}{zF}\ln\frac{b(\text{氧化态})/b^{\ominus}}{b(\text{还原态})/b^{\ominus}}$$

电极电势在氧化还原反应、原电池中的应用

1）判断原电池的正、负极和计算电动势

在原电池中，正极发生还原反应，负极发生氧化反应。因此，电极电势代数值大的电对为正极，电极电势代数值小的电对为负极。正极和负极的电势差就是原电池的电动势，即 $E=E_{+}-E_{-}$。

2）判断氧化剂、还原剂的相对强弱

水溶液中，$E^{\ominus}$（氧化态/还原态）值越大，电对中氧化态物质氧化性越强，还原态物质的还原性越弱；$E^{\ominus}$（氧化态/还原态）值越小，电对中还原态物质还原性越强，氧化态物质的氧化性越弱。

3）判断氧化还原反应的自发方向

电极电势代数值大的电对中的氧化态物质与电极电势代数值小的电对中的还原态物质的反应是可以自发进行的，即 $E>0$，$\Delta_r G<0$，反应能正向自发进行；$E<0$，$\Delta_r G>0$，反应不可能正向自发进行；$E=0$，$\Delta_r G=0$，反应处于平衡状态。

4）判断氧化还原反应进行的程度

一定温度下，氧化还原反应进行的程度主要由正、负两个电极标准电极电势的差值决定，差值越大，反应完成的程度越高。298K 下可根据公式

$$E^{\ominus}=\frac{0.0592}{z}\lg K^{\ominus}$$

进行定量计算。

第三节

电解池的结构　化学能转化为电能的装置称为电解池。电解池由阴极和阳极以及电

解液构成。电解池中与直流电源正极相连的电极称为阳极，与直流电源负极相连的电极称为阴极。电子从电源负极沿导线进入电解池的阴极；又从电解池的阳极离去，沿导线流回电源正极。这样在阴极上电子过剩，在阳极上电子不足，电解液（或熔融液）中的正离子移向阴极，在阴极上得到电子，进行还原反应；负离子移向阳极，在阳极上给出电子，进行氧化反应。

放电 在电解池的两极反应中，氧化态物质在阴极得到电子或还原态物质在阳极给出电子的过程称为离子的放电。通过电极反应这一特殊形式，把金属导线中电子导电与电解质溶液中离子导电联系起来。

分解电压 分解电压分为实际分解电压和理论分解电压。能使电解顺利进行的最低电压称为实际分解电压，简称分解电压。电解池的理论分解电压等于阴阳两极产生的电解产物形成的原电池的反向电动势。

超电压 实际分解电压总是高于理论分解电压，二者的差值称为超电压。

超电势 超电势 $\eta=|\varphi_{ir}-\varphi_r|$，式中：$\varphi_{ir}$为有电流通过时的不可逆电极电势；$\varphi_r$为可逆电极电势。

电极极化 凡是电极电势偏离可逆电极电势的现象都称为电极极化。电极极化规律是：阳极极化后，电极电势升高，即 $\varphi_{ir}=\varphi_r+\eta$；阴极极化后，电极电势降低，即 $\varphi_{ir}=\varphi_r-\eta$。其影响因素与电极材料、电极表面状况、电流密度等有关。

电解产物的分析 从热力学角度考虑，在阳极上进行氧化反应，首先得到的是实际析出电势（考虑超电势因素后的实际电极电势）代数值较小的还原态物质的氧化产物；在阴极上进行还原反应，首先析出实际电极电势代数值较大的氧化态物质的还原产物。简单盐类水溶液电解产物的一般情况如下。

阴极析出的物质：H^+只比电动序中 Al 以前的金属离子（K^+、Ca^{2+}、Na^+、Mg^{2+}、Al^{3+}）易放电。电解这些金属的盐溶液时，阴极析出氢气；而电解其他金属的盐溶液时，阴极则析出相应的金属。

阳极析出的物质：OH^-只比含氧酸根离子易放电。电解含氧酸盐溶液时，阳极析出氧气；而电解卤化物或硫化物时，阳极则分别析出卤素或硫。但是，如果阳极导体是可溶性金属，则阳极金属首先放电（阳极溶解）。

第四节

金属腐蚀 当金属与周围环境接触时，由于发生化学作用或电化学作用而引起材料性能的退化和破坏，称为金属腐蚀。金属腐蚀的过程可以按化学反应和电化学反应两种不同机理进行，因此可分为化学腐蚀和电化学腐蚀。

化学腐蚀 金属表面直接与介质中的某些氧化性组分发生氧化还原反应而引起的腐蚀称为化学腐蚀，其特点是腐蚀介质为非电解质溶液或干燥气体，腐蚀过程无电流产生。

电化学腐蚀 金属表面由于形成局部电池而引起的腐蚀称为电化学腐蚀。所谓局部电池是指在电解质溶液存在下，金属本体与金属中的微量杂质构成的短路小电池。

析氢腐蚀 在酸性较强的介质中，金属及其表面杂质形成微型原电池，活泼金属作负极（称为腐蚀电池的阳极）失去电子，而介质中的氢离子在正极（称为腐蚀电池的阴极）得到电子而析出氢气，从而发生析氢腐蚀。

吸氧腐蚀　在弱酸性或中性的介质中，金属及其表面杂质形成微型原电池，活泼金属作负极（称为腐蚀电池的阳极）失去电子，而在正极（称为腐蚀电池的阴极）氧气得到电子，生成 OH^-，从而发生吸氧腐蚀。

浓差腐蚀（差异充气腐蚀）　它是吸氧腐蚀的一种形式，是由于金属表面的氧气分布不均匀而引起的。溶解氧气浓度较小处的金属作腐蚀电池的阳极，发生金属的溶解反应；溶解氧气浓度较大处的金属作腐蚀电池的阴极，发生氧气获得电子生成 OH^- 的反应。

腐蚀的防治方法　正确选材、覆盖保护层（金属保护层及非金属保护层）、缓释剂法、电化学保护法（阴极保护法及阳极保护法）、改善环境等。

阴极保护法防腐　将被保护金属作为腐蚀电池的阴极，可通过两种途径来实现。一是牺牲阳极保护法，即将较活泼的金属或合金连接在被保护金属上，构成原电池，这时较活泼的金属作为腐蚀电池的阳极而被腐蚀，被保护的金属作为阴极而获得保护。一般常用的牺牲阳极材料有铝合金、镁合金与锌合金等。二是外加电流保护法，即将被保护金属件与另一不溶性辅助件组成宏观电池，被保护金属件连接直流电源负极，通以阴极电子流，以实现阴极保护。

阳极保护法防腐　利用外加电源，被保护金属件连接直流电源正极，给被保护金属通以阳极电流，使其表面产生耐蚀的钝化膜以达到保护目的。此方法只适用于易钝化金属的保护，在强腐蚀的酸性介质中应用较多。

缓蚀剂　用来阻止或降低金属腐蚀速率的添加剂称为缓蚀剂。根据其化学组成，可分为无机缓蚀剂和有机缓蚀剂两类。

1）无机缓蚀剂

在中性和碱性介质中主要采用无机缓蚀剂，如铬酸盐、重铬酸盐、磷酸盐、碳酸氢盐等，它们主要是在金属的表面形成氧化膜或沉淀物。

2）有机缓蚀剂

在酸性介质中主要采用有机缓蚀剂，常见的有乌洛托品（六亚甲基四胺）、若丁（主要成分是二邻苯甲基硫脲）等。其缓蚀作用是由于金属刚开始溶解时表面带负电，能将缓蚀剂的离子或分子吸附在表面上，形成一层难溶的而且腐蚀介质很难透过的保护膜，阻碍 H^+ 放电，从而起到保护金属的作用。

3.1.3　计算公式集锦

电池符号（以氧-甘汞电池为例）

$(-)\ Pt|Hg|Hg_2Cl_2(s)|Cl^-(1mol\cdot kg^{-1})\ \vdots\vdots\ OH^-(1mol\cdot kg^{-1})|O_2(100kPa)|Pt(+)$

能斯特方程式

电动势

$$298\text{K 时}\quad E = E^{\ominus} - \frac{0.0592}{z}\lg\prod_{B}\left(\frac{b_B}{b^{\ominus}}\right)^{\nu_B}$$

电极电势

$$E(\text{氧化态}/\text{还原态}) = E^{\ominus}(\text{氧化态}/\text{还原态}) + \frac{RT}{zF}\ln\frac{b(\text{氧化态})/b^{\ominus}}{b(\text{还原态})/b^{\ominus}}$$

$$298\text{K 时}\quad E(\text{氧化态}/\text{还原态}) = E^{\ominus}(\text{氧化态}/\text{还原态}) + \frac{0.0592\text{V}}{z}\lg\frac{b(\text{氧化态})/b^{\ominus}}{b(\text{还原态})/b^{\ominus}}$$

电动势与吉布斯函数变

$$\Delta_r G_m = -zFE$$
$$\Delta_r G_m^{\ominus} = -zFE^{\ominus}$$

电动势与平衡常数

$$\ln K^{\ominus} = \frac{zFE^{\ominus}}{RT}$$

或

$$298\text{K 时}\quad \lg K^{\ominus} = \frac{zE^{\ominus}}{0.0592\text{V}}$$

注：在溶液中发生的氧化还原反应，温度对电对电极电势的影响较小，计算时可忽略温度的影响。

3.2 习题及详解

一、判断题

1. 在25℃及标准状态下测定氢的电极电势为零。 （×）

解析 标准氢电极的电极电势等于零是规定的而不是测定的。

2. 已知某电池反应为 $A + \frac{1}{2}B^{2+} \longrightarrow A^{+} + \frac{1}{2}B$，而当反应式改为 $2A + B^{2+} \longrightarrow 2A^{+} + B$ 时，则此反应的 $E^{\ominus}$ 不变，而 $\Delta_r G_m^{\ominus}$ 改变。 （√）

解析 标准电动势 $E^{\ominus} = E^{\ominus}(B^{2+}/B) - E^{\ominus}(A^{+}/A)$，其数值的大小只与该两电对的本性有关，与方程式的写法无关，而 $\Delta_r G^{\ominus}$ 数值的大小则与方程式的写法有关，对于本题有 $2\Delta_r G_m^{\ominus}(1) = \Delta_r G_m^{\ominus}(2)$。

3. 在电池反应中，电动势越大的反应速率越快。 （×）

解析 与热力学函数相同，电动势只能说明反应的趋势和限度，而不能表达时间或速率等动力学关系。

4. 在原电池中，增加氧化态物质的浓度，必使原电池的电动势增加。 （×）

解析 原电池的电动势 $E = E_{+} - E_{-}$，只有增加原电池中正极电对的氧化态物质的浓度，才能使原电池的电动势增加。

5. 标准电极电势中 $E^{\ominus}$ 值较小的电对中的氧化态物质，都不可能氧化 $E^{\ominus}$ 值较大的电对中的还原态物质。 （×）

解析 一个氧化态物质是否能氧化一个还原态物质，取决于其 $E = E_{+} - E_{-}$ 值的差异而不是 $E^{\ominus}$ 的差异。

6. 若将马口铁(镀锡)和白铁(镀锌)的断面放入稀盐酸中，则其发生电化学腐蚀的阳极反应是相同的。 （×）

解析 不相同。镀锡铁的断面同时存在 Sn 与 Fe，而镀锌铁的断面存在的是 Fe 和 Zn，由于$E^\ominus(Sn^{2+}/Sn)>E^\ominus(Fe^{2+}/Fe)$、$E^\ominus(Fe^{2+}/Fe)>E^\ominus(Zn^{2+}/Zn)$，在阳极发生金属腐蚀反应时，马口铁中铁先腐蚀，而白铁中锌先腐蚀。

7. 电解反应一定是$\Delta_rG^\ominus>0$、$\Delta_rG<0$的反应。（ × ）

解析　电解反应一定是$\Delta_rG>0$的反应，即均为非自发进行的氧化还原反应。

【附加题】　超电势会导致析出电势高于平衡电势。（ × ）

解析　超电势在阳极发生时会导致析出电势高于理论电极电势，但在阴极发生时正好相反，会导致析出电势低于理论电极电势。

二、选择题

8. 下列关于氧化数的叙述正确的是(A)

A. 氧化数是指某元素的一个原子的表观电荷数

B. 氧化数在数值上与化合价相同

C. 氧化数均为整数

D. 氢在化合物中的氧化数都为+1

解析　依据氧化数的定义来判断。需要进一步说明的是，氧化数和化合价的概念不同。一般来说，在离子化合物中氧化数与化合价在数值上相同，而在共价化合物中差异往往很大。

9. 若已知下列电对电极电势的大小顺序为$E^\ominus(F_2/F^-)>E^\ominus(Fe^{3+}/Fe^{2+})>E^\ominus(Mg^{2+}/Mg)>E^\ominus(Na^+/Na)$，则下列离子中最强的还原剂是(B)

A. F^-　　B. Fe^{2+}　　C. Na^+　　D. Mg^{2+}

解析　电对的电极电势越低，其还原态物质的还原能力越强。虽然电对Mg^{2+}/Mg和Na^+/Na的电极电势更低，但是Na^+和Mg^{2+}均为氧化态物质，而Na和Mg不是离子，因此选Fe^{2+}。

10. 已知电极反应$Cu^{2+}+2e^-\longrightarrow Cu$的标准电极电势为0.342V，则电极反应$2Cu-4e^-\longrightarrow 2Cu^{2+}$的标准电极电势应为(C)

A. 0.684V　　B. −0.684V　　C. 0.342V　　D. −0.342V

解析　电对的标准电极电势是由电对本性决定的，是平衡电势，不受电极反应写法的影响。

11. 已知$E^\ominus(Ni^{2+}/Ni)=-0.257V$，测得镍电极的$E(Ni^{2+}/Ni)=-0.210V$，说明在该系统中必有(A)

A. $b(Ni^{2+})>1mol\cdot kg^{-1}$　　B. $b(Ni^{2+})<1mol\cdot kg^{-1}$

C. $b(Ni^{2+})=1mol\cdot kg^{-1}$　　D. $b(Ni^{2+})$无法确定

解析　按照能斯特方程，电对中氧化态物质的浓度(或压力)增大，电对的电极电势增大。

12. 下列溶液中，不断增加H^+的浓度，氧化能力不增强的是(D)

A. MnO_4^-　　B. NO_3^-　　C. H_2O_2　　D. Cu^{2+}

解析　依据能斯特方程来讨论。对于pH是否影响氧化剂的氧化能力，要看H^+是否参加了反应。例如，$MnO_4^-+8H^++5e^-\longrightarrow Mn^{2+}+4H_2O$，半反应式左侧有$H^+$出现，

H^+参与了反应。由能斯特方程可知，H^+浓度增大，MnO_4^-/Mn^{2+}电对的电极电势增大。显然A、B、C的氧化能力与H^+浓度有关，且随H^+浓度增大，氧化剂的氧化能力增加，而D的氧化能力与H^+浓度无关。

13. 将下列反应中的有关离子浓度均增加一倍，使对应的E值减小的是(C)

A. $Cu^{2+}+2e^- \longrightarrow Cu$　　B. $Zn-2e^- \longrightarrow Zn^{2+}$

C. $Cl_2+2e^- \longrightarrow 2Cl^-$　　D. $Sn^{4+}+2e^- \longrightarrow Sn^{2+}$

解析　依据能斯特方程，电对中氧化态物质浓度增大，电极电势E值增大，电对中还原态物质浓度增大，造成电极电势E值减小，因此选C项。

14. 某电池的电池符号为(−)Pt|A^{3+}，A^{2+} ⦙⦙ B^{4+}，B^{3+}|Pt(+)，则此电池反应的产物应为(B)

A. A^{3+}，B^{4+}　　B. A^{3+}，B^{3+}　　C. A^{2+}，B^{4+}　　D. A^{2+}，B^{3+}

解析　根据电池符号可知，该电池反应的正极反应为$B^{4+}+e^- \longrightarrow B^{3+}$，而负极反应为$A^{2+}-e^- \longrightarrow A^{3+}$，所以电池反应的产物应为$A^{3+}$、$B^{3+}$。

15. 在下列电对中，标准电极电势最大的是(D)

A. AgCl/Ag　　B. AgBr/Ag　　C. $[Ag(NH_3)_2]^+/Ag$　　D. Ag^+/Ag

解析　AgCl和AgBr均为难溶电解质，它们在水中的溶解度很小，因而使得氧化型物质Ag^+在溶液中的浓度远小于$1mol \cdot kg^{-1}$。$[Ag(NH_3)_2]^+$是配离子，其溶液中游离的Ag^+的浓度也很小。因此A、B、C电对的标准电极电势都小于D。

16. A、B、C、D四种金属，将A、B用导线连接，浸在稀硫酸中，在A表面上有氢气放出，B逐渐溶解；将含有A、C两种金属的阳离子溶液进行电解时，阴极上先析出C；把D置于B的盐溶液中有B析出。这四种金属的还原性由强到弱的顺序是(C)

A. A>B>C>D　　B. C>D>A>B

C. D>B>A>C　　D. B>C>D>A

解析　优先发生氧化反应的金属还原性强，$E^\ominus$值低。

17. 已知标准氯电极的电势为1.358V，当氯离子浓度减少到$0.1mol \cdot kg^{-1}$，氯气分压减少到$0.1\times100kPa$时，该电极的电极电势应为(C)

A. 1.358V　　B. 1.3284V　　C. 1.3876V　　D. 1.4172V

解析　由能斯特方程可得

$$E(Cl_2/Cl^-)=E^\ominus(Cl_2/Cl^-)+\frac{0.0592}{2}\lg\frac{p(Cl_2)/p^\ominus}{[b(Cl^-)/b^\ominus]^2}$$

代入数据解得C。

18. 电解$NiSO_4$溶液，阳极用镍，阴极用铁，则阳极和阴极的产物分别是(A)

A. Ni^{2+}，Ni　　B. Ni^{2+}，H_2　　C. Fe^{2+}，Ni　　D. Fe^{2+}，H_2

解析　在此电解池中，阳极除了SO_4^{2-}、OH^-之外，还要考虑电极材料的溶解电势。已知$E^\ominus(Ni^{2+}/Ni)<E^\ominus(O_2/H_2O)<E^\ominus(S_2O_8^{2-}/SO_4^{2-})$，阳极是电极电势小的先放电，因此阳极发生的反应是$Ni-2e^- \longrightarrow Ni^{2+}$，产物为$Ni^{2+}$；阴极有$Ni^{2+}$、$H^+$，由于$H_2$的超电势较大，氢的实际析出电势要比理论电势低，因此$E(Ni^{2+}/Ni)>E(H^+/H_2)$，所以阴极发生的反应是$Ni^{2+}+2e^- \longrightarrow Ni$，产物为Ni。

【附加题】 在腐蚀电极中(C)

A. 阴极必将发生析氢反应

B. 阴极必将发生吸氧反应

C. 阴极的实际析出电势必高于阳极的实际析出电势

D. 极化作用使得腐蚀作用加快

解析 腐蚀电池是自发的氧化还原反应,其原理为原电池原理。因此发生还原反应的阴极(原电池的正极)的实际析出电势必高于发生氧化反应的阳极(原电池的负极)的实际析出电势。因此C是正确的。腐蚀电池的阴极既可发生析氢反应,也可发生吸氧反应,这与反应条件等相关。极化作用可使电动势减小,因此可使腐蚀作用减慢。所以A、B、D均不正确。

三、填空题

19. 在一定条件下,以下反应均可向右进行:

$$Cr_2O_7^{2-} + 6Fe^{2+} + 14H^+ \longrightarrow 2Cr^{3+} + 6Fe^{3+} + 7H_2O \quad (1)$$

$$2Fe^{3+} + Sn^{2+} \longrightarrow 2Fe^{2+} + Sn^{4+} \quad (2)$$

上述物质中最强的氧化剂应为 $Cr_2O_7^{2-}$,最强的还原剂应为 Sn^{2+} 。

20. 原电池中的氧化还原反应是 自发 进行的。在氧化还原反应中,必伴随着 电子迁移 的过程。

21. 对于氧化还原反应,若以电对的电极电势作为判断的依据时,其自发的条件必为 $E_+ > E_-$ 。

22. 某原电池的一个电极反应为 $2H_2O \longrightarrow O_2 + 4H^+ + 4e^-$,则这个反应一定发生在 负极 。

23. 若某原电池的一个电极发生的反应是 $Cl_2 + 2e^- \longrightarrow 2Cl^-$,而另一个电极发生的反应为 $Fe^{2+} - e^- \longrightarrow Fe^{3+}$,已测得 $E(Cl_2/Cl^-) > E(Fe^{3+}/Fe^{2+})$,则该原电池的电池符号应为 $(-)Pt|Fe^{3+}, Fe^{2+} \parallel Cl^-|Cl_2|Pt(+)$ 。

24. 已知反应 $H_2(g) + Hg_2^{2+}(aq) \longrightarrow 2H^+(aq) + 2Hg(l)$, $E^\ominus = 0.797V$,则 $E^\ominus[Hg_2^{2+}/Hg(l)] =$ 0.797V 。

25. 在Cu-Zn原电池中,若 $E(Cu^{2+}/Cu) > E(Zn^{2+}/Zn)$,在Cu电极和Zn电极中分别注入氨水,则可能分别导致该原电池的电动势 先降低 和 后升高 。

解析 在Cu-Zn原电池中,已知 $E(Cu^{2+}/Cu) > E(Zn^{2+}/Zn)$,因此Cu电极作正极。在含 Cu^{2+} 的溶液中加入氨水,由于生成 $[Cu(NH_3)_4]^{2+}$,游离的 Cu^{2+} 浓度下降,导致正极电势下降,电池电动势将下降;反之,当在 Zn^{2+}/Zn 电极中注入氨水,由于生成了 $[Zn(NH_3)_4]^{2+}$,游离的 Zn^{2+} 浓度下降,导致负极电势下降,电池电动势则上升。

26. 25℃时,若电极反应 $2D^+(aq) + 2e^- \longrightarrow D_2$ 的标准电极电势为 −0.0034V,则在相同温度及标准状态下反应 $2H^+(aq) + D_2(g) \longrightarrow 2D^+(aq) + H_2(g)$ 的 $E^\ominus =$ 0.0034V , $\Delta_r G^\ominus =$ $-6.56 \times 10^2 J \cdot mol^{-1}$, $K^\ominus =$ 1.3 。

解析 根据公式 $\Delta_r G_m^\ominus = -zFE^\ominus$ 与 $\lg K^\ominus = \frac{zE^\ominus}{0.0592}$ 计算。

27. 电解 $CuSO_4$ 溶液时，若两极都用铜，则阳极反应为 $Cu-2e^- \longrightarrow Cu^{2+}$，阴极反应为 $Cu^{2+}+2e^- \longrightarrow Cu$；若阴极使用铜作电极而阳极使用铂作电极，则阳极反应为 $2H_2O-4e^- \longrightarrow O_2+4H^+$，阴极反应为 $Cu^{2+}+2e^- \longrightarrow Cu$；若阴极使用铂作电极而阳极使用铜作电极，则阳极反应为 $Cu-2e^- \longrightarrow Cu^{2+}$，阴极反应为 $Cu^{2+}+2e^- \longrightarrow Cu$。

28. 试从电子运动方向、离子运动方向、电极反应、化学变化与能量转换作用本质、反应自发性五个方面列表比较原电池与电解池的异同。

答

	原电池	电解池
电子运动方向	从负极到正极	从阳极到阴极
离子运动方向	正离子向正极运动 负离子向负极运动	正离子向阴极运动 负离子向阳极运动
电极反应	正极发生还原反应 负极发生氧化反应	阳极发生氧化反应 阴极发生还原反应
化学变化与能量转换本质	化学能转换为电能	电能转换为化学能
反应自发性	可自发进行	必须外加电压才能反应

29. 根据下列电池符号，写出相应的电极反应和电池总反应。

电池符号	电极反应	电池总反应
$(-)Zn\|Zn^{2+} \vdots\vdots Fe^{2+}\|Fe(+)$	$(-)Zn \longrightarrow Zn^{2+}+2e^-$ $(+)Fe^{2+}+2e^- \longrightarrow Fe$	$Zn+Fe^{2+} \longrightarrow Zn^{2+}+Fe$
$(-)Ni\|Ni^{2+} \vdots\vdots Fe^{3+}, Fe^{2+}\|Fe(+)$	$(-)Ni \longrightarrow Ni^{2+}+2e^-$ $(+)Fe^{3+}+e^- \longrightarrow Fe^{2+}$	$Ni+2Fe^{3+} \longrightarrow Ni^{2+}+2Fe^{2+}$
$(-)Pb\|Pb^{2+} \vdots\vdots H^+\|H_2\|Pt(+)$	$(-)Pb \longrightarrow Pb^{2+}+2e^-$ $(+)2H^++2e^- \longrightarrow H_2$	$Pb+2H^+ \longrightarrow Pb^{2+}+H_2$
$(-)Ag\|AgCl\|Cl^- \vdots\vdots I^-\|I_2\|Pt(+)$	$(-)Ag+Cl^- \longrightarrow AgCl+e^-$ $(+)I_2+2e^- \longrightarrow 2I^-$	$2Ag+2Cl^-+I_2 \longrightarrow 2AgCl+2I^-$

30. 写出下列电解的两极产物。

电解液	阳极材料	阴极材料	阳极产物	阴极产物
$CuSO_4$ 水溶液	Cu	Cu	Cu^{2+}	Cu
$MgCl_2$ 水溶液	石墨	Fe	Cl_2	H_2
KOH 水溶液	Pt	Pt	O_2	H_2

四、计算题

31. 将 Cu 片插入盛有 $0.5mol \cdot kg^{-1}$ $CuSO_4$ 溶液的烧杯中，Ag 片插入盛有 $0.5mol \cdot kg^{-1}$ $AgNO_3$ 溶液的烧杯中：

(1) 写出该原电池的电池符号。

(2) 写出电极反应式和原电池的电池反应。

(3) 求该电池的电动势。

(4) 若加入氨水于 $CuSO_4$ 溶液中，电池的电动势将如何变化？若加氨水于 $AgNO_3$ 溶液中，情况又如何(定性回答)？

解 (1) 电池符号：

$$(-)Cu|Cu^{2+}(0.5mol\cdot kg^{-1}) \,\vdots\vdots\, Ag^{+}(0.5mol\cdot kg^{-1})\,|Ag(+)$$

(2) 负极： $Cu-2e^{-}\longrightarrow Cu^{2+}$

正极： $Ag^{+}+e^{-}\longrightarrow Ag$

电池反应： $Cu+2Ag^{+}\longrightarrow Cu^{2+}+2Ag$

(3) $$E=E^{\ominus}-\frac{0.0592}{z}\lg\frac{b(Cu^{2+})}{b(Ag^{+})^{2}}$$

$$=[E^{\ominus}(Ag^{+}/Ag)-E^{\ominus}(Cu^{2+}/Cu)]-\frac{0.0592}{2}\lg\frac{0.5}{0.5^{2}}$$

$$=(0.7996-0.3419)-\frac{0.0592}{2}\lg\frac{0.5}{0.5^{2}}=0.449(V)$$

或根据电极反应的能斯特方程，先分别计算 Ag^{+}/Ag 和 Cu^{2+}/Cu 两电对的电极电势，再求原电池的电动势。

(4) 若加氨水于 $CuSO_4$ 溶液中，则发生反应 $Cu^{2+}+4NH_3\longrightarrow[Cu(NH_3)_4]^{2+}$，使 Cu^{2+} 浓度减小，E 值增大。

若加氨水于 $AgNO_3$ 溶液中，则发生反应 $Ag^{+}+2NH_3\longrightarrow[Ag(NH_3)_2]^{+}$，使 Ag^{+} 浓度减小，E 值减小。

32. 已知电极反应 $NO_3^{-}+3e^{-}+4H^{+}\longrightarrow NO+2H_2O$ 的 $E^{\ominus}(NO_3^{-}/NO)=0.96V$，求当 $b(NO_3^{-})=1.0mol\cdot kg^{-1}$时，$p(NO)=100kPa$ 的中性溶液中的电极电势。说明酸度对 NO_3^{-} 氧化性的影响。

解 已知 $b(H^{+})=1\times10^{-7}mol\cdot kg^{-1}$，由能斯特方程

$$E(NO_3^{-}/NO)=E^{\ominus}(NO_3^{-}/NO)+\frac{0.0592}{3}\lg\frac{[b(NO_3^{-})/b^{\ominus}][b(H^{+})/b^{\ominus}]^{4}}{p(NO)/p^{\ominus}}=0.41V$$

结果表明，NO_3^{-} 氧化能力受溶液酸度的影响。若酸度较大，其氧化能力增大，所以浓硝酸的氧化能力强。

33. 已知 $Zn^{2+}+2e^{-}\longrightarrow Zn$，$E^{\ominus}=-0.76V$；$ZnO_2^{2-}+2H_2O+2e^{-}\longrightarrow Zn+4OH^{-}$，$E^{\ominus}=-1.22V$。试通过计算说明锌在标准状态下，既能从酸中又能从碱中置换放出氢气。

解 锌在酸中置换氢气：

$$Zn+2H^{+}\longrightarrow Zn^{2+}+H_2\uparrow$$

在标准状态下，$b(H^{+})=1.0mol\cdot kg^{-1}$，$b(Zn^{2+})=1.0mol\cdot kg^{-1}$，有

$$E=0-(-0.76)=0.76(V)>0$$

所以上述反应能够自发进行，锌能从酸中置换出氢气。

锌在碱中置换氢气：

$$Zn+2OH^{-}\longrightarrow ZnO_2^{2-}+H_2\uparrow$$

在标准状态下，$b(OH^{-})=1.0mol\cdot kg^{-1}$，$b(H^{+})=1.0\times10^{-14}mol\cdot kg^{-1}$，有

$$2H_2O+2e^{-}\longrightarrow H_2+2OH^{-}$$

$$E(H^+/H_2)=E^\ominus(H^+/H_2)+\frac{0.0592}{2}\lg[b(H^+)/b^\ominus]^2=-0.83V$$

$$ZnO_2^{2-}+2H_2O+2e^- \longrightarrow Zn+4OH^- \qquad E^\ominus(ZnO_2^{2-}/Zn)=-1.22V$$

所以

$$E=-0.83-(-1.22)=0.39(V)>0$$

锌在碱中置换出氢气的反应也是自发进行的。

34. 电池反应为 $A^+(aq)+B(s) \longrightarrow A(s)+B^+(aq)$，$A^+$ 的浓度为 $10mol \cdot kg^{-1}$，B^+ 的浓度为 $0.1mol \cdot kg^{-1}$。已知：$E^\ominus(A^+/A)=1.5V$，$E^\ominus(B^+/B)=0.5V$。

(1) 求电池电动势 E 和 $K^\ominus$

(2) B^+/B 的电极电势。

解 (1) 正极： $A^+(aq)+e^- \longrightarrow A(s)$

代入能斯特方程

$$E(A^+/A)=E^\ominus(A^+/A)+0.0592\lg[b(A^+)/b^\ominus]=1.5V+0.0592V=1.5592V$$

负极： $B^+(aq)+e^- \longrightarrow B(s)$

代入能斯特方程

$$E(B^+/B)=E^\ominus(B^+/B)+0.0592\lg[b(B^+)/b^\ominus]=0.5V-0.0592V=0.4408V$$

$$E=E_+-E_-=1.12V$$

$$E^\ominus=E_+^\ominus-E_-^\ominus=1V$$

$$\lg K^\ominus=zE^\ominus/0.0592=1\times1.0\div0.0592=16.89$$

$$K^\ominus=10^{16.89}=7.76\times10^{16}$$

(2) $E(B^+/B)=0.44V$

35. 已知：$E^\ominus(AO_4^-/AO_2)=0.6V$，$E^\ominus(Cu^{2+}/Cu)=0.34V$，计算：

(1) pH=8，AO_4^- 的浓度为 $0.1mol \cdot kg^{-1}$时，$E(AO_4^-/AO_2)$的电极电势是多少？

(2) 上述电极与 Cu^{2+}/Cu 电极构成原电池，当 $b(Cu^{2+})=0.1mol \cdot kg^{-1}$，求电池电动势。写出该电池反应方程式，计算该电池反应的 $\Delta_r G^\ominus$ 和 $K^\ominus$。

解 (1) 电极反应为

$$AO_4^-(aq)+2H_2O(l)+3e^- \longrightarrow AO_2(s)+4OH^-(aq) \qquad ①$$

代入能斯特方程

$$E(AO_4^-/AO_2)=E^\ominus(AO_4^-/AO_2)+\frac{0.0592}{3}\lg\frac{b(AO_4^-)/b^\ominus}{\left[\frac{b(OH^-)}{b^\ominus}\right]^4}$$

$$=0.6+\frac{0.0592}{3}\lg\frac{0.1}{[10^{-6}]^4}=1.05(V)$$

(2) $Cu^{2+}(aq)+2e^- \longrightarrow Cu(s)$ ②

代入能斯特方程

$$E(Cu^{2+}/Cu)=E^\ominus(Cu^{2+}/Cu)+\frac{0.0592}{2}\lg\frac{b(Cu^{2+})}{b^\ominus}$$

$$=0.34+\frac{0.0592}{2}\lg0.1=0.31(V)$$

电池电动势为

$$E=E_{+}-E_{-}=0.74\text{V}$$

2×①－3×②得电池反应：

$$2AO_4^-(aq)+3Cu(s)+4H_2O(l)\longrightarrow 2AO_2(s)+3Cu^{2+}(aq)+8OH^-(aq)$$

$$E^\ominus=E^\ominus(AO_4^-/AO_2)-E^\ominus(Cu^{2+}/Cu)=0.26\text{V}$$

$$\lg K^\ominus=zE^\ominus/0.0592=6\times0.26/0.0592=26.35\qquad K^\ominus=2.24\times10^{26}$$

$$\Delta_rG_m^\ominus=-zFE^\ominus=-6\times0.26\text{V}\times96\ 485\text{J}\cdot\text{mol}^{-1}\cdot\text{V}^{-1}=-150.5\text{kJ}\cdot\text{mol}^{-1}$$

36. 某原电池的一个半电池是由金属 Co 浸在 1.0mol·kg^{-1} Co^{2+}溶液中组成，另一半电池则由 Pt 片浸入 1.0mol·kg^{-1} Cl^-溶液中并不断通入 Cl_2[$p(Cl_2)=100$kPa]组成。实验测得电池的电动势为 1.63V，钴电极为负极。已知 $E^\ominus(Cl_2/Cl^-)=1.36$V。

(1) 写出电池反应方程式。

(2) $E^\ominus(Co^{2+}/Co)$为多少？

(3) $p(Cl_2)$增大时，电池电动势将如何变化？

(4) 当 Co^{2+}浓度为 0.010mol·kg^{-1}时，电池电动势是多少？Δ_rG_m 为多少？

解　(1) 电池反应的方向是由正极的氧化型物质与负极的还原型物质反应，向生成正极的还原型物质与负极的氧化型物质的方向进行。

$$Co(s)+Cl_2(g)\longrightarrow Co^{2+}(aq)+2Cl^-(aq)$$

(2)
$$E^\ominus=E^\ominus(\text{正})-E^\ominus(\text{负})=E^\ominus(Cl_2/Cl^-)-E^\ominus(Co^{2+}/Co)$$

$$E^\ominus(Co^{2+}/Co)=E^\ominus(Cl_2/Cl^-)-E^\ominus=1.36-1.63=-0.27(\text{V})$$

(3)
$$E(Cl_2/Cl^-)=E^\ominus(Cl_2/Cl^-)+\frac{0.0592}{2}\lg\frac{p(Cl_2)/p^\ominus}{[b(Cl^-)/b^\ominus]^2}$$

$p(Cl_2)$增大时，E(正)增大，电池电动势 E 增大。

(4) $b(Co^{2+})=0.010$mol·kg^{-1}时

$$E(Co^{2+}/Co)=E^\ominus(Co^{2+}/Co)+\frac{0.0592}{2}\lg\frac{b(Co^{2+})}{b^\ominus}$$

$$=-0.27+\frac{0.0592}{2}\lg\frac{0.010}{1}=-0.33(\text{V})$$

$$E=E(\text{正})-E(\text{负})=E^\ominus(Cl_2/Cl^-)-E(Co^{2+}/Co)=1.36-(-0.33)=1.69(\text{V})$$

$$\Delta_rG_m=-zFE=-2\times96\ 485\times1.69\times10^{-3}=-326.1\text{kJ}\cdot\text{mol}^{-1}$$

37. 根据下列反应及其热力学常数

$$H_2+2AgCl=\!=\!=2H^++2Cl^-+2Ag$$

计算银-氯化银电对的标准电极电势 $E^\ominus(AgCl/Ag)$。已知该反应在 25℃时的 $\Delta_rH_m^\ominus=-80.80$kJ·mol^{-1}，$\Delta_rS_m^\ominus=-127.20$J·mol^{-1}·K^{-1}。

解
$$\Delta_rG^\ominus=\Delta_rH_m^\ominus-T\Delta_rS_m^\ominus=-42.89\text{kJ}\cdot\text{mol}^{-1}$$

$$E^\ominus=-\Delta_rG^\ominus/nF=42.89\times10^3/(2\times96\ 485)=0.222(\text{V})$$

$$E^\ominus(\text{电池})=E^\ominus(+)-E^\ominus(-)=E^\ominus(AgCl/Ag)-E^\ominus(H^+/H_2)$$

所以

$$E^\ominus(AgCl/Ag)=E^\ominus(\text{电池})+E^\ominus(H^+/H_2)=0.222+0=0.222(\text{V})$$

38. 在 $0.10mol \cdot kg^{-1}$ $CuSO_4$ 溶液中投入锌粒，求反应达平衡后溶液中 Cu^{2+} 的浓度。已知 $E^\ominus(Cu^{2+}/Cu)=0.34V$，$E^\ominus(Zn^{2+}/Zn)=-0.76V$。

解 将反应 $Cu^{2+}+Zn \longrightarrow Cu+Zn^{2+}$ 组成电池，即

$$(-)Zn|Zn^{2+}(x\ mol \cdot kg^{-1}) \vdots\vdots Cu^{2+}(x\ mol \cdot kg^{-1})|Cu(+)$$

所以

$$E^\ominus(电池)=E^\ominus(+)-E^\ominus(-)=0.34-(-0.76)=1.10(V)$$

$$\lg K=nE^\ominus(电池)/0.0592=37.2$$

$$K=1.6\times10^{37}$$

K 值大，说明反应进行得完全，也就是说 Cu^{2+} 可以完全被还原并生成浓度接近于 $0.10mol \cdot kg^{-1}$ 的 Zn^{2+}。

$$K=b(Zn^{2+})/b(Cu^{2+})$$

$$b(Cu^{2+})=5\times10^{-39}mol \cdot kg^{-1}$$

39. 选用 Fe、Cu、Zn、Al 片、碳棒、质量摩尔浓度均为 $1.0mol \cdot kg^{-1}$ 的 $FeCl_3$、$CuSO_4$、$ZnSO_4$、$AgNO_3$ 溶液及 $0.01mol \cdot kg^{-1}$ 的 $FeCl_2$ 溶液，设计一个电动势最大的原电池。假定此电池可用来电解(忽略其他因素影响)$CuSO_4$ 溶液(阳极用 Cu，阴极用 Fe)，回答下列问题：

(1) 写出原电池的两极反应及电池符号。

(2) 计算原电池的电动势及 $\Delta_r G_m$。

(3) 写出电解池的两极反应。

解 (1) 查标准电极电势表，比较可知所选负极反应为 $Zn-2e^- \longrightarrow Zn^{2+}$。

正极反应若选 $Ag^+ + e^- \longrightarrow Ag$，$E^\ominus(Ag^+/Ag)=0.7996V$

不如选 $Fe^{3+}+e^- \longrightarrow Fe^{2+}$

$$E^\ominus(Fe^{3+}/Fe^{2+})=0.771V+0.0592\lg\frac{b(Fe^{3+})}{b(Fe^{2+})}=0.8894V$$

此电极电势更大。

$Zn|ZnSO_4(1.0mol \cdot kg^{-1}) \vdots\vdots FeCl_3(1.0mol \cdot kg^{-1}),FeCl_2(0.01mol \cdot kg^{-1})|C$

(2) $E=E(Fe^{3+}/Fe^{2+})-E(Zn^{2+}/Zn)=0.8894V-(-0.7618V)=1.6512V$

$\Delta_r G_m=-zFE=-2\times96\ 485\times1.6512=-3.186\times10^5 J \cdot mol^{-1}=-318.6kJ \cdot mol^{-1}$

(3) 两极反应

阳极：$$Cu-2e^- = Cu^{2+}$$

阴极：$$Cu^{2+}+2e^- = Cu$$

40. 半电池(A)是由镍片浸在 $1.0mol \cdot kg^{-1}$ Ni^{2+} 溶液中组成的，半电池(B)是由锌片浸在 $1.0mol \cdot kg^{-1}$ Zn^{2+} 溶液中组成的。当将半电池(A)和(B)分别与标准氢电极连接组成原电池，测得原电池的电动势分别为 $E(A\text{-}H_2)=0.257V$，$E(B\text{-}H_2)=0.762V$。试回答下列问题：

(1) 当半电池(A)和(B)分别与标准氢电极组成原电池时，发现金属电极溶解。试确定各半电池的电极电势符号是正还是负。

(2) Ni、Ni^{2+}、Zn、Zn^{2+} 中，哪一种物质是最强的氧化剂？

(3) 当将金属镍放入 1.0mol·kg^{-1} Zn^{2+} 溶液中，能否发生反应？将金属锌浸入 1.0mol·kg^{-1} Ni^{2+} 溶液中会发生什么反应？写出反应方程式。

(4) Zn^{2+} 与 OH^- 能反应生成 $Zn(OH)_4^{2-}$。如果在半电池(B)中加入 NaOH，其电极电势是变大、变小还是不变？

(5) 将半电池(A)和(B)组成原电池，何者为正极？电动势是多少？

解 (1) 金属电极溶解，说明金属被氧化，金属电极是负极，标准氢电极为正极。由原电池的电动势经简单计算可知

$$E^\ominus(Ni^{2+}/Ni) = -0.257V$$

$$E^\ominus(Zn^{2+}/Zn) = -0.762V$$

(2) $E^\ominus(M^{2+}/M)$值大的氧化型物质是强氧化剂，所以其中 Ni^{2+} 是最强的氧化剂。

(3) $E^\ominus(Ni^{2+}/Ni) > E^\ominus(Zn^{2+}/Zn)$，Ni 与 Zn^{2+} 不发生反应，而 Zn 与 Ni^{2+} 反应，反应方程式为

$$Zn(s) + Ni^{2+}(aq) \longrightarrow Zn^{2+}(aq) + Ni(s)$$

(4) 加入 NaOH 后

$$Zn^{2+}(aq) + 4OH^-(aq) \longrightarrow Zn(OH)_4^{2-}(aq)$$

$b(Zn^{2+})$减小，$E(Zn^{2+}/Zn)$变小，或 $E^\ominus(Zn^{2+}/Zn) > E^\ominus[Zn(OH)_4^{2-}/Zn]$。

(5) 将半电池(A)和(B)组成原电池，(A)是正极，(B)是负极。

【附加题 1】 已知某原电池的正极是氢电极，$p(H_2)=100kPa$，负极的电极电势是恒定的。当氢电极中 pH=4.008 时，该电池的电动势是 0.412V。如果氢电极中所用的溶液改为一未知 $b(H^+)$的缓冲溶液，又重新测得原电池的电动势为 0.427V。计算该缓冲溶液的 $b(H^+)$和 pH。如果该缓冲溶液中 $b(HA)=b(A^-)=1.0mol\cdot kg^{-1}$，求该弱酸 HA 的解离常数。

解 正极反应为

$$2H^+(aq) + 2e^- \longrightarrow H_2(g)$$

$$E_1(正) = E(H^+/H_2) = E^\ominus(H^+/H_2) - \frac{0.0592}{2}\lg\frac{p(H_2)/p^\ominus}{[b(H^+)/b^\ominus]^2}$$

$$= 0 - \frac{0.0592}{2}\lg\frac{1.00}{[b(H^+)/b^\ominus]^2} = -0.0592pH_1$$

$$E_1 = E_1(正) - E_1(负), \quad E_2 = E_2(正) - E_2(负)$$

由于 E(负)是恒定的，所以

$$E_1 - E_2 = E_1(正) - E_2(正)$$

$$0.412 - 0.427 = -0.0592pH_1 - (-0.0592pH_2)$$

已知 $pH_1=4.008$，则 $pH_2=3.75$，$b(H^+)=1.8\times10^{-4}mol\cdot kg^{-1}$

$$HA(aq) \longrightarrow H^+(aq) + A^-(aq)$$

$$K_a^\ominus(HA) = \frac{1.8\times10^{-4}\times1.0}{1.0} = 1.8\times10^{-4}$$

【附加题 2】 试以中和反应 $H^+(aq) + OH^-(aq) \longrightarrow H_2O(l)$为电池反应，设计一种原电池(用电池符号表示)。分别写出电极半反应，并求算该电池在 25℃时的标准电动势

及 $K_w^\ominus$。

解 原电池符号：(−)Pt,H_2|OH^-(aq)¦¦H^+(aq)|H_2,Pt(+)

正极反应：$$2H^+ + 2e^- \longrightarrow H_2$$

负极反应：$$H_2 + 2OH^- \longrightarrow 2H_2O + 2e^-$$

电池反应：$$H^+ + OH^- \longrightarrow H_2O$$

在 25℃时，$E^\ominus(H^+/H_2)=0.00V$

$$E^\ominus(H_2O/H_2,OH^-)=E^\ominus(H^+/H_2)+0.0592\lg[b(H^+)/b^\ominus]$$
$$=0-0.0592\times14=-0.8288(V)$$
$$E^\ominus=E_+^\ominus-E_-^\ominus=0+0.8288=0.8288(V)$$
$$\lg K^\ominus=\lg\frac{1}{K_w^\ominus}=\frac{0.8288}{0.0592}=14$$
$$K_w^\ominus=1.0\times10^{-11}$$

【附加题 3】 少量 Mn^{2+} 可以催化分解 H_2O_2，其反应机理解释如下：H_2O_2 能氧化 Mn^{2+} 为 MnO_2，后者又能使 H_2O_2 氧化，试从电极电势说明上述解释是否合理，并写出离子方程式。

解

	$E^\ominus$
$H_2O_2+2H^++2e^-\longrightarrow 2H_2O$	1.77V
$MnO_2+4H^++2e^-\longrightarrow Mn^{2+}+2H_2O$	1.224V
$O_2+2H^++2e^-\longrightarrow H_2O_2$	0.695V

按 $E^\ominus(H_2O_2/H_2O)>E^\ominus(MnO_2/Mn^{2+})$(1.77V>1.224V)，下面反应可以进行：

$$H_2O_2+Mn^{2+}\longrightarrow MnO_2+2H^+$$

按 $E^\ominus(MnO_2/Mn^{2+})>E^\ominus(O_2/H_2O_2)$(1.224V>0.695V)，下面反应可以进行：

$$H_2O_2+MnO_2+2H^+\longrightarrow Mn^{2+}+2H_2O+O_2$$

所以 $$2H_2O_2\xrightarrow{Mn^{2+}}2H_2O+O_2$$

【附加题 4】 含有 Ag^+ 的溶液加入 Cl^-，使达平衡时 Cl^- 的浓度为 $1.0mol\cdot kg^{-1}$。计算 Ag^+/Ag 电对的电极电势。试回答计算结果说明了什么。

解 已知 $E^\ominus(Ag^+/Ag)=0.7996V$，$K_{sp}^\ominus(AgCl)=1.77\times10^{-10}$。

加入 Cl^- 后，Ag^+ 生成 AgCl 沉淀，溶液中游离的 Ag^+ 浓度由沉淀平衡控制，即

$$AgCl\longrightarrow Ag^++Cl^-$$
$$b(Ag^+)=K_{sp}/b(Cl^-)=K_{sp}$$

由能斯特方程得

$$E(Ag^+/Ag)=E^\ominus(Ag^+/Ag)+0.0592\lg b(Ag^+)$$
$$=0.800+0.0592\lg(1.77\times10^{-10})=0.223(V)$$

不难看出，该电势就是 AgCl/Ag 电对[电极反应为 $AgCl+e^-\longrightarrow Ag+Cl^-$，$b(Cl^-)=1.0mol\cdot kg^{-1}$]的标准电极电势。本题说明，氧化型离子生成沉淀时会降低电对的电极电势。

【附加题 5】 将氢电极和甘汞电极插入某 HA-A^- 的缓冲溶液中，饱和甘汞电极为正极。

已知 $b(HA)=1.0mol \cdot kg^{-1}$，$b(A^-)=0.10mol \cdot kg^{-1}$，向此溶液中通入 H_2(100kPa)，测得其电动势为 0.4780V。

(1) 写出电池符号和反应方程式。

(2) 求弱酸 HA 的解离常数。

解　(1) 电池符号为

(－)Pt | H_2(100kPa) | HA($1.0mol \cdot kg^{-1}$)，A^-($0.10mol \cdot kg^{-1}$) ¦¦ KCl(饱和) | Hg_2Cl_2(s) | Hg | Pt(＋)

电池反应方程式为

$$Hg_2Cl_2(s)+H_2(g)+2A^-(aq) \longrightarrow 2Hg(l)+2HA(aq)+2Cl^-(aq)$$

(2) 甘汞电池为正极

$$E(正)=0.2415V$$

$$E(负)=E(正)-E=0.2415-0.4780=-0.2365(V)$$

负极的电极反应为

$$H_2-2e^- \longrightarrow 2H^+(aq)$$

$$E(负)=E^\ominus(H^+/H_2)+\frac{0.0592}{2}\lg\frac{[b(H^+)/b^\ominus]^2}{p(H_2)/p^\ominus}=-0.2365$$

$$=0+0.0592\lg[b(H^+)/b^\ominus]$$

$$b(H^+)=1.0\times10^{-4}mol \cdot kg^{-1}$$

一元弱酸 HA 的解离常数为

$$K_a^\ominus(HA)=\frac{1.0\times10^{-4}\times0.10}{1.0}=1.0\times10^{-5}$$

第 4 章　物质结构基础

4.1　本章小结

4.1.1　基本要求

第一节

核外电子运动的特征：量子化、波粒二象性、统计性

波函数与原子轨道、四个量子数、原子轨道与电子云图像、原子轨道的角度分布图、电子云的角度分布图

核外电子分布三原则及近似能级图，原子的电子分布式，原子的外层电子构型，周期、族、区的划分

元素性质（原子半径、金属性和非金属性、电离能、电子亲和能、电负性）的周期性变化规律

第二节

离子键的形成、特征，离子的电子层结构

共价键理论的要点、特征及键型

离子极化理论（离子的极化力和离子的变形性）及对（离子）化合物性质的影响

键参数（键能、键长、键角）

价层电子对互斥理论的基本要点及应用，杂化轨道理论的要点与应用，sp、sp^2、sp^3（等性与不等性）杂化轨道的杂化过程以及它们的空间构型

配合物的价键理论、spd 轨道的杂化过程、空间构型及内（外）轨与配离子稳定性的关系

第三节

分子极性与电偶极矩的概念，分子间力的产生、特征，氢键的形成特征，分子间力对物质性质的影响

第四节

晶体的特征及晶体与非晶体的区别

离子晶体、原子晶体、分子晶体和金属晶体的成键特征及对物质性质的影响

过渡型结构晶体的结构特征及对物质性质的影响

4.1.2 基本概念

第一节

量子化 质点的运动和运动中能量状态的变化都是不连续的，而且以某一距离或能量单元为基本单位做跳跃式变化。

原子光谱(线状光谱) 气体原子(离子)受到激发时，产生不同的光谱线。通过三棱镜折射后，可把它们分成一系列按波长排列的、分立的、有明显界限的亮线，这种光谱线称为原子光谱或线状光谱。任何原子被激发时都可以给出原子光谱，原子光谱是不连续光谱。不同的原子都有各自不同的特征光谱，氢原子光谱是最简单的一种原子光谱。

玻尔氢原子模型 定态(基态、激发态)、能级、激发、跃迁、辐射。

玻尔根据氢原子和类氢离子的光谱以及普朗克量子论的基础，提出原子结构理论的几个假设：

(1) 核外电子绕核在无数具有确定半径和能量的圆形轨道上运动，这些不连续轨道称为定态轨道(能量最低的定态称为基态，能量较高的定态称为激发态)。电子在定态轨道上运动时既不吸收能量，也不辐射能量。

(2) 轨道离核越远，能量越高。当电子处在离核最近的定态轨道时，它们处于最低的能量状态，称为基态；当原子从外界获得能量时，可以跃迁到离核较远的能量较高的定态轨道上，这种状态称为激发态。电子的能量是量子化的，这些不连续能量的定态称为能级。

(3) 当电子从一种高能量状态向低能量状态跃迁时，能量差以光辐射的形式发射出来。

玻尔半径 根据玻尔氢原子模型，电子在圆形轨道上运动，此轨道的半径为$r=n^2a_0(a_0=52.9\text{pm})$，称为玻尔半径。

波粒二象性 光在传播时表现出波动性，具有波长、频率；光在与其他物体作用时表现出粒子性，如光电效应和光压实验。这就是1903年爱因斯坦的光子理论阐述的光的波粒二象性。

电子衍射实验 戴维逊和革末的电子衍射实验是将电子束投射到极薄的金属箔上，电子穿透金属箔，在箔后的照相底片上记录下分散的感光斑点，这表明电子显示出微粒的性质。当电子束投射的时间较长，底片上出现了环状的衍射条纹，显示出电子的波动性。

物质波 符合德布罗意关系式$\lambda=\dfrac{h}{p}=\dfrac{h}{mv}$的波称为德布罗意波或物质波。

统计性 无数次行为的统计结果。

电子运动的特性 近代原子结构理论认为，核外电子运动具有三大特征，即量子化、波粒二象性、统计性。

薛定谔方程 它是描述微观粒子运动规律的波动方程，是一个二阶偏微分方程。

波函数 波函数是描述原子核外电子运动状态的数学函数式，是空间直角坐标

(x,y,z)[或极坐标(r,θ,φ)]的函数，用ψ表示。波函数的每一个合理解都表示电子的一种可能的空间运动状态。

原子轨道 原子中电子的波函数Ψ是描述原子核外电子运动状态的数学函数式，其空间图像可以形象地理解为电子运动的空间范围，俗称“原子轨道”。因此，波函数与原子轨道常做同义词混用。

量子数(n、l、m、m_s)的取值和物理意义

(1) 主量子数n取值：零以外的正整数1,2,3,4,5,6,7,…,n。

电子层符号 K L M N O P Q…

物理意义：①n值是确定电子能级的主要量子数，n值越大，电子能级越高；②n值代表电子离核的平均距离，n值越大，表示电子离核平均距离越远。

(2) 角量子数l取值：零到$(n-1)$的正整数0,1,2,3,4,…,$(n-1)$，共可取n个数值。

电子亚层符号 s p d f g …

物理意义：① l值用于确定波函数(原子轨道)或电子云的形状，l数值不同，原子轨道形状也不同；② l值表示电子所在的电子亚层；③ l值对多电子原子的能量有影响，n相同(同一电子层)，l值越小，该电子亚层的能级越低，因此多电子原子系统的电子能级高低由n、l两个量子数决定。

(3) 磁量子数m取值：从$-l\sim+l$(包括零在内)的整数 0,±1,±2,±3,±4,…,±l，共可取$(2l+1)$个数值。

物理意义：确定原子轨道或电子云在空间的伸展方向。每个m值代表一个具有某种空间取向的原子轨道。

(4) 自旋量子数m_s取值：$+\frac{1}{2}$或$-\frac{1}{2}$。

物理意义：每一个数值表示电子的一种自旋方向。

电子层 具有相同n值的各原子轨道为同一个电子层。

电子亚层 l值相同的各原子轨道为一个电子亚层。n值相同、l值不同的各原子轨道称为相同电子层的不同的电子亚层。

等价轨道(或简并轨道) 在没有外加磁场的情况下，能量相等的同一亚层的原子轨道，即n值相同、l值相同、m值不同的原子轨道互为等价轨道。

电子能级 主量子数n的取值和角量子数l表示的电子亚层的符号组合在一起称为能级，如1s、2p、3d等。

电子的概率 核外空间某些区域电子出现的机会。电子出现的机会多，即概率大。

电子的概率密度 电子在空间某位置上单位体积内出现的概率(概率/体积)。

电子云 它是指$|\psi|^2$的形象化表示，是从统计概念出发对电子在核外出现的概率密度的形象化描述的图形。用黑点表示电子在瞬间出现的可能位置的分布，黑点密集的地方是电子出现概率密度较大的地方，单位体积内电子出现的机会多。黑点稀疏的地方是电子出现概率密度较小的地方，单位体积内电子出现的机会少。数学上用波函数绝对值的平方$|\psi|^2$反映这种电子在空间某位置上单位体积中出现的概率密度。

波函数的径向部分和角度部分 将波函数的直角坐标系转换为球极坐标系，即

$\psi(x,y,z)=\psi(r,\theta,\varphi)=R(r)Y(\theta,\varphi)$。径向部分$R(r)$表示波函数随距离$r$变化的部分。角度部分$Y(\theta,\varphi)$表示波函数随角度$\theta$、$\varphi$变化的部分。

原子轨道角度分布图　波函数ψ的角度部分$Y(\theta,\varphi)$随角度θ、φ的变化作图得到的图像。

电子云的角度分布图　将$|\psi|^2$的角度部分$Y^2(\theta,\varphi)$随角度θ、φ的变化作图得到的图像。

原子轨道角度分布图与电子云的角度分布图的区别　这两者的区别在于前者有正、负之分，这里正、负代表角度函数的对称性，并不代表电荷，也不表示总的波函数ψ的正、负；后者由于数值取平方，因此不会出现负值，而且由于$Y(\theta,\varphi)$数值均小于1，取平方后值更小，因此后者图形较"瘦"一些。

核外电子分布三原则　根据原子光谱实验数据以及对元素性质周期性的分析，归纳出多电子原子中电子在核外的排布应遵从以下三条原则。

(1) 泡利不相容原理。在同一原子中不可能有四个量子数完全相同的两个电子同时存在。因此，n、l、m相同的每一轨道最多只能容纳两个自旋方向相反的电子。由此可以确定各电子层可容纳最多电子数为$2n^2$个。

(2) 能量最低原理。多电子原子在基态时，核外电子的分布在不违背泡利不相容原理的前提下总是尽可能优先占据能量最低的轨道，以使系统能量最低最稳定。它解决了在n和l值不同的轨道中电子的分布规律。

(3) 洪德规则。根据大量光谱实验总结出，电子在等价轨道上排布时，总是尽可能以自旋相同的方向分占不同轨道，因为这样的排布方式总能量最低。洪德规则的特例：等价轨道被电子半充满(p^3、d^5、f^7)、全充满(p^6、d^{10}、f^{14})或全空(p^0、d^0、f^0)状态时最为稳定。洪德规则实际上是能量最低原理的具体化。

近似能级图　鲍林根据大量的光谱数据以及某些近似的理论计算，得到多电子原子的原子轨道能级近似图。能级图中将能量相近的能级放在一个方框中称为能级组，一共七个能级组，对应周期表中七个周期。不同能级组间能量差较大，同一能级组内各能级间能量差较小。能级图中每个圆圈代表一个原子轨道，小圆圈位置的高低表示原子轨道能级的高低。

能级分裂　同一电子层中的轨道分裂为不同的能级。

能级交错　对于多电子原子系统，当主量子数和角量子数都不相同时，有时出现能级交错，如$E_{4s}<E_{3d}$，这是屏蔽效应和钻穿效应引起的。

(n+0.7l)规则　我国化学家徐光宪教授根据原子轨道能量与主量子数和角量子数的相互关系，归纳提出($n+0.7l$)的近似规则，该值越大，电子所处的原子轨道能量越高；且($n+0.7l$)中的整数部分相同的能级划为同一个能级组，与鲍林近似能级图的结果相同。

能级组　在鲍林近似能级图中，同一方框内的能量相近的能级为一个能级组；而用($n+0.7l$)规则来看，($n+0.7l$)的首位数相同的原子轨道为同一个能级组。

屏蔽效应　对于多电子原子系统，除存在核对电子的引力外，还存在电子间的相互斥力，近似处理可以把其余电子对指定电子的排斥作用近似看成其余电子抵消了部分核电荷对指定电子(被屏蔽电子)的吸引作用,称为屏蔽效应。

钻穿效应 s电子因靠近核而减弱了其他电子对它的屏蔽作用,称为钻穿效应。

原子的电子分布式 多电子原子核外电子分布的表达式称为电子分布式。

原子的外层电子构型 由于化学反应一般只涉及外层价电子的改变,因此通常只需写出原子的外层电子构型。"外层电子"并不只是最外层电子,而是指对参与化学反应有重要意义的价(层)电子。例如,$_{9}F$ 为 $2s^2 2p^5$,$_{24}Cr$ 为 $3d^5 4s^1$。

原子实 在书写原子核外电子分布式时,为简便起见,内层用前一周期最后一个稀有气体元素的元素符号作为原子实,代替相应电子分布部分,即用原子实加外层电子构型表示核外电子分布的一种形式。例如,$_{9}F$ 为[He]$2s^2 2p^5$、$_{24}Cr$ 为[Ar]$3d^5 4s^1$。

原子半径 按照量子力学的观点,核外电子具有波动性,电子云没有明显的边界,因此讨论单个原子的半径没有意义。原子半径是人为规定的物理量。根据原子和原子间作用力不同,可分为三种:

(1) 共价半径。同种元素原子形成共价单键时相邻两原子核间距离的一半。

(2) 金属半径。金属晶体中相邻两原子核间距离的一半。

(3) 范德华半径。在分子晶体中,分子之间是以范德华力结合的。相邻分子互相吸引时的核间距的一半称为范德华半径。

原子半径递变规律

1) 主族元素

同一周期从左至右随原子序数的递增,原子半径逐渐减小;同一主族从上至下随原子序数的递增,原子半径逐渐增大。

2) 副族元素

副族元素原子半径的变化规律不如主族明显。一般同一周期(第四周期)从左至右随核电荷的递增,原子半径缓慢减小,ⅠB、ⅡB族元素的原子半径反而增大;同一副族从上至下原子半径稍增大,但第五、第六周期的同一副族元素(ⅢB除外),由于镧系收缩的结果,原子半径相近。

元素的金属性和非金属性

金属性指在化学反应中,某元素原子失去电子变为正离子的性质。一般情况下,电负性小于2的称为金属元素(除Pt系元素和Au)。

非金属性指在化学反应中,某元素原子得到电子变为负离子的性质。一般情况下,电负性大于2的称为非金属元素(除Si外)。

元素的金属性和非金属性递变规律 同一周期从左至右随半径减小,元素的金属性逐渐减弱,非金属性逐渐增强(短周期)。同一主族从上至下随原子半径增大,元素的金属性逐渐增强;同一副族从上至下元素的金属性逐渐减弱(ⅢB除外)。

电离能 基态的气态原子或离子失去电子形成气态正离子时所需要的能量,单位为$kJ \cdot mol^{-1}$。基态的气态原子失去一个电子形成+1价气态正离子时所需要的最低能量称为第一电离能;+1价离子失去一个电子形成+2价气态正离子时所需要的最低能量称为第二电离能,其余依此类推。

电离能递变规律

(1) 同一元素第一电离能小于第二电离能，第二电离能小于第三电离能，依此类推。

(2) 同一周期从左至右金属元素的第一电离能较小，非金属元素的第一电离能较大。稀有气体的第一电离能最大。对于主族元素从左至右电离能增大。但ⅡA族和ⅤA族反常高，是由于 ns^2（s 轨道全充满）、ns^2np^3（p 轨道半充满）电子层结构相对稳定，不易失去电子。

(3) 同一主族从上至下第一电离能减小（副族规律性较差，但趋势是增大）。

电子亲和能　基态的气态原子获得一个电子形成－1 价气态离子时所放出的能量称为第一电子亲和能。

电负性　分子中元素原子吸引电子的能力。鲍林根据热化学的数据和分子的键能，指定最活泼的非金属元素氟原子的电负性为 4.0，然后通过计算得到其他元素原子的电负性数值。电负性越大，原子在分子中吸引电子的能力越强。

第二节

化学键　分子或晶体中相邻原子（或离子）间的强烈的作用力称为化学键。

分子间力（范德华力）　分子间存在的一种较弱的相互作用，它包括取向力、诱导力和色散力。它是决定物质的沸点、熔点、汽化热、熔化热、溶解度、表面张力以及黏度等物理性质的主要因素。

离子键　由正、负离子的静电作用而形成的化学键。

离子型分子　原子通过失去或获得电子形成正、负离子，这两种离子通过静电引力而形成的化合物。

离子型化合物　由离子键形成的化合物。

离子键的特征　①本质是静电引力；②没有方向性，可在任意方向上吸引异号电荷离子；③没有饱和性，只要周围空间许可，每个离子都能吸引尽量多的异号电荷离子。

离子的电荷　离子的电荷数是形成离子键时原子得、失的电子数。

离子的电子层结构　离子化合物中离子的电子层结构有以下几种类型。

(1) 简单负离子的电子层构型，与稀有气体的电子层构型相同。

(2) 正离子的电子构型由于元素在周期表中的不同位置，显示出多样性。

a. 2 电子型和 8 电子型：周期表中靠近稀有气体元素之前和之后的那些元素失去电子成为稀有气体结构的正离子。

b. 18 电子型：ⅠB族、ⅡB族以及ⅢA族和ⅣA族的长周期元素形成的电荷数等于族数的正离子具有这种结构。

c. 18＋2 电子型：ⅢA、ⅣA和ⅤA族元素中，处于第四、第五和第六周期的元素形成正离子时往往只失去最外层 p 电子，而保留 s 电子，形成低正氧化态离子，而具有 18＋2 电子结构。

d. 9～17 电子型：许多过渡元素失去最外层的 s 电子和部分次外层的 d 电子，形成 9～17 电子结构的正离子。

离子半径　离子在晶体中的接触半径。将晶体中的正、负离子看成是相互接触的两个球，两个原子核之间的平均距离(核间距 d)就可看成是正、负离子半径之和。根据鲍林的一套数据，离子半径的变化规律可以认为：

(1) 对于同一主族具有相同电荷的离子，半径自上而下增大。

(2) 对于同一元素的正离子，半径随离子电荷升高而减小。

(3) 对于等电子离子，半径随负电荷的降低和正电荷的升高而减小。

(4) 相同电荷的过渡元素和内过渡元素正离子的半径均随原子序数的增加而减小。

共价键 原子间靠共用电子对结合起来的化学键。

共价化合物 由共价键形成的化合物。

共价键的价键理论 价键理论简称 VB 理论，又称电子配对法。

价键理论的基本要点：

(1) 原子中自旋方向相反的未成对电子互相接近时，可相互配对形成稳定的化学键。一个原子有几个未成对电子，便可和几个自旋相反的未成对电子配对成键。

(2) 原子在形成分子时，共价键尽可能沿着原子轨道最大重叠的方向形成，只有两个原子轨道同号才能进行有效重叠。

氢分子的排斥态 它是指量子力学求解氢分子的薛定谔方程，当电子自旋方向相同的两个氢原子相互靠近时，核间电子云密度小，系统能量升高的状态，表明两个氢原子不可能形成稳定的氢分子。

氢分子的基态 量子力学求解氢分子的薛定谔方程，当电子自旋方向相反的两个氢原子相互靠近时，核间电子云密度较大，系统能量降低，从而使两个氢原子趋于结合，形成稳定的氢分子的状态。

最大重叠原理 原子轨道重叠越多，形成的共价键越牢固。

共价键的特征

1) 共价键的饱和性

根据价键理论要点(1)，自旋方向相反的电子配对后，就不能再与另一个原子中的未成对电子配对了。

2) 共价键的方向性

根据最大重叠原理，在形成共价键时，原子间总是尽可能地沿着原子轨道最大重叠的方向成键。除了 s 轨道与 s 轨道之间可以在任何方向都能达到最大程度的重叠外，其他原子轨道由于具有一定的方向，只有沿着轨道最大值的方向才会有最大的重叠。

共价键的类型

1) σ 键

原子轨道的重叠部分对键轴(两原子的核间连线)具有圆柱形对称性，即两个原子轨道沿键轴方向"头碰头"方式重叠成键。

2) π 键

原子轨道的重叠部分对键轴所在的某一特定平面具有反对称性，即两个原子轨道沿键轴方向"肩并肩"方式重叠成键。

配位键 成键的两个原子中的一个提供共用电子对，而另一个提供空的原子轨道形成的共价键。

电子对给予体　配位键中单方面提供电子对的原子。

电子对接受体　配位键中具有空的原子轨道以接受电子对的原子。

电荷中心　每一种电荷(正电荷或负电荷)的量都可以设想各集中于某点上,就像任何物体的质量可以认为集中在其重心上一样。电荷的这种集中点称为电荷中心。

非极性共价键　若成键原子的电负性相同,两个原子核的正电荷所形成的正电荷中心与核外电子云的负电荷中心恰好重合时所形成的共价键称为非极性共价键。

极性共价键　若两个成键原子的电负性不相同,则两个原子核形成的正电荷中心与核外电子云的负电荷中心不重合时所形成的共价键称为极性共价键。

离子的极化　孤立的简单离子可以看成是正、负电荷中心重合的球体,不存在偶极。但在电场中离子将会发生原子核和电子云的相对位移,结果离子发生变形而产生诱导偶极,使离子具有极性的过程称为离子的极化。

离子的极化力　某种离子使邻近的异电荷离子极化(使离子的正、负电荷中心位移,即变形)的能力称为离子的极化力。

影响离子极化力大小的因素　影响离子极化力大小的因素包括离子的电荷、离子的半径和离子的电子层构型。正离子以极化力为主,正离子电荷越高半径越小,产生的电场强度越大,使异电荷离子极化的能力越强。当离子电荷相同,半径相近时,18、18+2及2电子型离子极化能力最强;9～17电子型离子次之;8电子型离子极化力最弱。

离子的变形性　某种离子在外电场作用下可以被极化的程度称为离子的变形性。

影响离子变形性大小的因素　负离子以变形性为主。负离子的半径越大,变形性越大。对于正离子而言,18、18+2及9～17电子构型的离子变形性也较大。

键参数　它是表征化学键性质的物理量(键能、键长、键角)。

键能　在100kPa、298K时气态分子每断裂1mol化学键(或气态原子)所需的能量E_b,单位$kJ\cdot mol^{-1}$。双原子分子:$E_b=D$(D,键解离能);多原子分子:$E_b=\sum\frac{D}{n}$。

键长　成键原子的核间平均距离。

键角　分子中键与键之间的夹角。

价层电子对互斥理论　预测多原子分子空间构型的一种理论,简称VSEPR法。其基本要点如下:

(1) AX_n型分子或离子(A为中心原子,X为配位原子,n为配位原子的数目)的几何构型,主要取决于中心原子价电子层中电子对(包括成键电子对和未成键的孤对电子)的排斥作用,它总是采取电子对相互排斥最小的那种结构。

(2) 价层电子对间斥力的大小与价层电子对的类型以及键的类型、电子对之间的夹角等因素有关。

价层电子对　在AX_n分子或离子中A原子价层内的成键电子对和孤对电子。价层电子对的数目简称价层电子对数,以VP表示。计算方法为

$$VP=\frac{中心原子的价电子数+配位原子提供的价电子数\pm离子电荷数}{2}$$

中心原子的价电子数一般等于其族数;氢与卤素作为配位原子时,每个原子各提供1个价

电子，而卤素作为中心原子时，则提供 7 个价电子。氧族元素作配位原子可认为不提供价电子，而作为中心原子时则提供 6 个价电子。VP 计算出现小数时四舍五入，如出现 0.5 取 1；双键、叁键作为一对电子看待。

判断分子、离子结构的一般步骤 确定中心原子的价层电子对数；根据电子对在空间排布力求斥力最小的原则，找出理想的价层电子对空间几何构型（2 对直线形，3 对平面三角形，4 对四面体形，5 对三角双锥形，6 对正八面体形）；确定中心原子的孤对电子数（LP）和成键电子对数（BP）；根据不同类型电子对空间排布斥力最小的原则（电子对的排斥作用由大至小的顺序为孤对电子-孤对电子＞孤对电子-成键电子对＞成键电子对-成键电子对），确定不同类型电子对空间排布方式，除去孤对电子占据空间的位置，根据成键电子对在空间的排列状况，推断分子的几何构型。

杂化轨道理论 用于解释多原子分子空间构型的一种理论，其基本要点如下：

在成键过程中，由于原子间的相互影响，同一原子中能量相近的某些原子轨道可以“混合”起来，重新组合成数目相等的成键能力更强的新的原子轨道。这一过程称为原子轨道的杂化，所组成的新的原子轨道称为杂化轨道。为使成键电子之间的排斥力最小，各个杂化轨道在核外要采取最对称的空间分布方式。杂化轨道的类型对分子的空间构型起决定性作用。

s-p 型杂化 能量相近的 ns 轨道和 np 轨道之间的杂化。

(1) sp 杂化。同一个原子内由 1 个 ns 轨道和 1 个 np 轨道进行的杂化称为 sp 杂化，杂化后组成的轨道称为 sp 杂化轨道。sp 杂化得到 2 个成分、形状相同的 sp 杂化轨道。sp 杂化轨道间的夹角为 180°，呈直线形。

(2) sp^2 杂化。同一个原子内由 1 个 ns 轨道和 2 个 np 轨道进行的杂化称为 sp^2 杂化，杂化后组成的轨道称为 sp^2 杂化轨道。sp^2 杂化得到 3 个成分、形状相同的 sp^2 杂化轨道。sp^2 杂化轨道间的夹角为 120°，呈平面三角形。

(3) sp^3 杂化。同一个原子内由 1 个 ns 轨道和 3 个 np 轨道进行的杂化称为 sp^3 杂化，杂化后组成的轨道称为 sp^3 杂化轨道。sp^3 杂化得到 4 个成分、形状相同的 sp^3 杂化轨道。sp^3 杂化轨道间的夹角为 109.5°，呈四面体形。

等性杂化 各杂化轨道所含 s、p 成分一致。等性杂化指杂化轨道中全部占有成键电子对的情况。

不等性杂化 由于孤对电子的存在，各杂化轨道所含成分不同。

内轨型配合物 在配合物中，中心离子以 $(n-1)$d、ns、np 等轨道杂化形成的配合物。

外轨型配合物 在配合物中，中心离子以 ns、np 或 ns、np、nd 等轨道杂化形成的配合物。

第三节

非极性分子 分子的正、负电荷中心重合，分子的电偶极矩等于零的分子。

极性分子 分子的正、负电荷中心不重合，分子的电偶极矩不为零的分子。

分子的电偶极矩(μ) 它是衡量分子极性大小的物理量。分子中正、负电荷中心的距离(d)和极上电荷(q)的乘积：$\mu=qd$，电偶极矩的数值可由实验测出，单位为 C·m。

瞬时偶极 当非极性分子相互靠近时,由于分子中的电子和原子核不断运动,电子和原子核之间发生瞬时相对位移,分子中的正、负电荷中心出现瞬时的偏移而产生的偶极。

固有偶极 极性分子本身就存在的偶极,也称为永久偶极。

诱导偶极 当极性分子和非极性分子相互靠近时,非极性分子在极性分子的固有偶极的电场影响下,原来重合的正、负电荷中心不再重合而产生的偶极。

分子间力(范德华力) 分子间力包括取向力、诱导力、色散力。

色散力 一个分子产生的瞬时偶极会诱导邻近分子的瞬时偶极采取异极相吸的状态,这种瞬时偶极之间产生的作用力称为色散力。色散力包括非极性分子间、非极性分子和极性分子间、极性分子间,即所有分子间都存在色散力,并且大部分分子间的作用以色散力为主。

诱导力 诱导偶极与固有偶极之间的相互作用。非极性分子和极性分子间、极性分子间都存在诱导力。诱导力一般较小。

取向力 由固有偶极的取向而引起的分子间的作用力。强极性分子间的作用以取向力为主。

分子间力的特征 强度小;近程力;无方向性,无饱和性。

氢键 氢原子与电负性大的 X 原子(如 F、O、N 原子)形成共价键时,由于键的极性很强,共用电子对强烈偏向 X 原子一边,使氢原子核几乎“裸露”出来,形成很强的正电场,能吸引另一个分子中电负性大、半径小的 X(或 Y 原子)的孤对电子,形成氢键。

氢键的特征 比化学键弱,与分子间力具有相同的数量级,属于分子间力范畴,有方向性和饱和性。

分子间力对物质性质的影响 分子间力与氢键对物质的物理性质,如熔点、沸点、溶解度等有较大的影响。

第四节

晶体 具有整齐、规则的几何外形,有固定的熔点和各向异性的固体。

各向异性 晶体的某些物理性质(如光学性质、力学性质、导电性、导热性、溶解性等)从不同方向测量时,常得到不同的数值的性质。

晶格 把晶体内部的微粒抽象成几何学上的点,它们在空间有规则地排列所形成的点群称为晶格或点阵。

晶格结点 晶格上排有物质微粒的点。

单晶 由一个晶核沿各个方向均匀生长的晶体。其晶体内部粒子基本上按一定规则整齐排列。单晶多在特定条件下才能形成,自然界较为少见。

多晶体 每颗小单晶的结构是相同的,是各向异性的,但由于单晶之间排列杂乱,各向异性的特征互相抵消,整个晶体失去各向异性特征的晶体称为多晶体。

离子晶体 晶格结点上交替排列着正离子和负离子。正、负离子之间靠静电引力作用而形成的晶体。

原子晶体 晶格结点上排列的是原子。原子之间通过共价键结合而形成的晶体。

分子晶体 晶格结点上排列的是分子。分子之间通过分子间力结合而形成的晶体。

金属晶体 晶格结点上排列的是金属原子和金属正离子。金属原子和金属正离子通过金属键结合而形成的晶体。

过渡型结构晶体 晶体内可能同时存在着若干种不同作用力的晶体。

金属键 在金属原子和金属正离子中间有由金属原子脱落下来的自由电子。自由电子时而与金属正离子结合成金属原子,时而又从金属原子上脱落下来,由此在金属原子、金属正离子和自由电子之间产生一种结合力,即金属键。金属键中的自由电子为许多原子或离子所共有。

改性共价键 从电子共用的角度来说,金属键也可称为改性共价键。

4.1.3 计算公式集锦

氢原子光谱在可见光范围内谱线频率计算的经验公式

$$\nu = 3.29 \times 10^{15}\left(\frac{1}{n_1^2} - \frac{1}{n_2^2}\right)$$

式中:n_1、n_2 均为正整数,且 $n_1 < n_2$。

德布罗意关系式

$$\lambda = \frac{h}{p} = \frac{h}{mv}$$

式中:λ 为波长;p 为动量;h 为普朗克常量,$h = 6.626 \times 10^{-34}\ \text{J} \cdot \text{s}$;$m$ 为粒子的质量;v 为粒子的运动速率。

薛定谔波动方程

$$\frac{\partial^2 \psi}{\partial x^2} + \frac{\partial^2 \psi}{\partial y^2} + \frac{\partial^2 \psi}{\partial z^2} + \frac{8\pi^2 m}{h^2}(E - V)\psi = 0$$

式中:m 为电子的质量;E 为系统的总能量;V 为系统的势能;ψ 为空间坐标 x、y、z 的函数。

基态氢原子的波函数

$$\psi_{1,0,0} = \sqrt{\frac{1}{\pi a_0^3}}\, \mathrm{e}^{-r/a_0}$$

式中:r 为电子离核的距离;a_0 为玻尔半径。

4.2 习题及详解

一、判断题

1. 将氢原子的一个电子从基态激发到 4s 或 4f 轨道所需要的能量相同。 (√)

解析 氢原子电子的能量只与主量子数 n 有关。

2. 波函数 ψ 的角度分布图中,负值部分表示电子在此区域内不出现。 (×)

解析 在波函数 ψ 的角度分布图中,正、负值是根据量子力学计算得到的,它表示原子轨道的对称性，而与电子在此区域内是否出现无关。

3. 核外电子的能量只与主量子数有关。 （ × ）

解析 对于多电子原子，核外电子的能量与主量子数 n 和角量子数 l 有关。

4. 外层电子指参与化学反应的外层价电子。 （ √ ）

解析 外层电子指对参与化学反应有重要意义的外层价电子。

5. 因为 Hg^{2+} 属于 9～17 电子构型，所以易形成离子型化合物。 （ × ）

解析 9～17 电子构型的正离子的极化力小于 18 电子、(18＋2)电子以及 2 电子构型的离子，大于 8 电子构型的离子。而 9～17 电子构型的正离子变形性较大，可以导致负离子的电子云向 Hg^{2+} 方面偏移。同时 Hg^{2+} 的电子云也会发生相应变形，致使 Hg^{2+} 与负离子外层轨道发生不同程度的重叠，正、负离子的核间距缩短，键的极性减弱，键型可发生从离子键向共价键过渡。

6. s 电子与 s 电子间配对形成的键一定是 σ 键，而 p 电子与 p 电子间配对形成的键一定是 π 键。 （ × ）

解析 原子轨道的重叠部分对键轴具有圆柱形对称性，所形成的键称为 σ 键。当 p_x 轨道与 p_x 轨道对称性相同的部分，以“头碰头”的方式，沿着 x 轴的方向靠近、重叠时，其重叠部分绕 x 轴无论旋转任何角度，形状和符号都不会改变。这样重叠所形成的键即为 σ 键。因此，s 电子与 s 电子间，s 电子与 p_x 电子间，p_x 电子与 p_x 电子间都能形成 σ 键。

7. 凡是以 sp^3 杂化轨道成键的分子，其空间构型必为正四面体。 （ × ）

解析 以 sp^3 杂化轨道成键的分子，当 4 个配位原子为相同元素的原子时其空间构型才为正四面体。

8. 由单齿配体形成的配合物，内界中心离子的配位数等于配位体总数。 （ √ ）

解析 每个单齿配体含有 1 个配位原子，因此内界中心离子的配位数等于配位体总数。

9. 非极性分子永远不会产生偶极。 （ × ）

解析 非极性分子相互靠近时，分子发生瞬时变形，产生瞬时偶极。

10. 正、负离子相互极化，导致键的极性增强，使离子键转变为共价键。 （ × ）

解析 正、负离子相互极化，导致正、负离子外层轨道不同程度的重叠，使正、负离子的核间距缩短，键的极性减弱。

11. 因为 Al^{3+} 比 Mg^{2+} 的极化力强，所以 $AlCl_3$ 的熔点低于 $MgCl_2$。 （ √ ）

解析 Al^{3+} 与 Mg^{2+} 是同周期元素，Al^{3+} 比 Mg^{2+} 电荷高，半径小，所以 Al^{3+} 比 Mg^{2+} 的极化力强，Cl^- 的变形性也大，使键型由离子键向共价键过渡。

12. 分子中键的极性可以根据电负性差值判断，电负性差值越大，则键的极性越大。 （ √ ）

解析 成键两元素的电负性差值越大，键的极性越大。

13. 非金属元素间的化合物为分子晶体。 （ × ）

解析 通常分子晶体为稀有气体、大多数非金属单质和非金属之间的化合物以及大部分有机化合物的固体。冰、乙二酸等属于氢键型分子晶体，而 SiO_2、BN、SiC 等则为原子晶体。

14. 金属键和共价键一样都是通过自由电子而成键的。 (×)

解析 金属键是通过自由电子结合,金属键的自由电子属于离域电子。共价键是通过共用电子对结合,共用电子对属于定域电子。

【附加题】 多原子分子中,键能就是各个共价键的解离能之和。 (×)

解析 多原子分子:$E_b = \sum \frac{D}{n}$

二、选择题

15. 下列各组波函数中不合理的是(A)

A. $\psi_{1,1,0}$　B. $\psi_{2,1,0}$　C. $\psi_{3,2,0}$　D. $\psi_{5,3,0}$

解析 根据量子数的取值规定,$n=1, l\neq1$。

16. 波函数的空间图形是(B)

A. 概率密度　B. 原子轨道　C. 电子云　D. 概率

解析 波函数 ψ 与原子轨道是"同义词",波函数 ψ 是数学函数式,其角度部分 $Y(\theta,\varphi)$ 随角度 θ、φ 变化作图,所得到的空间图像称为原子轨道的角度分布图。

17. 与多电子原子中电子的能量有关的量子数是(D)

A. n,m　B. l,m_s　C. l,m　D. n,l

解析 对于多电子原子,电子能级由 n、l 两个量子数决定。

18. 下列电子分布属于激发态的是(C)

A. $1s^22s^22p^4$　B. $1s^22s^22p^3$

C. $1s^22s^22p^63d^1$　D. $1s^22s^22p^63s^23p^6$

解析 依据多电子原子的核外电子分布,根据近似能级图,由于存在能级交错,能级高低顺序应为 $1s<2s<2p<3s<3p<4s<3d$,而 C 中的外层电子没有填充 3s 轨道,而进入能量更高的 3d 轨道,因此 C 属于激发态。

19. 下列原子中第一电离能最大的是(C)

A. Li　B. B　C. N　D. O

解析 同一周期中,从左到右,电离能逐渐增大。但是,N 元素比 O 元素的电离能大,是因为 N 的外电子层结构是 $2s^22p^3$ 半充满状态,比较稳定,失电子相对较难,因此电离能也就相对较大。

20. 下列离子属于 9～17 电子构型的是(D)

A. Sc^{3+}　B. Br^-　C. Zn^{2+}　D. Fe^{3+}

解析 A、B 为 8 电子构型;C 为 18 电子构型。

21. 下列原子轨道沿 x 轴成键时,形成 σ 键的是(B)

A. $s\text{-}d_{xy}$　B. $p_x\text{-}p_x$　C. $p_y\text{-}p_y$　D. $p_z\text{-}p_z$

解析 头碰头重叠形成的是 σ 键,当 x 轴为键轴时只有 B 可以形成 σ 键。

22. ICl_4^- 的几何构型为(B)

A. 四面体　B. 平面正方形　C. 四方锥　D. 三角锥

解析 根据价层电子对互斥理论,ICl_4^- 中中心原子价层共有 6 对电子,其中成键电子对数为 4,孤对电子数为 2,所以几何构型为平面正方形。

23. 在化合物 $ZnCl_2$、$FeCl_2$、$MgCl_2$、KCl 中,阳离子极化能力最强的是(A)

A. Zn^{2+} B. Fe^{2+} C. Mg^{2+} D. K^+

解析 上述 4 种离子中 Zn^{2+} 电荷多,半径小,属于 18 电子型离子,极化能力最强。

24. 下列化合物中,键的极性最弱的是(D)

A. $FeCl_3$ B. $AlCl_3$ C. $SiCl_4$ D. PCl_5

解析 一般来说,键的极性大小取决于成键元素电负性的相对大小。电负性差值越小,键的极性就越弱。

25. 下列各组分子均属于极性分子的是(C)

A. PF_3 和 PF_5 B. SF_4 和 SF_6 C. PF_3 和 SF_4 D. PF_5 和 SF_6

解析 PF_3 和 SF_4 分子的空间构型不对称。

26. 下列分子中电偶极矩为零的是(A)

A. CO_2 B. CH_3Cl C. NH_3 D. HCl

解析 CO_2 分子中的共价键虽然有极性,但分子的空间结构对称,因此电偶极矩为零。

27. 下列过程需要克服的作用力为共价键的是(C)

A. NaCl 溶于水 B. 液 NH_3 蒸发 C. 电解水 D. I_2 升华

解析 电解水需要克服 O—H 共价键。

28. 下列物质间,相互作用力最弱的是(C)

A. HF-HF B. Na^+-Br^- C. Ne-Ne D. H_2O-O_2

解析 A 中存在氢键,B 中是离子键,C 中是色散力,D 中既有诱导力又有色散力且相对分子质量高于 Ne,因此 C 中的相互作用力最弱。

29. 下列分子间可以形成氢键的是(A)

A. CH_3CH_2OH B. $N(CH_3)_3$ C. CH_3COOCH_3 D. CH_3COCH_3

解析 根据分子间形成氢键的条件,在乙醇(CH_3CH_2OH)分子之间存在 O—H…O 氢键。三甲基胺[$N(CH_3)_3$]、乙酸甲酯(CH_3COOCH_3)、丙酮(CH_3COCH_3)分子间无氢键。

30. 下列分子采取 sp^3 不等性杂化,成键分子空间构型为三角锥形的是(B)

A. SiH_4 B. PH_3 C. H_2S D. CH_4

解析 在四个分子中,Si 和 C 采用等性 sp^3 杂化。P 和 S 采用不等性 sp^3 杂化,其中 PH_3 分子是三角锥形结构,H_2S 是 V 形结构。

31. 下列物质的沸点由高到低排列顺序正确的是(A)

A. $HF>CO>Ne>H_2$ B. $HF>Ne>CO>H_2$

C. $HF>CO>H_2>Ne$ D. $CO>HF>Ne>H_2$

解析 物质的熔点、沸点与氢键和分子间力大小有关。氢键比分子间力强。组成和结构相似的物质,相对分子质量越大,分子间力越大,沸点越高。一般分子极性大(电偶极矩大)的物质(既存在色散力,又存在取向力和诱导力),熔沸点高。HF 与 CO 为极性分子。HF 中有氢键。Ne 与 H_2 为非极性分子,相对分子质量 Ne 大于 H_2。

32. 下列离子中，外层电子构型为 $3s^2 3p^6 3d^6$ 的是(C)

A. Mn^{2+}　　B. K^+　　C. Fe^{2+}　　D. Co^{2+}

解析　Fe 原子的价电子构型为 $3d^6 4s^2$，失去 2 个 4s 电子，形成 Fe^{2+}，保留了 6 个 d 电子。

33. 下列各物质化学键只存在 σ 键的是(A)

A. PH_3　　B. C_2H_4　　C. CO_2　　D. N_2O

解析　PH_3(三角锥形)中 P 原子为不等性 sp^3 杂化，形成三个等同的 P—H σ 键。C_2H_4(直线形)中的 C═C 双键，一个是 σ 键，一个是 π 键。CO_2(直线形)中存在两个 C—O σ 键和两个 Π_3^4 键。N_2O(直线形)中存在两个 σ 键和两个 Π_3^4 键。

34. 在 HCl 和 He 分子间存在的分子间作用力是(A)

A. 诱导力和色散力　　B. 色散力和取向力

C. 氢键　　D. 取向力和诱导力

解析　色散力存在所有分子之间，极性分子与非极性分子之间还存在诱导力。HCl 为极性分子，He 为非极性分子。非极性分子在极性分子的固有偶极的电场影响下产生诱导偶极，诱导偶极和固有偶极之间产生的吸引力为诱导力。

35. 下列物质熔点高低正确的是(D)

A. $CaCl_2 < ZnCl_2$　　B. $FeCl_3 > FeCl_2$

C. $CaCl_2 < CaBr_2$　　D. $NaCl > BeCl_2$

解析　物质熔点的高低与其晶体结构有关。一般为原子晶体>离子晶体>金属晶体>分子晶体。NaCl 是典型的离子晶体，$BeCl_2$ 是典型的分子晶体。

36. 下列分子中，几何构型为平面三角形的是(D)

A. ClF_3　　B. NCl_3　　C. AsH_3　　D. BCl_3

解析　按照价层电子对互斥理论判断，计算四个分子中心元素周围的电子对数。ClF_3 中，Cl 周围 5 对电子，其中 3 对是成键电子对，2 对是孤对电子。NCl_3 中，N 周围 4 对电子，其中 3 对是成键电子对，1 对是孤对电子。AsH_3 中，As 周围 4 对电子，其中 3 对是成键电子对，1 对是孤对电子。只有 BCl_3 中 B 周围有 3 对电子，且都为成键电子对。B 原子采取 sp^2 杂化，所以 BCl_3 空间构型是平面三角形。

37. 下列说法正确的是(D)

A. 极性键构成的分子都是极性分子

B. p 电子与 p 电子间配对形成的键一定是 π 键

C. sp^3 杂化轨道是由 1s 轨道和 3p 轨道混合起来形成的 4 个 sp^3 杂化轨道

D. 取向力一定存在于极性分子之间

解析　只有极性分子相互靠近时由于它们固有偶极间同极相斥、异极相吸，使它们在空间按异极相邻的状态取向，由此而引起的分子间力才为取向力。

【附加题 1】　对于原子核外电子，下列各套量子数不可能存在的是(C)

A. $3,1,+1,-\frac{1}{2}$　　B. $2,1,-1,+\frac{1}{2}$

C. $3,3,0,+\frac{1}{2}$　　D. $4,3,-3,-\frac{1}{2}$

解析　依据量子数的取值规定，$n=3, l=2,1,0$；若 $l=3$，则 $n \geq 4$。

【附加题 2】　下列电子构型中违背泡利不相容原理的是（ D ）

A. $1s^1 2s^1 2p^1$　　B. $1s^2 2s^2 2p^1$　　C. $1s^2 2s^2 2p^3$　　D. $1s^2 2s^2 2p^7$

解析　p 轨道在空间有 3 个不同伸展方向 p_x、p_y、p_z，最多只能容纳 6 个自旋方向相反的电子。

【附加题 3】　关于分子间力正确的说法是（ B ）

A. 原子中电子数越多，则分子极化力越大

B. 色散力存在于各类分子间

C. 分子间力有方向性和饱和性

D. 大多数含氢化合物都可以形成氢键

解析　原子半径越大或原子中电子数越多，则分子变形越显著。分子间力没有方向性和饱和性。氢键只有当氢与电负性大、半径小且有孤对电子的元素的原子化合时才能形成。

三、填空题

38. 位于 Kr 前某元素，当该元素的原子失去了 3 个电子之后，在它的角量子数为 2 的轨道内电子为半充满的状态，该元素是 Fe ，原子外层电子构型是 $3d^5$ ，位于 第 四 周期、 第Ⅷ 族，属于 d 区。+3 价离子的电子层构型属于 9～17 电子构型。

39. CuCl 和 KCl 中，Cu^+ 为 18 电子构型，K^+ 为 8 电子构型。极化力大小为 K^+ < Cu^+ ， CuCl 中电子云有较大程度重叠，离子键成分 减少 （减少或增加），所以在水中溶解度 CuCl < KCl（ < 或 > ）。

40. 填表：

原子序数	19	43	10	42	83
电子分布式	$1s^2 2s^2 2p^6 3s^2 3p^6 4s^1$	$1s^2 2s^2 2p^6 3s^2 3p^6 3d^{10} 4s^2 4p^6 4d^5 5s^2$	$1s^2 2s^2 2p^6$	$1s^2 2s^2 2p^6 3s^2 3p^6 3d^{10} 4s^2 4p^6 4d^5 5s^1$	$1s^2 2s^2 2p^6 3s^2 3p^6 3d^{10} 4s^2 4p^6 4d^{10} 4f^{14} 5s^2 5p^6 5d^{10} 6s^2 6p^3$
外层电子构型	$4s^1$	$4d^5 5s^2$	$2s^2 2p^6$	$4d^5 5s^1$	$6s^2 6p^3$
周期	4	5	2	5	6
族	ⅠA	ⅦB	0	ⅥB	ⅤA
未成对电子数	1	5	0	6	3
最高氧化数	+1	+7	0 或+8	+6	+5

41. 用价键理论试推 PH_3 的几何构型为<u>三角锥形</u>，PO_4^{3-} 为<u>正四面体形</u>。

解析 PH_3 分子中，P 采取不等性 sp^3 杂化，孤对电子占据了一个杂化轨道，三个成键电子对占据另外三个杂化轨道，分子构型为三角锥形。PO_4^{3-} 中，P 采取等性 sp^3 杂化，四个成键电子对呈四面体分布，分子构型为正四面体形。

42. 下列各物质：NH_4^+、CO_2、H_2S、C_2H_6，化学键中存在 π 键的是<u>CO_2</u>。

解析 CO_2 是直线形结构，C 采取 sp 杂化，有两个 $\prod_3^4$ 离域 π 键。

43. 下列四种物质：①CsCl、②C_6H_5Cl、③$[Cu(NH_3)_4]SO_4$、④SiO_2 中，含有离子键的是<u>CsCl</u>，含有共价键的是<u>C_6H_5Cl、SiO_2</u>，含有配位键的是<u>$[Cu(NH_3)_4]SO_4$</u>。

44. 下列过程需要克服哪种类型的力？

NaCl 溶于 H_2O <u>离子键</u>，液氨(NH_3)蒸发<u>色散力、取向力、诱导力、氢键</u>，SiC 熔化<u>共价键</u>，干冰的升华<u>色散力</u>。

45. NH_3、PH_3、AsH_3 三种物质，分子间色散力由大到小的顺序是<u>$AsH_3>PH_3>NH_3$</u>，沸点由高到低的顺序是<u>$NH_3>AsH_3>PH_3$</u>。

解析 NH_3 中有氢键，因此沸点反常高。

46. 填表：

化合物	$HgCl_2$	H_2S	$CHCl_3$	NF_3	PCl_5
杂化类型	sp	不等性 sp^3	sp^3	不等性 sp^3	sp^3d
空间构型	直线	V 形	四面体	三角锥	三角双锥
是否极性分子	否	是	是	是	否

47. NH_3 与 BF_3 的空间构型分别为<u>三角锥</u>和<u>平面三角形</u>，因此偶极矩不为零的是<u>NH_3</u>。

48. 填表：

物质	晶体结点上的粒子	粒子间作用力	晶体类型
CO_2	CO_2	分子间力	分子晶体
SiO_2	Si、O	共价键	原子晶体
H_2O	H_2O	氢键、分子间力	分子晶体
Ag	Ag、Ag^+	金属键	金属晶体
MgO	Mg^{2+}、O^{2-}	离子键	离子晶体

四、问答题

49. Na 的第一电离能小于 Mg，Na 的第二电离能却大于 Mg，为什么？

答 Na 和 Mg 的第一电离能都是失去了 3s 的一个电子所需要的能量。$r_{Na}>r_{Mg}$，而且 Na 的有效核电荷比 Mg 小，所以 Na 的 I_1 小于 Mg 的 I_1。Mg 的第二电离能还是要失去另一个 3s 电子，而 Na 的第二电离能则要失去内层($2s^22p^6$)电子填充已饱和的 2p 轨道上的一个电子，所以$(I_2)_{Na}$(4562kJ·mol^{-1}) > $(I_2)_{Mg}$(1451kJ·mol^{-1})。

50. BF_3 是平面三角形的几何构型，但 NF_3 是三角锥形的几何构型，试用杂化轨道理论加以说明。

答 B的电子构型为 $2s^22p^1$，激发态为 $2s^12p^2$，它的电子数少于轨道数，属于缺电子型，B与F形成 BF_3 时B采用 sp^2 杂化，形成三个等同的 sp^2 杂化轨道与三个F结合成键，所以呈平面三角形。N的电子构型为 $2s^22p^3$，其电子数多于轨道数，N和F形成 NF_3 时N采用 sp^3 杂化，其中一个 sp^3 杂化轨道由孤对电子占据，另三个各占据一个电子的 sp^3 杂化轨道与三个F结合成键，这种不等性的 sp^3 杂化必然导致分子形成三角锥形结构。

51. 按高到低的顺序排列CO、Ne、HF、H_2 的沸点，并说明原因。

答 沸点：HF > CO > Ne > H_2。

因为 H_2、Ne、CO的相对分子质量依次增大，色散力增大，所以沸点依次升高。HF的相对分子质量与Ne相同，但HF分子间还存在比分子间力强的氢键，所以HF沸点最高。

52. 已知下列两类化合物的熔点如下：

(1) 钠的卤化物	NaF	NaCl	NaBr	NaI
熔点/℃	993	801	747	661
(2) 硅的卤化物	SiF_4	$SiCl_4$	$SiBr_4$	SiI_4
熔点/℃	−90.2	−70	5.4	120.5

(1) 为什么钠的卤化物的熔点总是比相应硅的卤化物熔点高？

(2) 为什么钠的卤化物的熔点的递变规律与硅的卤化物不一致？

答 (1) 钠的卤化物是离子晶体，而硅的卤化物是分子晶体，所以钠的卤化物的熔点比相应硅的卤化物熔点高。

(2) 钠的卤化物中从NaF到NaI负离子半径增大，离子键强度逐渐减弱，所以熔点逐渐下降。而硅的卤化物从 SiF_4 到 SiI_4，相对分子质量逐渐增大，分子间力逐渐增大，所以熔点逐渐上升。

第5章　金属元素与金属材料

5.1　本章小结

5.1.1　基本要求

第一节

金属元素的分类方法

金属元素的化学性质(金属与氧气的作用，$\Delta_r G_m^\ominus$-T 图，与水的作用，与酸、碱的作用；金属间的置换反应)

过渡金属元素的结构特征及性质

第二节

金属钛、铬、锰及其重要化合物的性质

稀土元素的结构特征及性质

合金的结构和类型

新型合金材料的特性

第三节

合金材料常用的加工方法(化学镀，化学蚀刻，电镀与电铸，化学抛光与电解抛光，电解加工)

5.1.2　基本概念

第一节

黑色金属　铁、钴、镍及其合金。

有色金属　除黑色金属以外的所有金属及其合金。

轻金属　密度小于 $5g \cdot cm^{-3}$ 的金属。

重金属　密度大于 $5g \cdot cm^{-3}$ 的金属。

贵金属　金、银和铂族元素。

稀有金属　在自然界中含量一般较少、分布稀散、发现较晚、难于提取或工业制备及应用较晚的金属。

放射性金属　金属元素的原子核能自发地放射出射线的金属。

钝化　金属在空气中形成氧化膜，对金属有明显的保护作用，并能阻止金属进一步被氧化的作用称为钝化。

金属与氧气(空气)的作用　元素的金属性越强，与氧的反应越激烈。s 区金属很容易与氧化合。p 区较 s 区金属活泼性差。d 及 ds 区金属中，第四周期除 Sc 在空气中迅速被氧化成 Sc_2O_3 外，其他金属都能与氧作用，但在常温下作用不显著。

$\Delta_r G_m^{\ominus}$-T 图　以消耗 1mol O_2 生成氧化物过程的 $\Delta_r G_m^{\ominus}(T)$ 为纵坐标、温度 T 为横坐标，可得到一些单质与氧气反应的标准吉布斯函数变与温度的关系图，称为 $\Delta_r G_m^{\ominus}$-T 图(或称为艾林罕姆图)。

其应用表现在：

(1) 反应的 $\Delta_r G_m^{\ominus}(T)$ 线位置越低，$\Delta_r G_m^{\ominus}(T)$ 代数值越小，反应自发进行的可能性越大，单质与氧气的结合能力越强，氧化物的热稳定性也越大。因此，处于图下方的单质可将其上方的氧化物还原。

(2) 由于这些直线斜率不同，某些直线还有交错。这样，在不同温度范围内，某些单质与氧气结合能力的强弱顺序可以发生改变。

(3) 图中一般直线都向上倾斜，而 $2C + O_2 \longrightarrow 2CO$ 反应的直线向下倾斜，这表明温度越高，碳的还原能力越强，可将大多数金属的氧化物还原。

(4) 温度不仅会影响金属与氧的结合能力，而且会影响金属与氧气反应的产物。对于氧化数可变的金属，高温下生成低氧化数的金属氧化物的倾向较大，而常温下生成高氧化数的金属氧化物的倾向较大。

金属与水的作用　金属与水作用的难易程度与两个因素有关：一是金属的电极电势；二是反应产物的性质。常温下，纯水中，$b(H^+) = 10^{-7}\,mol \cdot kg^{-1}$，$E(H^+/H_2) = -0.413V$。因此，凡是电极电势小于 $-0.413V$ 的金属都可与水发生置换反应。但有些电极电势值很小的金属在水中很稳定，如 Mg、Al，主要是由于它们表面覆盖的氧化膜或氢氧化物不溶于水，反应难以顺利进行。

过渡元素　元素周期系中 d 区和 ds 区元素(不包括镧以外的镧系和锕以外的锕系元素)统称为过渡元素，分别位于第四、第五、第六周期中部。外层电子构型(价电子结构)为 $(n-1)d^{1\sim10}ns^{1\sim2}$(Pd 除外)。

过渡元素特性　多种可变氧化态；易形成配合物；水合离子大多有颜色。这些特性与过渡元素的外层电子构型中含有 d 电子有关。

第二节

钛及其重要化合物　钛属于稀有分散金属，冶炼比较困难。钛是银白色金属，密度小($4.5g \cdot cm^{-3}$)，熔点高(1675℃)，机械强度大(接近钢)，对空气和水稳定，与稀酸碱不起作用，特别对湿的氯气和海水有良好的抗蚀性能。钛还耐强酸、强碱、王水的腐蚀。由于钛的独特性能，近三四十年来，它已成为工业上最重要的金属之一，可以用来制造超音速飞机、火箭、导弹和军舰以及某些耐腐蚀设备。高温下，钛能与氧、硫、氮生成稳定化合物，可在炼钢时加入钢水中，除去这些杂质。“亲生物”是钛的另一特性，如钛合金 Ti-Al-V 用于制作骨螺钉、人工关节等。

钛的较重要化合物有以下两种。

二氧化钛(TiO_2):纯净的 TiO_2 称为钛白粉,可作白色颜料、陶瓷添加剂(提高陶瓷耐酸性),还可用来制备钛的其他化合物;金红石是 TiO_2 的另一种形式,由于含有少量的铁、铌、钽、铬、钒而呈黄色或红色。

四氯化钛($TiCl_4$):无色挥发性液体,在潮湿的空气中很快水解产生浓厚白雾,用来制造烟幕。

铬及其重要化合物 铬是金属中最硬的银白色有光泽的金属,耐腐蚀,抗磨损,在空气或水中都很稳定。铬的化合物中,氧化数为+3 和+6 的化合物最重要。

三氧化二铬(Cr_2O_3):俗称铬绿,绿色难溶物质,用作颜料。

三氧化铬(CrO_3):也称铬酐,其固体遇乙醇等易燃有机物,立即着火燃烧,本身被还原为 Cr_2O_3。

铬酸钾(K_2CrO_4):呈黄色,在酸性介质中,溶液的颜色由黄色转变为橙红色,因为存在下列平衡:

$$\underset{\text{(黄色)}}{2CrO_4^{2-}} + 2H^+ \rightleftharpoons 2HCrO_4^- \rightleftharpoons \underset{\text{(橙红色)}}{Cr_2O_7^{2-}} + H_2O$$

重铬酸钾($K_2Cr_2O_7$):又称红矾钾,橙红色晶体,易溶于水,溶解度随温度升高而快速增大。在酸性溶液中,其氧化性很强,是常用的氧化剂,还原产物为 Cr^{3+}:

$$Cr_2O_7^{2-} + 14H^+ + 6e^- \rightleftharpoons 2Cr^{3+} + 7H_2O \qquad E^\ominus(Cr_2O_7^{2-}/Cr^{3+}) = 1.232V$$

在碱性介质中,CrO_4^{2-} 的氧化性很弱

$$CrO_4^{2-} + 2H_2O + 3e^- \rightleftharpoons CrO_2^- + 4OH^- \qquad E^\ominus(CrO_4^{2-}/CrO_2^-) = -0.12V$$

铬及其化合物有毒,特别是 Cr(Ⅵ),因其氧化性而毒性更大,有致癌作用。

锰及其重要化合物 锰具有多种氧化态,应用最广泛的是高锰酸钾。

高锰酸钾($KMnO_4$):易溶于水的暗紫色晶体,对热不稳定。高锰酸钾是强氧化剂,在不同介质中其还原产物不同。

酸性介质中

$$MnO_4^- + 8H^+ + 5e^- \longrightarrow Mn^{2+} + 4H_2O \quad E^\ominus(MnO_4^-/Mn^{2+}) = 1.507V$$

中性或弱碱性介质中

$$MnO_4^- + 2H_2O + 3e^- \longrightarrow MnO_2(s) + 4OH^- \quad E^\ominus(MnO_4^-/MnO_2) = 0.595V$$

碱性介质中

$$MnO_4^- + e^- \longrightarrow MnO_4^{2-} \qquad E^\ominus(MnO_4^-/MnO_4^{2-}) = 0.558V$$

镧系元素 周期系中 57 号镧~71 号镥共 15 个元素,称为镧系元素,用 Ln 表示。

稀土元素 ⅢB 族的钪、钇和镧系共 17 个元素统称为稀土元素,用 RE 表示。

镧系收缩 镧系元素的原子半径和三价离子半径随原子序数的增加而逐渐缓慢缩小的现象称为镧系收缩。

混合稀土 含多种稀土的合金。

合金 由一种金属与另一种或几种其他金属(或非金属)熔合在一起形成的具有金属特性的物质。

混合物合金 两种或多种金属的机械混合物,此种混合物中组分金属在熔融状态时

可完全或部分互溶，而在凝固时各组分金属又分别独自结晶出来。

固溶体合金 两种或多种金属不仅熔融时能互相溶解，而且在凝固时也能保持互溶状态的固态溶液称为固溶体合金。其中含量多的金属称为溶剂金属，含量少的金属称为溶质金属。固溶体保持溶剂金属的晶格类型，溶质金属可以有限或无限地分布在溶剂金属的晶格中。

金属化合物合金 当两种金属元素原子的外层电子结构、电负性和原子半径差别较大时，所形成的金属化合物称为金属化合物合金。金属化合物晶格不同于原来的金属晶格，通常可分为正常价化合物和电子化合物两类。正常价化合物是金属原子间通过化学键形成的，符合氧化数规则；而大多数金属化合物属于电子化合物，以金属键结合，其成分在一定范围内变化，不符合氧化数规则。

轻质合金 以轻金属为主要成分的合金材料。

硬铝合金 经过热处理，强度大大提高的铝合金为硬铝合金。

硬质合金 以硬质化合物为硬质相，金属或合金作为黏结相的复合材料。

形状记忆效应 某种合金在一定外力作用下其几何形态(形状和体积) 发生改变，如果让它的温度达到某一范围时，它又能够完全恢复到变形前的几何形态，这种现象称为形状记忆效应。

形状记忆合金 具有形状记忆效应的合金称为形状记忆合金。合金具有形状记忆功能，这是由合金微观结构固有的变化规律决定的，通常在固态金属合金中，原子是按照一定的规律“堆砌”起来的。有的合金中，原子堆砌规律还可以随环境条件的不同而改变，金属合金可以在固态下发生微观结构上的变化，就是所谓的“固态相变”。记忆合金具有记忆力是由于这类合金存在一对可逆转变的晶体结构，即马氏体结构。

储氢合金 两种特定金属的合金：一种金属可以大量吸进 H_2，形成稳定的氢化物；另一种金属与氢的亲和力小，使氢很容易在其中移动。

第三节

化学镀 使用合适的还原剂，使镀液中的金属离子还原成金属而沉积在镀件表面上的一种镀覆工艺。化学镀形成的镀层一般较薄，厚度为 0.05～0.2μm。

化学蚀刻 利用腐蚀原理进行金属定域“切削”的加工方法，又称化学落料或化学铣切。

化学抛光 依靠纯化学作用与微电池的腐蚀作用，优先溶解材料表面微小凸凹中的凸出部位，使材料表面平滑和光泽化的加工方法。

电镀 电镀是指利用电解的方法将金属沉积于导体或非导体表面，从而提高其耐磨性，增加其导电性，并使其具有防腐蚀和装饰功能。

电铸 电铸是指镀液中金属离子在电场作用下，在阴极模具表面还原析出，并直接成型的一种电化学加工方法。电铸镀层厚度为 0.05～5mm。

电解抛光 借助外电源的电解作用，优先溶解材料表面微小凸凹中的凸出部位，使材料表面平滑和光泽化的加工方法。

电解加工 利用金属在电解液中可以发生阳极溶解的原理，将工件加工成形的一种技术。

一些主要化学反应方程式

金属与氧反应的通式

$$mM+\frac{n}{2}O_2 \longrightarrow M_mO_n$$

活泼金属与水作用

$$M+nH_2O \longrightarrow M(OH)_n+\frac{n}{2}H_2(g)$$

活泼金属与非氧化性稀酸作用，产生氢气

$$M+nH^+ \longrightarrow M^{n+}+\frac{n}{2}H_2(g)$$

金属与氧化性稀酸作用，发生氧化还原反应。例如

$$3Cu+8HNO_3 \longrightarrow 3Cu(NO_3)_2+2NO(g)+4H_2O$$

两性金属与碱反应。例如

$$Zn+2H_2O \longrightarrow Zn(OH)_2+H_2(g)$$

$$Zn(OH)_2+2NaOH \longrightarrow Na_2[Zn(OH)_4]$$

钛能溶于热的浓盐酸或浓硫酸，反应生成 Ti^{3+}

$$2Ti+6HCl(浓，热) = 2TiCl_3+3H_2$$

无水二氧化钛能溶于氢氟酸和热的浓硫酸

$$TiO_2+6HF \longrightarrow H_2TiF_6+2H_2O$$

四氯化钛极易水解，暴露在空气中冒白烟

$$TiCl_4+2H_2O \longrightarrow TiO_2+4HCl$$

根据 $Cr_2O_7^{2-}$ 的氧化性，可监测司机是否酒后开车

$$2Cr_2O_7^{2-}+3C_2H_5OH+16H^+ \longrightarrow 3CH_3COOH+4Cr^{3+}+11H_2O$$

铬酸盐的溶解度一般比重铬酸盐的小。例如

$$4Ag^+(Ba^{2+}、Pb^{2+})+Cr_2O_7^{2-}+H_2O \longrightarrow 2AgCrO_4(s)(砖红色)+2H^+$$

检验 Cr(Ⅵ)的存在

$$H_2Cr_2O_7+4H_2O_2 \longrightarrow 2CrO_5(蓝色)+5H_2O$$

CrO_5 不稳定，很快分解，蓝色消失(在乙醚中蓝色物质稳定)

$$4CrO_5+12H^+ \longrightarrow 4Cr^{3+}+7O_2(g)+6H_2O$$

$KMnO_4$ 对热不稳定，200℃以上可分解

$$2KMnO_4 \xrightarrow{\triangle} K_2MnO_4+MnO_2+O_2(g)$$

$KMnO_4$ 溶液在酸性介质中缓慢分解

$$4KMnO_4+2H_2SO_4 \longrightarrow 4MnO_2(s)+2H_2O+3O_2(g)+2K_2SO_4$$

5.2 习题及详解

一、判断题

1. 铝、铬金属表面的氧化膜具有连续结构并有高度热稳定性，故可作耐高温的合金元素。 (√)

解析 铝、铬金属表面的氧化膜能阻止金属进一步被氧化，在空气中，甚至在一定的较高温度范围内都是相当稳定的。

2. 在 $\Delta_r G_m^\ominus$-T 图中，直线位置越低，$\Delta_f G_m^\ominus$ 越负，则反应速率越快。（×）

解析 此图不涉及动力学因素。

3. Mg 是活泼金属，但由于常温下不与冷水反应，因此不容易腐蚀。（×）

解析 Mg 是活泼金属，在空气中易生成氧化膜。

4. Na 与 H_2O 反应时，水是氧化剂。（√）

解析 $2Na + 2H_2O \longrightarrow 2NaOH + H_2$

5. 298K 时，钛可与氧、氮、硫、氧等非金属生成稳定化合物，故在炼钢时加入钛以除去这些杂质。（×）

解析 前半句话不对，钛在常温下稳定，在高温时能与氧、氮、硫等生成稳定化合物，因而炼钢时可加入钛除去钢中的这些杂质。

6. 某溶液中可同时含有 Na^+、$[Al(OH)_4]^-$ 和 $Cr_2O_7^{2-}$。（×）

解析 $[Al(OH)_4]^-$ 存在于碱性介质中，$Cr_2O_7^{2-}$ 存在于酸性介质中。

7. MnO_4^- 的还原产物只与还原剂有关。（×）

解析 MnO_4^- 的还原产物还与介质的酸碱性有关。

8. 反应 $Zn(s) + Cu^{2+}(aq) \longrightarrow Zn^{2+}(aq) + Cu(s)$ 的发生可用电离能说明。（×）

解析 电离能是指气态原子失去电子形成气态正离子所需要的能量。水溶液中的氧化还原反应要用电极电势说明。

二、选择题

9. 下列元素在常温时不能与氧气(空气)作用的是（ B ）

A. Li　　B. Sn　　C. Sc　　D. Mn

解析 锂在空气中缓慢氧化；锡在空气中很稳定；第四周期的 Sc 在空气中迅速被氧化成 Sc_2O_3；Mn 比较活泼，在空气中被氧化。

10. 常温下，在水中能稳定存在的金属是（ D ）

A. Ce　　B. Ca　　C. Cr　　D. Ni

解析 常温下，凡是电极电势值小于 $-0.413V$ 的金属都可与水发生置换反应。反之，凡是电极电势值大于 $-0.413V$ 的金属在水中都可稳定存在。$E^\ominus(Ce^{3+}/Ce) = -2.483V$，其他金属电对的电极电势查教材附录。

11. 下列金属中，能与水蒸气作用生成相应氧化物的是（ B ）

A. Ba　　B. Fe　　C. Hg　　D. Pb

解析 在高温下，电动序位于镁、铁之间的金属都能与水蒸气反应，生成相应的氧化物和氢气。

12. 过渡元素的下列性质中错误的是（ A ）

A. 过渡元素的水合离子都有颜色

B. 过渡元素的离子易形成配离子

C. 过渡元素有可变的氧化数

D. 过渡元素的价电子包括 ns 和 $(n-1)$d 电子

解析 Zn^{2+}、Cd^{2+}、Ag^{+} 等 d^{10} 构型离子不能发生 d-d 电子跃迁，因而在水中无色。

13. 第一过渡系元素的单质比第二、第三过渡系活泼，是因为（ D ）

A. 第一过渡系元素的原子半径比第二、第三过渡系小

B. 第二、第三过渡系元素的单质的外层电子数比第一过渡系多

C. 第一过渡系元素的离子最外层 d 轨道屏蔽作用比第二、第三过渡系的小

D. 第二、第三过渡系比第一过渡系元素原子的核电荷增加较多，且半径相近

14. 易于形成配离子的金属元素位于周期系中的（ D ）

A. p 区　　B. s 区和 p 区　　C. s 区和 f 区　　D. d 区和 ds 区

解析 在配合物中，过渡金属元素一般作为中心离子，可提供能量相近的部分空 $(n-1)$d 轨道和空的 ns、np 轨道杂化；空的 ns、np、nd 轨道杂化，杂化的空轨道接受配体的电子对形成配位键，组成配合物。

15. 钢铁厂炼钢时，在钢水中加入少量钛铁，是因为（ A ）

A. 钛铁可除去钢中的非金属杂质　　B. 钛铁具有抗腐蚀性

C. 钛铁密度小　　D. 钛铁机械强度大

解析 在高温时，钛能与氧、氮、硫生成稳定化合物，除去钢中的非金属杂质。

16. 在酸性溶液中，下列各对物质能共存的是（ C ）

A. SO_3^{2-}、MnO_4^-　　B. CrO_2^-、Sc^{3+}

C. MnO_4^-、$Cr_2O_7^{2-}$　　D. CrO_3、C_2H_5OH

解析 A、D 选项是氧化剂和还原剂混合，因而不能共存；B 选项中 CrO_2^- 仅存在于碱性溶液中，Sc^{3+} 存在于酸性溶液中，不可能共存；C 选项中两种物质均是氧化剂，且均可存在于酸性溶液中。

17. 储氢合金是两种特定金属的合金，其中一种可大量吸进氢气的金属是（ D ）

A. s 区金属　　B. d 区金属　　C. ds 区金属　　D. 稀土金属

解析 稀土金属可大量吸进氢气，形成稳定的氢化物。

18. 需要保存在煤油中的金属是（ A ）

A. Ce　　B. Ca　　C. Al　　D. Hg

解析 稀土金属在室温下可与空气反应生成稳定的氧化物，但氧化膜不致密，没有保护作用，所以需要把稀土金属保存在煤油中。

三、填空题

19. 根据 $\Delta_r G_m^{\ominus}$-T 图，分别写出有关 Mg、Al 与它们的氧化物间能自发进行的置换反应的方程式。1273K 时：<u>$3Mg + Al_2O_3 \longrightarrow 3MgO + 2Al$</u>；1733K 时：<u>$2Al + 3MgO \longrightarrow 3Mg + Al_2O_3$</u>。

解析 根据 $\Delta rG_m^{\ominus}$-T 图，T 温下，线位低的单质可从线位高的化合物中将单质置换出来。

20. 根据 $\Delta_r G_m^{\ominus}$-T 图，碳的还原性强弱与温度的关系是<u>温度升高还原性增强</u>，在

1273K 时，C、Mg、Al 的还原能力由强到弱的顺序是__Mg>Al>C__；在 2273K 时，Mg __不能__（能/不能）还原 Al_2O_3。

解析　在 $\Delta_r G_m^\ominus$-T 图中，碳到一氧化碳转化的线向下倾斜，即温度越高碳的还原性越强。根据 $\Delta_r G_m^\ominus$-T 图，在 T 温度下，线位越低其单质的还原性越强，所以 Mg>Al>C。在 2273K 时，Mg 线高于 Al 线，因此 Mg 不能还原 Al_2O_3。

21. 金属与水作用的难易程度与金属的__电极电势__和__反应产物的性质__有关，所以在金属 Ca、Co、Cr 中只有__Ca__可以与 H_2O 反应。

解析　Cr 表面形成氧化膜，对水稳定；$E^\ominus(Co^{2+}/Co)=-0.28V>-0.413V$，因此 Co 不与水反应

$$Ca+2H_2O \longrightarrow 2Ca(OH)_2+H_2$$

22. 写出下列物质的化学式：金红石__TiO_2__、铬绿__Cr_2O_3__、红矾钾__$K_2Cr_2O_7$__。

23. 在 Mg^{2+}、Cr^{3+}、Mn^{2+}、Ca^{2+} 的混合溶液中加入过量氨水后，溶液中存在有__$[Cr(NH_3)_6]^{3+}$、Ca^{2+}__离子，沉淀中有__$Mg(OH)_2$、$Mn(OH)_2(MnO_2 \cdot H_2O)$__。

24. 写出下列离子或分子的颜色：MnO_4^{2-}__绿色__，Cr^{3+}__绿色__，TiO_2（金红石）__红色或黄色__，Mn^{2+}__浅粉色__，$K_2Cr_2O_7$__橙红色__，K_2CrO_4__黄色__。

25. 填表：

单质特性	化学符号	原子外层电子结构式
最硬的金属	Cr	$3d^5 4s^1$
熔点最低的金属	Hg	$5d^{10} 6s^2$
导电性最好的金属	Ag	$4d^{10} 5s^1$
熔点最高的金属	W	$3d^4 6s^2$
密度最大的金属	Os	$5d^6 4s^2$

26. 镧系元素的原子半径和三价离子半径随__原子序数__的增加而逐渐__缓慢减小__的现象，称为__镧系收缩__。

27. 稀土元素一般以__+3__氧化数比较稳定，这反映了__ⅢB__族元素的特点。

28. 储氢合金中，一种金属能__大量吸进 H_2__，另一种金属与__氢的亲和力要小__，第一种金属的作用是__控制 H_2 的吸藏量__，第二种金属的作用是__控制吸氢、放氢的可逆性__。

四、问答题

29. 对于金属的还原性，有以下几种排序方法：(1)金属电动序；(2)$\Delta_r G_m^\ominus$-T 图给出的顺序；(3)电离能大小的排列。试指出这三种排序的意义和适用范围。

答　反应条件如温度、介质、金属存在状态等的不同，对金属的还原性有很大影响，而且影响的程度不尽相同。高温时，金属（包括其他非金属单质和化合物在内）的还原性与低温时单质在水溶液中的还原性是不一致的。

（1）金属的电动序是指在常温时金属在水溶液中的还原性，它是由金属的标准电极电势 $E^\ominus$（氧化态/还原态）值确定的。常见金属的 $E^\ominus$（氧化态/还原态）由小到大（还原性

由强到弱）的顺序为 K<Ca<Na<Mg<Al<Mn<Zn<Cr<Fe<Sn<Pb<H_2<Cu<Hg<Ag<Pt<Au。在水溶液中，前面的金属单质可以把后面的金属单质从其盐溶液中置换出来。因此，金属的电动序适用于常温条件下、水溶液中金属的还原顺序。

(2) 高温时，金属的还原性可以体现在它们与氧的结合能力上，可由其氧化物的标准摩尔吉布斯生成函数 $\Delta_f G^{\ominus}_{m,B}$ 确定，$\Delta_f G^{\ominus}_{m,B}$ 值越小，金属与氧的结合能力（还原性）越强。不同温度下，某些单质与氧的结合能力的大小次序可能有变化。在 600℃(873K)时，单质与氧的结合能力为 Ca>Mg>Ti>Si>Mn>Na>Cr>Zn>CO>Fe>H_2>C>Co>Ni>Cu。排在前面的金属单质可以把后面的金属单质从它们的氧化物中置换（还原）出来，对于冶金工业有重要意义。

(3) 用电离能大小衡量金属的还原能力适用于气态金属，电离能越小的气态金属越易失去电子，金属活泼性越强。例如，第一主族金属的电离能由小到大的顺序为 Cs<Rb<K<Na<Li，则金属活泼性由小到大的顺序为 Li<Na<K<Rb<Cs。

30. 根据金属铅的电极电势值，说明 Pb 为什么难溶于盐酸或稀 H_2SO_4。

答 已知金属 Pb 的 $E^{\ominus}(Pb^{2+}/Pb) = -0.126V$，小于 $E^{\ominus}(H^+/H_2) = 0$，理论上 Pb 应该可以和盐酸或稀 H_2SO_4 发生反应，放出 H_2。但由于反应产物 $PbCl_2$ ($K^{\ominus}_{sp} = 1.17\times10^{-5}$) 或 $PbSO_4$ ($K^{\ominus}_{sp} = 1.82\times10^{-8}$) 难溶于水，覆盖在 Pb 的表面，因此实际上 Pb 难溶于盐酸或稀 H_2SO_4。

【附加题 1】 完成并配平下列反应方程式。

1. $MnO_4^- + SO_3^{2-} + OH^- \longrightarrow$

$$2MnO_4^- + SO_3^{2-} + 2OH^- \longrightarrow 2MnO_4^{2-} + SO_4^{2-} + H_2O$$

2. $Cr_2O_7^{2-} + Ag^+ + H_2O \longrightarrow$

$$Cr_2O_7^{2-} + 4Ag^+ + H_2O \longrightarrow 2Ag_2CrO_4(s) + 2H^+$$

3. $Mn^{2+} + NaBiO_3(s) + H^+ \longrightarrow$

$$2Mn^{2+} + 5NaBiO_3(s) + 14H^+ \longrightarrow 2MnO_4^- + 5Bi^{3+} + 5Na^+ + 7H_2O$$

4. $TiCl_4 + H_2O \longrightarrow$

$$TiCl_4 + 2H_2O \longrightarrow TiO_2 + 4HCl$$

5. $Zn + NaOH + H_2O \longrightarrow$

$$Zn + 2NaOH + 2H_2O \longrightarrow Na_2[Zn(OH)_4] + H_2(g)$$

6. $Cr_2O_7^{2-} + C_2H_5OH + H^+ \longrightarrow$

$$2Cr_2O_7^{2-} + 3C_2H_5OH + 16H^+ \longrightarrow 3CH_3COOH + 4Cr^{3+}(\text{绿}) + 11H_2O$$

7. 重铬酸根离子的水溶液中加入钡离子

$$Cr_2O_7^{2-} + 2Ba^{2+} + 3H_2O \longrightarrow 2BaCrO_4(s) + 2H_3O^+$$

8. 重铬酸根离子水溶液碱化

$$Cr_2O_7^{2-} + 2OH^- \rightleftharpoons 2CrO_4^{2-} + H_2O$$

9. 亚铁离子与高锰酸根离子的反应

$$5Fe^{2+} + MnO_4^- + 8H^+ \longrightarrow 5Fe^{3+} + Mn^{2+} + 4H_2O$$

10. 酸性 $KMnO_4$ 溶液中加入氯化亚锡溶液

$$2KMnO_4 + 5SnCl_2 + 16HCl \longrightarrow 2MnCl_2 + 5SnCl_4 + 8H_2O + 2KCl$$

11. 下列反应都可以产生 H_2：①金属与水；②金属与酸；③金属与碱。试各举一例，写出相应的化学反应方程式。

① $2Na+2H_2O \longrightarrow 2NaOH+H_2(g)$

② $Zn+2HCl \longrightarrow ZnCl_2+H_2(g)$

③ $Zn+2NaOH+2H_2O \longrightarrow Na_2[Zn(OH)_4]+H_2(g)$

【附加题 2】 根据金属电动序，铜不能与稀盐酸或稀硫酸作用，但为什么空气中的氧参加反应，铜就逐渐溶解？写出反应方程式。

答 已知 $E^\ominus(Cu^{2+}/Cu)=0.34V$，$E^\ominus(O_2/H_2O)=1.229V$，$E^\ominus(H^+/H_2)=0V$。

在稀盐酸或稀 H_2SO_4 溶液中，H^+ 不能氧化 Cu，但是空气中的氧可以氧化 Cu 成为 Cu^{2+}，所以 Cu 就溶解了。

$$2Cu+4HCl+O_2 = 2CuCl_2+2H_2O$$

$$2Cu+4H_2SO_4+O_2 = 2CuSO_4+4H_2O+2SO_2$$

【附加题 3】 计算下列反应在 873K 时的 $\Delta_r G_m^\ominus(873K)$。

(1) $4Cu+O_2 \longrightarrow 2Cu_2O$

(2) $2Mn+O_2 \longrightarrow 2MnO$

(3) $\frac{4}{3}Al+O_2 \longrightarrow \frac{2}{3}Al_2O_3$

比较 Cu、Mn、Al 在此温度下与氧结合能力的大小。

解 (1)

	4Cu	+	O_2	$\longrightarrow$	$2Cu_2O$
$\Delta_f H_m^\ominus(298.15K)/(kJ\cdot mol^{-1})$	0		0		−168.4
$S_{m,B}^\ominus(298.15K)/(J\cdot mol^{-1}\cdot K^{-1})$	33.15		205.138		93.14

$\Delta_r H_m^\ominus=\sum\nu_B\Delta_f H_{m,B}^\ominus=2\times(-168.4kJ\cdot mol^{-1})=-336.8kJ\cdot mol^{-1}$

$$\begin{aligned}\Delta_r S_m^\ominus &=\sum\nu_B S_{m,B}^\ominus\\ &=2\times 93.14J\cdot mol^{-1}\cdot K^{-1}-4\times 33.15J\cdot mol^{-1}\cdot K^{-1}-205.138J\cdot mol^{-1}\cdot K^{-1}\\ &=-151.458J\cdot mol^{-1}\cdot K^{-1}\end{aligned}$$

$$\begin{aligned}\Delta_r G_m^\ominus(873K) &\approx \Delta_r H_m^\ominus-873K\times\Delta_r S_m^\ominus\\ &=-336.8kJ\cdot mol^{-1}-873K\times(-151.458\times 10^{-3}kJ\cdot mol^{-1}\cdot K^{-1})\\ &=-204.577kJ\cdot mol^{-1}\end{aligned}$$

(2) 按(1)相同方法解得。查附录并计算得

$$\Delta_r H_m^\ominus=-726kJ\cdot mol^{-1}$$

$$\Delta_r S_m^\ominus=-0.150kJ\cdot mol^{-1}\cdot K^{-1}$$

$$\Delta_r G_m^\ominus(873K)=\Delta_r H_m^\ominus-873K\times\Delta_r S_m^\ominus=-595.05kJ\cdot mol^{-1}$$

(3) $\Delta_r H_m^\ominus=-1117.13kJ\cdot mol^{-1}$

$$\Delta_r S_m^\ominus=-0.209kJ\cdot mol^{-1}\cdot K^{-1}$$

$$\begin{aligned}\Delta_r G_m^\ominus(873K) &=\Delta_r H_m^\ominus-T\Delta_r S_m^\ominus\\ &=-1117.13kJ\cdot mol^{-1}-873K\times(-0.209kJ\cdot mol^{-1}\cdot K^{-1})\\ &=-934.67kJ\cdot mol^{-1}\end{aligned}$$

由 $\Delta_r G_m^\ominus$ 的数值可知，在 873K 时与氧结合能力的大小为 Al>Mn>Cu。

【附加题 4】 通过计算，判断在 873K、1773K 时，碳（石墨）能否从 MnO 或 Cr_2O_3 中把金属还原出来。

解 (1) $C + MnO \longrightarrow Mn + CO$

$\Delta_f H_m^{\ominus}(298.15K)/(kJ \cdot mol^{-1})$ -385.22 -110.525

$S_{m,B}^{\ominus}(298.15K)/(J \cdot mol^{-1} \cdot K^{-1})$ 5.74   59.71   32.01   197.674

$$\Delta_r H_m^{\ominus}=[-110.525-(-385.22)]kJ \cdot mol^{-1}=274.695kJ \cdot mol^{-1}$$

$$\Delta_r S_m^{\ominus}=[(32.01+197.674)-(5.74+59.71)]J \cdot mol^{-1} \cdot K^{-1}$$
$$=164.234J \cdot mol^{-1} \cdot K^{-1}$$
$$=0.164kJ \cdot mol^{-1} \cdot K^{-1}$$

$$\Delta_r G_m^{\ominus}(873K)=\Delta_r H_m^{\ominus}-T\Delta_r S_m^{\ominus}$$
$$=274.695kJ \cdot mol^{-1}-873K\times(0.164kJ \cdot mol^{-1} \cdot K^{-1})$$
$$=131.52kJ \cdot mol^{-1}$$

$$\Delta_r G_m^{\ominus}(1773K)=274.695kJ \cdot mol^{-1}-1773K\times(0.164kJ \cdot mol^{-1} \cdot K^{-1})$$
$$=-16.08kJ \cdot mol^{-1}$$

(2) $3C + Cr_2O_3 \longrightarrow 2Cr + 3CO$

$\Delta_f H_m^{\ominus}(298.15K)/(kJ \cdot mol^{-1})$ -1139.7 -110.525

$S_{m,B}^{\ominus}(298.15K)/(J \cdot mol^{-1} \cdot K^{-1})$ 5.74   81.2   23.77   197.674

$$\Delta_r H_m^{\ominus}=[3\times(-110.525)-(-1139.7)]kJ \cdot mol^{-1}=808.125kJ \cdot mol^{-1}$$

$$\Delta_r S_m^{\ominus}=[(2\times23.77+3\times197.674)-(3\times5.74+81.2)]J \cdot mol^{-1} \cdot K^{-1}$$
$$=542.14J \cdot mol^{-1} \cdot K^{-1}$$
$$=0.542kJ \cdot mol^{-1} \cdot K^{-1}$$

$$\Delta_r G_m^{\ominus}(873K)=808.125kJ \cdot mol^{-1}-873K\times(0.542kJ \cdot mol^{-1} \cdot K^{-1})$$
$$=334.96kJ \cdot mol^{-1}$$

$$\Delta_r G_m^{\ominus}(1773K)=808.125kJ \cdot mol^{-1}-1773K\times(0.542kJ \cdot mol^{-1} \cdot K^{-1})$$
$$=-152.84kJ \cdot mol^{-1}$$

上述反应的 $\Delta_r G_m^{\ominus}(873K)$ 表明，在 873K 时，碳不能从 MnO、Cr_2O_3 中把金属还原出来，但从 $\Delta_r G_m^{\ominus}(1773K)$ 的数值可以看出，在 1773K 时，碳能从 MnO、Cr_2O_3 中把金属还原出来。

第 6 章　非金属元素与无机非金属材料

6.1　本章小结

6.1.1　基本要求

第一节

非金属元素通性
非金属元素单质的物理性质
非金属元素单质的化学性质：与金属作用、与氧气(空气)作用、与水作用、与酸碱作用

第二节

卤化物：卤化物的晶体类型及熔沸点、卤化物的水解
氧化物：氧化物的晶体类型及物理性质、氧化物及其水合物的酸碱性
含氧酸及其盐：碳酸及其盐、氮的含氧酸及其盐、硫的含氧酸及其盐、氯的含氧酸及其盐、含氧酸盐的热稳定性

第三节

耐火材料
绝热材料
陶瓷材料

第四节

半导体材料、金属能带理论
超导材料
激光材料
光导材料

6.1.2　基本概念

第一节

非金属元素通性　非金属包括 22 种元素(根据化学性质划分)，分别是：

周期/族	ⅢA	ⅣA	ⅤA	ⅥA	ⅦA	0
一					(H)	He
二	<u>B</u>	C	N	O	F	Ne
三		<u>Si</u>	P	S	Cl	Ar
四			<u>As</u>	<u>Se</u>	Br	Kr
五				<u>Te</u>	I	Xe
六					At	Rn

画线元素：也称准金属，物理性质类似于金属，化学性质类似于非金属。

非金属元素位于周期表p区，ⅢA→ⅦA及零族(H除外)；外电子层(价电子层)结构 $ns^2np^{1\sim6}$(H为 $1s^1$)，其中零族(稀有气体)具有稳定饱和的电子层结构 ns^2np^6(He为 $1s^2$)；具有较强的获得电子或吸引电子的倾向；其最高氧化数与元素所在族的族数 n 相等，元素的最低氧化数的绝对值等于 $8-n$(H为1)。

非金属元素单质的物理性质 非金属元素单质大多数为分子晶体，B、C、Si为原子晶体。单质的熔、沸点与晶体类型有关。原子晶体的熔、沸点高，硬度大，其中金刚石的熔点(3350℃)和硬度(10)是所有单质中最高的。分子晶体的熔、沸点低，常温下可呈现液态或气态，其中He是所有物质中熔点(−272.2℃)和沸点(−246.4℃)最低的。非金属元素单质一般是非导体，准金属及相邻的C、P、I等显示出半导体的性质。

非金属元素单质与金属作用 在一定条件下，一般直接生成相应的化合物。其中电负性大的非金属与活泼金属可形成离子型化合物。例如，氧和卤素(ⅦA族元素)与大多数活泼金属直接反应；氮在高温或高压放电条件下与许多活泼金属(Mg、Li等)生成相应的氮化物。在离子型氮化物中存在 N^{3-}，遇水迅速水解，结合水中的 H^+ 生成 NH_3；氢在加热时与活泼金属生成盐型氢化物，氢以 H^- 状态存在。

非金属元素单质与氧气(空气)作用 一般在常温下反应不明显(白磷除外，在空气中能自燃)，加热下B、C、P、S可与 O_2 作用，生成相应的氧化物 B_2O_3、CO_2、P_2O_5、SO_2 等。氢气经点燃，在氧气中燃烧可获得高达3000℃的高温，可用于切割或焊接钢板等。卤素在加热条件下也不与 O_2 直接反应。

非金属元素单质与水作用 在常温下只有卤素与水作用，化学反应分成两类：

F_2 与 H_2O 发生激烈的氧化还原反应，产生 O_2，即

$$2F_2+2H_2O \longrightarrow 4HF+O_2$$

Cl_2 在 H_2O 中发生歧化(自身氧化还原)反应，即

$$Cl_2+H_2O \longrightarrow HCl+HClO$$

由于生成的次氯酸(HClO)有较强的氧化性，因此氯水是常用的漂白剂。Br_2、I_2 与 H_2O 的反应程度依次减小。

高温下C与 H_2O 反应，用来制造水煤气，即

$$C+H_2O(g) \longrightarrow CO+H_2$$

非金属元素单质与酸碱作用 与酸的反应情况：非金属与非含氧酸不反应，不能从非含氧酸中置换出 H_2；非金属与含氧酸(如 HNO_3、H_2SO_4)发生氧化还原反应，本身被氧化成氧化物或含氧酸。例如

$$S + 2HNO_3(浓) \longrightarrow H_2SO_4 + 2NO$$

$$C + 2H_2SO_4(浓) \longrightarrow CO_2 + 2SO_2 + 2H_2O$$

与碱的反应情况：卤素与碱的反应类似与水的反应，但反应程度更大。

$$Cl_2 + 2NaOH \longrightarrow NaCl + NaClO + H_2O$$

B、Si、P、S 与较浓强碱反应。例如

$$2B + 2KOH + 2H_2O \longrightarrow 2KBO_2 + 3H_2$$

第二节

卤化物晶体类型和熔、沸点变化规律　电负性比卤素小的元素与卤素形成的二元化合物称为卤化物。组成卤化物的两个元素如果电负性相差很大，则形成离子型卤化物；如果电负性相差不大，则形成共价型卤化物。键型与晶体类型的变化直接影响卤化物的熔、沸点。一般来说，离子晶体熔、沸点较高，而分子晶体熔、沸点较低；过渡型的链状或层状晶体熔、沸点介于两者之间。

例如，第三周期元素氯化物的熔点变化规律如下：

氯化物	$NaCl$	$MgCl_2$	$AlCl_3$	$SiCl_4$	PCl_5
熔点/℃	801	714	(190℃升华)	−70	166.8℃分解
晶体类型	离子型	过渡型	过渡型	分子晶体	分子晶体
正离子氧化数	+1	+2	+3	+4	+5

正离子半径⟶减小

阳离子极化力⟶增强

化学键型由离子键⟶过渡键型⟶共价键

同一金属不同氧化数的氯化物的熔点变化规律：

氯化物	$FeCl_2$	$FeCl_3$
熔点/℃	672	306
正离子氧化数	+2	+3

正离子半径⟶减小

阳离子极化力⟶增强

卤化物的水解规律　以氯化物为例：

活泼金属氯化物一般不水解。例如，NaCl 高温水解

$$NaCl + H_2O(g) == Na_2O + 2HCl(g)$$

大多数金属氯化物 $+ H_2O \longrightarrow$ 碱式盐或氢氧化物 $+$ HCl。例如

$$SbCl_3 + H_2O == SbOCl(s) + 2HCl$$

$$[SbCl_3 + 2H_2O == Sb(OH)_2Cl + 2HCl,\ Sb(OH)_2Cl == SbOCl(s) + H_2O]$$

$$AlCl_3 + 3H_2O == Al(OH)_3(s) + 3HCl$$

一般配制该类氯化物水溶液需加 HCl 抑制水解。

非金属氯化物 $+ H_2O \longrightarrow$ 含氧酸 $+$ HCl。例如

$$PCl_5 + 4H_2O \longrightarrow H_3PO_4 + 5HCl$$

由于水解在空气中冒烟，需密封保存。

水解反应一般规律：化合物中，电负性大的元素（氯）与 H^+ 结合形成 HCl；电负性小的元素与 OH^- 结合形成氢氧化物、氯化物碱式盐、含氧酸等。

氧化物及水合物酸碱性变化规律

氧化物 + $H_2O \longrightarrow$ 含氧酸（H_2CO_3）
氢氧化物（NaOH）
氧化物水合物（$SiO_2 \cdot xH_2O, CO_2 \cdot xH_2O$）

同一周期从左至右，酸性增强，如第三周期：

NaOH	$Mg(OH)_2$	$Al(OH)_3$	H_2SiO_3	H_3PO_4	H_2SO_4	$HClO_4$
强碱	中强碱	两性	弱酸	中强酸	强酸	极强酸

$\longrightarrow$ 酸性增强

同一族相同氧化数的氧化物的水合物碱性增强，如第二主族：

上　$Be(OH)_2$ 两性
↓　$Mg(OH)_2$、$Ca(OH)_2$ 中强碱
下　$Sr(OH)_2$、$Ba(OH)_2$ 强碱

同一元素高氧化数氧化物的水合物酸性强，低氧化数氧化物的水合物碱性强，例如碱性 $Fe(OH)_3 < Fe(OH)_2$，酸性 $H_2SO_4 > H_2SO_3$。

可以用 R—OH 规则解释。

R—OH 规则

氧化物水合物的酸碱性的递变规律可用 R—OH 规则来解释。氧化物的水合物可写成 $R(OH)_n$ 形式，如 $HClO_4[O_3Cl(OH)]$。

Cl^{7+}—O—H 可有两种解离方式：碱式解离和酸式解离。

R⌿O⌿H，假设氧化物的水合物以 $R^{n+}\ O^{2-}\ H^+$ 组成：

如果 R^{n+} 电荷高，半径小，与 O^{2-} 作用力强，O—H 键易断裂，则进行酸式解离；如果 R^{n+} 电荷低，半径大，与 O^{2-} 作用力弱，O—H 键不易断裂，R—O 键断裂，则进行碱式解离；如果 R—O 及 O—H 两处键强度相差不大，这类氢氧化物即为两性氢氧化物。R 的电荷数（氧化数）对氧化物的水合物的酸碱性起着重要作用。

(1) R 为低价态（≤+3）金属元素（主要是 s 区和 d 区金属）时，其氢氧化物多呈碱性；

(2) R 为较高价态（+3～+7）非金属或金属性较弱的元素（主要是 p 区和 d 区元素）时，其氢氧化物多呈酸性；

(3) R 为中间价态（+2～+4）金属（p 区和 d 区及 ds 区元素）时，其氢氧化物常显两性。例如，Zn^{2+}、Sn^{2+}、Pb^{2+}、Al^{3+}、Cr^{3+}、Sb^{3+}、Ti^{4+}、Mn^{4+}、Pb^{4+} 等的氢氧化物。

碳酸盐的溶解性　碳酸盐有两种类型，即正盐（碳酸盐）和酸式盐（碳酸氢盐）。碱金属（Li 除外）和铵的碳酸盐易溶于水，其他金属的碳酸盐难溶于水；对于难溶的碳酸盐，通常其酸式盐的溶解度较大，如 $Ca(HCO_3)_2 > CaCO_3$；对于易溶碳酸盐却相反，即相应的酸式盐溶解度较小，如 $NaHCO_3 < Na_2CO_3$ 这是由于碳酸氢根通过氢键连成二聚或多聚链状结构而降低了溶解度。

$$O = C \overset{\displaystyle OH \cdots O^-}{\underset{\displaystyle O^- \cdots HO}{}} C = O$$

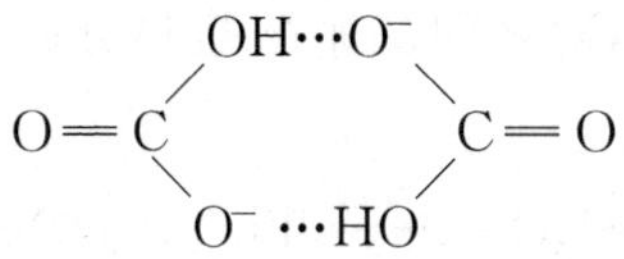

氮的含氧酸的氧化性（浓度对还原产物的影响）　氮是一种具有多种氧化态的元素，+5、+4、+3、+2、+1、−3。各种氧化数所对应的化合物都存在，其中以硝酸为常用的氧化剂，亚硝酸盐既可作氧化剂又可作还原剂，酸性条件下主要呈现氧化性。

1) 硝酸

还原产物是多种多样的，其被还原的程度一方面取决于还原剂，另一方面取决于自身浓度。以 Zn 为例：

浓 HNO_3　　$Zn + 4HNO_3 \longrightarrow Zn(NO_3)_2 + 2NO_2 + 2H_2O$

稀 HNO_3　　$3Zn + 8HNO_3 \longrightarrow 3Zn(NO_3)_2 + 2NO + 4H_2O$

很稀 HNO_3　　$4Zn + 10HNO_3 \longrightarrow 4Zn(NO_3)_2 + N_2O + 5H_2O$

极稀 HNO_3　　$4Zn + 10HNO_3 \longrightarrow 4Zn(NO_3)_2 + NH_4NO_3 + 3H_2O$

浓硝酸与浓盐酸的 1：3（体积比）的混合酸称为"王水"，能溶解一般酸不溶的贵金属。例如，王水溶解金是由于生成了配离子，反应如下：

$$Au + 3HCl + HNO_3 \longrightarrow AuCl_3 + NO + 2H_2O$$
$$\downarrow HCl$$
$$\longrightarrow H[AuCl_4]$$

2) 硝酸盐

在高温下是强氧化剂，如

黑火药燃烧反应：$2KNO_3 + S + 3C \longrightarrow K_2S + N_2 + 3CO_2$

硝铵炸药的分解反应：$2NH_4NO_3 \longrightarrow 2N_2 + 4H_2O + O_2$

3) 亚硝酸盐

既可作氧化剂又可作还原剂，酸性条件下主要呈氧化性

$$2HNO_2 + 4H^+ + 4e^- \Longrightarrow N_2O + 3H_2O \qquad E^\ominus = 1.297V$$
$$HNO_2 + H^+ + e^- \Longrightarrow NO + H_2O \qquad E^\ominus = 0.983V$$

作氧化剂：可以氧化 I^-、Fe^{2+}、SO_3^{2-}

$$2NO_2^- + 2I^- + 4H^+ \longrightarrow 2NO + I_2 + 2H_2O$$

作还原剂

$$NO_3^- + 3H^+ + 2e^- \longrightarrow HNO_2 + H_2O \qquad E^\ominus = 0.934V$$
$$2MnO_4^- + 5NO_2^- + 6H^+ \longrightarrow 2Mn^{2+} + 5NO_3^- + 3H_2O$$

硝酸盐热分解产物规律

（1）活泼金属硝酸盐热分解产生亚硝酸盐和氧气。

$$2NaNO_3 \overset{\triangle}{\longrightarrow} 2NaNO_2 + O_2$$

(2) 金属电动序在 Mg～Cu 之间的硝酸盐热分解产生金属氧化物、二氧化氮和氧气。

$$2Pb(NO_3)_2 \xrightarrow{\triangle} 2PbO + 4NO_2 + O_2$$

(3) 金属电动序在 Cu 之后的金属硝酸盐热分解产生金属单质、二氧化氮和氧气。

$$2AgNO_3 \xrightarrow{\triangle} 2Ag + NO_2 + O_2$$

过二硫酸盐的氧化性 过二硫酸可看成 H_2O_2 中两个 H 被—SO_3H 基取代的产物 $HO_3S—O—O—SO_3H$。由于存在过氧键而具有强氧化性，通常用作氧化剂的是其铵盐

$$5(NH_4)_2S_2O_8 + 2MnSO_4 + 8H_2O \longrightarrow 2HMnO_4 + 5(NH_4)_2SO_4 + 7H_2SO_4$$

该方程式是鉴定 Mn^{2+} 的特征反应，但要以 Ag^+ 为催化剂，同样反应可以氧化 Cr^{3+} 为 $Cr_2O_7^{2-}$，氧化 I^- 为 I_2。

亚硫酸盐的还原性 可作氧化剂，也可作还原剂；在碱性介质中表现强还原性

$$SO_3^{2-} + 2OH^- - 2e^- \longrightarrow SO_4^{2-} + H_2O \qquad E^\ominus = -0.92V$$

可以还原 Cl_2 为 Cl^-，也可以将 $Cr_2O_7^{2}$ 还原为 Cr^{3+}。

硫代硫酸盐的还原性 $S_2O_3^{2-}$ 可看成 SO_4^{2-} 中的一个 O 被 S 取代的产物。

最常用的还原剂是大苏打 $Na_2S_2O_3 \cdot 5H_2O$(又名海波)

$$2S_2O_3^{2-} - 2e^- \longrightarrow S_4O_6^{2-} \qquad E^\ominus = 0.08V$$

用于防毒面具中，反应为

$$S_2O_3^{2-} + 4Cl_2 + 5H_2O \longrightarrow 2SO_4^{2-} + 10H^+ + 8Cl^-$$

以淀粉为指示剂，用 $Na_2S_2O_3$ 标准溶液滴定碘。这种定量测定碘的方法称为碘量法。

$$2S_2O_3^{2-} + I_2 \longrightarrow S_4O_6^{2-} + 2I^-$$

卤素含氧酸盐的热稳定性和氧化性的变化规律

卤素的含氧酸

名称	氟	氯	溴	碘
次卤酸	HOF	HOCl	HOBr	HOI
亚卤酸		$HClO_2$	$HBrO_2$	—
卤酸		$HClO_3$	$HBrO_3$	HIO_3
高卤酸		$HClO_4$	$HBrO_4$	HIO_4、H_5IO_6等

卤素的含氧酸和含氧酸盐的许多重要性质，如酸性、氧化性、热稳定性、阴离子碱的强度等，都随着分子中氧原子数的改变而呈现规律性的变化。

以氯的含氧酸和含氧酸盐为代表，其规律如下：

(1) 按 HClO、$HClO_2$、$HClO_3$、$HClO_4$ 的顺序，随着分子中氧原子数的增多，酸和盐的热稳定性及酸强度增大，而氧化性和阴离子碱强度却减弱。

(2) 盐的热稳定性比相应的酸的热稳定性高，但其氧化性比酸弱。

氯的含氧酸及其钠盐的性质变化规律

氧化态	酸	热稳定性和酸强度	氧化性	盐	热稳定性	氧化性和阴离子碱强度
+1	$HClO$	↓	↓	$NaClO$	↓	↓
+3	$HClO_2$			$NaClO_2$		
+5	$HClO_3$			$NaClO_3$		
+7	$HClO_4$			$NaClO_4$		
		增大	减弱		增大	减弱

非金属含氧酸盐的热稳定性规律

(1) 酸不稳定,对应的盐也不稳定。

(2) 同一种酸,其盐的稳定性规律为正盐>酸式盐>酸。

(3) 同一酸根,其盐的稳定性规律为碱金属盐>碱土金属盐>过渡金属盐>铵盐。

(4) 同一成酸元素,高氧化数的含氧酸比低氧化数的稳定,相应的盐也是如此。

第三节

耐火材料 耐火材料是指耐火度在1580℃以上,并在高温下能耐气体、熔融炉渣等物质侵蚀,且具有一定机械强度的材料。根据耐火度的高低,可将耐火材料分为普通耐火材料(1580~1770℃)、高级耐火材料(1770~2000℃)和特级耐火材料(>2000℃);按材料的化学性质,耐火材料又可分为酸性、中性、碱性耐火材料。此外,还有碳质耐火材料。

耐火度 耐火度指耐火材料锥形体试样在没有荷重的情况下,抵抗高温作用而不软化熔倒的温度,是耐火材料的重要性能之一。

绝热材料 绝热材料通常是指以阻止热传导为目的的材料。在我国绝热材料又称为保冷或保温材料。按材质可分为有机绝热材料、无机绝热材料和金属绝热材料。物质绝热性能常用导热系数来衡量。导热系数越小,绝热性能越好。保温材料中以石棉制品为最多。石棉是一种矿物纤维材料,质软如棉,耐酸碱、不腐、不燃,有良好的抗热和绝缘性能,可单独或与其他材料配合制成制品作耐火、耐热、耐酸、耐碱、保温、绝热、隔音、绝缘及防腐材料。

陶瓷 陶瓷是指经高温烧结而成的一种各向同性的多晶态无机材料的总称。传统陶瓷是以氧化物为主,主要是天然硅酸盐矿物的烧结体。新型陶瓷则采用人工合成的高纯度无机化合物为原料,在严格控制的条件下经成型、烧结和其他处理而制成具有微细结晶组织的无机材料。它具有一系列优越的物理、化学和生物性能,又称为特种陶瓷或精细陶瓷。精细陶瓷按照其应用情况可分为结构陶瓷和功能陶瓷两类。结构陶瓷具有高硬度、高强度、耐磨耐蚀、耐高温和润滑性好等特点,用作机械结构零部件,主要有四种:氧化铝陶瓷、氮化硅陶瓷、氧化锆陶瓷、碳化硅陶瓷。功能陶瓷具有声、光、电、磁、热特性及化学、生物功能等特点。

金属能带理论

(1) 金属原子之间以高配位数紧密堆积,成键电子是"离域"的,所有成键电子属于整个金属晶体。

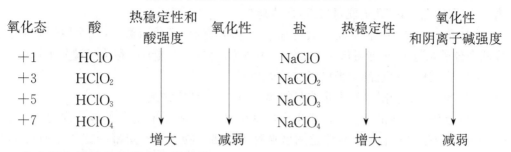

(2) 由各金属原子轨道组合成金属晶体中的“公有化”轨道(原子轨道组合成分子轨道),相邻的“公有化”轨道能量接近,形成能带。

(3) 能带中的“公有化”轨道数目等于参加组合的原子轨道数目(两个原子轨道组合成两个分子轨道,一个能量低称为成键分子轨道,另外一个能量高称为反键分子轨道)。

(4) 金属中相邻近的能带可以互相重叠。

(5) 每一“公有化”轨道上最多只能容纳两个自旋相反的电子。

(6) 能带有一定的宽度。填满电子的能带称为满带,没有电子的能带称为空带或导带,满带与空带之间电子不能停留的区域称为禁带。物质不同禁带的宽度也不同,通电时,电子可以从满带跃迁到导带而导电。

第四节

半导体材料 半导体材料是指室温电阻率为 $10^{-4} \sim 10^{10}\ \Omega \cdot m$,处于导体(电阻率 $\leqslant 10^{-4}\ \Omega \cdot m$)和绝缘体(电阻率 $\geqslant 10^{10}\ \Omega \cdot m$)之间的材料。按照金属的能带理论,良导体一般不存在禁带,绝缘体禁带宽度超过 $480 kJ \cdot mol^{-1}$,太宽,电子不能越过。半导体禁带宽度为 $9.6 \sim 290 kJ \cdot mol^{-1}$,不宽,升温时,满带的电子获得能量可以越过禁带而导电。温度越高,导电性就越强;在相当低的温度下,与绝缘体相同。

在半导体中,当一个电子从满带激发到导带时,在满带中留下一个空穴。空穴带正电,在电场作用下,带负电荷的电子向正极移动,空穴向负极移动,这就是半导体的导电机理。电子和空穴称为“载流子”。半导体也因此区分为两种类型,以电子导电为主的半导体,称为 n 型半导体;空穴导电为主的半导体,称为 p 型半导体。另外,按照化学成分又可分为单质半导体和化合物半导体;按其是否含有杂质可分为本征半导体和杂质半导体。

超导材料 随着温度降低,金属的导电性逐渐增加,当温度降到接近热力学温度即 0K 的极低温度时,某些金属及合金的电阻急剧下降变为零,这种“零电阻”状态称为“超导状态”。进一步的研究表明,要成为超导状态,温度、磁场强度和电流密度都必须分别处于临界温度 T_c、临界磁场强度 H_c 和临界电流密度 J_c 以下。临界条件下具有超导性的物质称为超导材料或超导体。

激光和激光器 简单地说,激光是工作物质受光或电刺激,经过反复反射传播放大而形成的强度大、方向集中的光束。使放大过程以一定方式持续下去的光的受激发射振荡器,简称激光器。激光器根据激光工作物质的性质划分,可分为固体、气体、半导体等类型激光器。

光导材料 光导材料是指能够把电磁辐射转化为电流的物质,电磁辐射通常指紫外光、可见光及红外光。一般来说,这类物质带静电后,受特别波长的光照射后就能将静电转化成电流。换言之,这些物质在黑暗中一定是良好的绝缘体,受光后马上变成良好的导体。光导材料分为两大类,即无机光导材料和有机光导材料。光通信是当代新技术革命的重要内容之一,光通信得以实现的关键是有性能优异的光导纤维材料。光纤由三部分构成,即芯料、皮料、吸收料。从材料的组成来看,应用较普遍的有高纯石英(掺杂)光纤、多组分玻璃光纤和塑料光纤。光导纤维根据使用性能的不同可制成紫外光导纤维、激光光导纤维、荧光光导纤维等。

6.2　习题及详解

一、判断题

1. 热稳定性比较：$HNO_3 < NaNO_3$，$HClO_3 < HClO_4$，$CaCO_3 > BeCO_3$。（ √ ）

解析　同一种酸，其盐的稳定性规律是正盐>酸式盐>酸。同一酸根，其盐的稳定性规律是碱金属盐>碱土金属盐>过渡金属盐>铵盐。同一成酸元素，高氧化数的含氧酸比低氧化数的稳定，相应的盐也是这样。

2. 卤素能与金属反应而不与非金属反应。（ × ）

解析　卤素既可以与金属作用，如 $K + \frac{1}{2}Cl_2 \longrightarrow KCl$；也可以与非金属反应，如 $\frac{1}{2}H_2 + \frac{1}{2}Cl_2 \longrightarrow HCl$。

3. 铜和浓硫酸反应的主要的产物有 SO_2 气体。（ √ ）

解析　$Cu + 2H_2SO_4(浓) \xrightarrow{\triangle} CuSO_4 + SO_2\uparrow + 2H_2O$

4. 与氯气反应制备漂白粉的物质是氢氧化钙。（ √ ）

解析　$2Cl_2 + 2Ca(OH)_2 \longrightarrow CaCl_2 + Ca(ClO)_2 + 2H_2O$

5. 王水能溶解金而硝酸不能，是因为王水对金有配合性，又有氧化性。（ √ ）

解析　$Au + 4HCl(浓) + HNO_3(浓) \longrightarrow HAuCl_4 + NO\uparrow + 2H_2O$

6. 单质碘 I_2 与碱 NaOH 作用，不能发生歧化反应。（ × ）

解析　$3I_2 + 6OH^- \longrightarrow 5I^- + IO_3^- + 3H_2O$

7. 亚硝酸钠的主要工业用途是作食品防腐剂。（ √ ）

8. 离子极化作用越强，所形成的化合物的离子键的极性就越弱。（ √ ）

解析　在外电场作用下，离子中的原子核和电子（主要是外层电子）会发生相对位移，当形成化合物时，正、负离子相互极化可使电子云发生重叠，从而降低了键的极性，使离子键向共价键过渡。

9. $F_2 + 2OH^- \longrightarrow F^- + FO^- + H_2O$ 成立。（ × ）

解析　$2F_2 + 4NaOH \longrightarrow 4NaF + O_2 + 2H_2O$

或　$2F_2 + 2NaOH \xrightarrow{\triangle} 2NaF + H_2O + OF_2$

二、选择题

10. 下列生成 HX 的反应不能实现的是（ B ）

A. $NaI + H_3PO_4(浓) \xrightarrow{\triangle} HI + NaH_2PO_4$

B. $2KBr + H_2SO_4(浓) \longrightarrow 2HBr + K_2SO_4$

C. $Br_2 + 2HI \longrightarrow 2HBr + I_2$

D. $NaCl + H_2SO_4(浓) \longrightarrow NaHSO_4 + HCl$

解析　$2KBr + 3H_2SO_4(浓) \longrightarrow Br_2 + SO_2 + 2KHSO_4 + 2H_2O$

11. 浓 HNO_3 与 B、C、Zn、As 反应，下列产物不存在的是（ B ）

A. 和 B 反应得到 H_3BO_3　　B. 和 C 反应得到 H_2CO_3

C. 和 Zn 反应得到 $Zn(NO_3)_2$　　D. 和 As 反应得到 H_3AsO_4

解析　$C+4HNO_3(浓)\longrightarrow CO_2\uparrow+4NO_2\uparrow+2H_2O$

12. 下列酸中，酸性由强至弱排列顺序正确的是（ B ）

A. HF＞HCl＞HBr＞HI　　B. HI＞HBr＞HCl＞HF

C. $HClO>HClO_2>HClO_3>HClO_4$　　D. $HIO_4>HClO_4>HBrO_4$

解析　对于氢卤酸 HX，X＝F、Cl、Br、I，随 X 原子半径的增大，H—X 键的解离能减小，酸性增强；对于含氧酸，中心元素氧化数越高，与氧的结合越牢，H—O 键易断裂，酸性增强。

【附加题 1】　反应 $2Pb(NO_3)_2 \xrightarrow{\triangle}$ 的产物是（ D ）

A. $Pb(NO_2)_2(s)+NO_2(g)$　　B. $Pb(NO_2)_2(s)+O_2(g)$

C. $PbO(s)+O_2(g)$　　D. $PbO(s)+NO_2(g)+O_2(g)$

解析　Pb 电动序在 Mg 与 Cu 之间，其硝酸盐热分解产生氧化铅、二氧化氮和氧气。

【附加题 2】　下列过渡金属的氯化物是共价化合物的是（ A ）

A. $TiCl_4$　　B. $FeCl_3$　　C. $NiCl_2$　　D. CuCl

解析　Ti 的氧化数是＋4，且半径小，极化力强，Cl 的半径大、变形性大，两者的原子轨道重叠程度大，离子键变成共价键，形成共价化合物。

三、填空题

13. 周期系中非金属元素有__22__种，它们分布在__p（H 在 s 区）__区、__ⅢA～ⅦA 及零__族。在非金属元素的单质中，熔点最高的是__金刚石__，沸点最低的是__氦__，硬度最大的是__金刚石__，密度最小的是__H_2__，非金属性最强的是__F_2__。

14. 比较下列几组卤化物熔点的高低：

$SnCl_2$ 和 $SnCl_4$ 中，__$SnCl_2$__＞__$SnCl_4$__；NaCl 和 AgCl 中，__NaCl__＞__AgCl__；KCl 和 NaCl 中，__NaCl__＞__KCl__。

解析　离子晶体熔点高，分子晶体熔点低。Sn^{4+} 的极化力大于 Sn^{2+}，$SnCl_4$ 属于共价化合物，是分子晶体，熔点低；Ag^+ 是 18 电子层结构的阳离子，极化力、变形性都大。AgCl 是过渡型晶体，因此熔点低；KCl 和 NaCl 都是离子化合物，Na^+ 的半径比 K^+ 小，NaCl 中的离子键比 KCl 中的强，因此熔点高。

15. 按要求选择：

(1) $SiCl_4$、$SnCl_2$、$AlCl_3$、KCl 中熔点最高的是__KCl__；

(2) $FeCl_3$、$FeCl_2$、$BaCl_2$、BCl_3 的水溶液中酸性最强的是__BCl_3__；

解析　$BCl_3+3H_2O\longrightarrow H_3BO_3+3HCl$

(3) $Mg(HCO_3)_2$、$MgCO_3$、H_2CO_3、$SrCO_3$ 中热稳定性最好的是__$SrCO_3$__。

16. 陶瓷材料根据__组成__可分为__氧化物陶瓷__和__非氧化物陶瓷__；耐火材料根据其__化学性质__可分为__酸性__、__碱性__、__中性__耐火材料。

17. 将 Na_2CO_3、$MgCO_3$、K_2CO_3、$MnCO_3$、$PbCO_3$ 按热稳定性由高到低排列，顺序为 <u>$K_2CO_3 > Na_2CO_3 > MgCO_3 > MnCO_3 > PbCO_3$</u>。

解析　从热稳定性变化规律来看，碱土金属盐<碱金属盐，酸式盐<正盐。这是因为碳酸盐受热分解的难易程度与阳离子的极化作用有关。阳离子对 CO_3^{2-} 产生反极化作用（针对C与O的极化作用而言，阳离子与 CO_3^{2-} 中O的极化作用可称为反极化作用），使 CO_3^{2-} 稳定性降低，直至分解。阳离子极化作用越大，碳酸盐越易分解。阳离子极化作用大小的一般规律：H^+>18+2，18电子层结构阳离子>9～17电子层结构阳离子>8电子层结构阳离子，且电荷高、半径小的阳离子极化作用强。

18. 反应 $KX + H_2SO_4$(浓)$\!=\!=\!=\!$ $KHSO_4 + HX$，卤化物KX是指<u>　KCl　</u>和<u>　KF　</u>。

19. HOX的酸性按卤素原子半径的增大而<u>　减小　</u>。

四、问答题

20. 简述周期系中各元素所形成的氧化物及其水合物酸碱性的递变规律。

答　同一周期主族和副族元素最高价态氧化物的水合物从左到右其碱性减弱，酸性增强；同一族相同价态元素的氧化物的水合物从上到下其碱性增强，酸性减弱；同一元素高价态氧化物的水合物的酸性较强，低价态的氧化物则碱性较强。

21. 简单说明p型半导体、n型半导体和p-n结。指出其导电性和产生电势的机理。

答　若将一种能提供5个价电子的原子（如ⅤA主族的P、As）掺入Si、Ge晶体中，将有一个多余的电子与原子的键合较松散，易参与导电，即载流子主要是电子。这类杂质称为施主杂质，这类杂质半导体称为n型半导体或电子半导体。相反，若将一种只能提供3个价电子的原子（如ⅢA族的B、In）掺入Si、Ge晶体中，每个杂质原子比与其键合的Si、Ge原子少一个电子，即产生了一个空穴，该空穴与原子结合得也较松散，附近电子较易进入这个空穴，同时又产生一个新空穴，此时主要是空穴参与导电，即载流子主要是空穴。这类杂质称为受主杂质，这种杂质半导体称为p型半导体。若在p型半导体表面上沉积极薄的n型杂质层，组成p-n结，这种半导体材料在光照射下，光线能完全透过这一薄层，满带中的电子吸收光子能量后跃迁到导带，并在半导体中同时产生电子和空穴。电子移到n区，空穴移到p区，使n区带负电荷，p区带正电荷，形成光生电势差。

22. 在温热气候条件下的浅海地区往往发现有厚层的石灰岩 $CaCO_3$ 沉积，而在深海地区却很少见到，试用平衡移动原理说明 CO_2 浓度的变化对海洋中碳酸钙的沉积有何影响。

答　石灰岩的形成是 $CaCO_3$ 沉积的结果，海水中溶解一定量的 CO_2，因此 $CaCO_3$ 与 CO_2、H_2O 之间存在下列平衡：$CaCO_3(s) + CO_2 + H_2O \longrightarrow Ca(HCO_3)_2$。海水中 CO_2 的溶解度随温度的升高而减小，随压强的增大而增大，在浅海地区，海水底层压强较小，同时水温比较高，因而 CO_2 的浓度较小，根据平衡移动的原理，上述平衡向生成 $CaCO_3$ 的方向移动，因而在浅海地区有较多的 $CaCO_3$ 沉淀。深海地区情况刚好相反，所以深海地区沉积的 $CaCO_3$ 很少。

23. 稀 HNO_3 与浓 HNO_3 比较，哪个氧化性强？举例说明。为什么在一般情况下，浓 HNO_3 被还原成 NO_2，而稀 HNO_3 被还原成NO？这与它们的氧化能力强弱是否矛盾？

答 浓 HNO_3 的氧化性比稀 HNO_3 强。例如,浓 HNO_3 与 Cu 在常温下反应生成硝酸铜并放出 NO_2,而稀 HNO_3 与 Cu 在常温下反应不明显,需加热才能进行,反应产物除硝酸铜外,主要是 NO。

关于浓 HNO_3 还原产物为 NO_2,稀 HNO_3 还原产物为 NO 的解释不一,有一种解释是:HNO_3 无论浓稀,与金属作用的初始产物均为 NO,但浓 HNO_3 与金属作用时,HNO_3 浓度的因素占主要地位,根据下述平衡 $3NO_2+H_2O \rightleftharpoons 2HNO_3+NO$ 的可逆性,随着 HNO_3 浓度的增加,平衡有利于向左移动,因此浓 HNO_3 被还原时的最终产物不是 NO 而是 NO_2;而稀 HNO_3 同金属反应的产物与 HNO_3 的浓度和金属的活泼性均有关系,因产生上述平衡左移的可能性不大(硝酸浓度小),所以一般生成 NO。但如果 HNO_3 浓度很小,且金属很活泼,反应结果甚至可生成 NH_4^+(N 的氧化数从最高的+5 降低到最低的−3)。由此可见,这与它们氧化能力的强弱是不矛盾的。

24. 稀释浓 H_2SO_4 时一定要把 H_2SO_4 加入水中边加边搅拌,而稀释浓 HNO_3 与浓盐酸没有什么严格规定,为什么?

答 浓硫酸溶于水形成一系列水合物 $H_2SO_4 \cdot nH_2O(n=1\sim5)$,这些水合物都很稳定,因此浓硫酸有很强的吸水性,与水结合时释放大量的水合热。浓硫酸的密度很大,稀释时要把浓硫酸加入水中,并且边加边搅拌,以防因局部过热而暴沸。但浓硝酸和浓盐酸没有这种性质,与水结合时放热很少,因而稀释时要求没有浓硫酸严格。

25. 解释下列事实,并写出化学反应方程式。

(1) NH_4HCO_3 俗称"气肥",储存时要密闭。

(2) 不能把 $Bi(NO_3)_3$ 直接溶入水中来制备 $Bi(NO_3)_3$ 溶液。

答 (1) NH_4HCO_3 极易分解和潮解,生成的 CO_2、NH_3 和水蒸气均为气体,所以称"气肥",即

$$NH_4HCO_3 \longrightarrow NH_3(g)+H_2O(g)+CO_2(g)$$

$$[NH_4HCO_3+H_2O \longrightarrow NH_3 \cdot H_2O+H_2CO_3$$

$$NH_3 \cdot H_2O \longrightarrow NH_3(g)+H_2O \qquad H_2CO_3 \longrightarrow H_2O+CO_2]$$

受热、受潮都会加速上述反应的发生,所以应密闭储存且避免暴晒和受热。

(2) $Bi(NO_3)_3$ 遇水即水解并生成白色沉淀 $BiONO_3$,它和 SbOCl 不同,一经生成,便很难再溶于 HNO_3 中,即

$$Bi(NO_3)_3+H_2O \longrightarrow BiONO_3(s)+2HNO_3$$

因此不能将 $Bi(NO_3)_3$ 直接溶在水中,而应溶在一定浓度的 HNO_3 溶液中来制备 $Bi(NO_3)_3$ 溶液。

【附加题 1】 完成并配平下列反应方程式。

(1) $Br_2+KOH \longrightarrow$

$$3Br_2+6KOH \longrightarrow 5KBr+KBrO_3+3H_2O$$

(2) $Zn+H_2SO_4$(浓)$\longrightarrow$

$$Zn+2H_2SO_4 \longrightarrow ZnSO_4+SO_2+2H_2O$$

(3) $SnCl_2+H_2O \longrightarrow$

$SnCl_2+H_2O \longrightarrow Sn(OH)Cl(s)+HCl$

(4) $SiCl_4+H_2O \longrightarrow$

$SiCl_4+3H_2O \longrightarrow H_2SiO_3+4HCl$

(5) $Cu+HNO_3$(浓)$\longrightarrow$

$Cu+4HNO_3 \longrightarrow Cu(NO_3)_2+2NO_2+2H_2O$

(6) $Mg(NO_3)_2 \xrightarrow{\triangle}$

$2Mg(NO_3)_2 \xrightarrow{\triangle} 2MgO+4NO_2+O_2$

(7) $CaO+SiO_2 \longrightarrow$

$CaO+SiO_2 \longrightarrow CaSiO_3$

(8) $NO_2^-+Fe^{2+}+H^+ \longrightarrow$

$NO_2^-+Fe^{2+}+2H^+ \longrightarrow NO+Fe^{3+}+H_2O$

(9) $(NH_4)_2S_2O_8+KI \longrightarrow$

$(NH_4)_2S_2O_8+2KI \longrightarrow (NH_4)_2SO_4+I_2+K_2SO_4$

(10) $KClO_4 \xrightarrow{\triangle}$

$KClO_4 \xrightarrow{\triangle} KCl+2O_2$

【附加题2】 比较碳酸盐和硝酸盐的热分解反应有哪些异同点。

答 活泼金属的碳酸盐和硝酸盐比较稳定,其他金属的碳酸盐和硝酸盐大都受热未至熔化即发生分解。碳酸盐的热分解一般生成二氧化碳和相应的金属氧化物,是非氧化还原过程,而硝酸盐的热分解则有氧气放出,是氧化还原过程,而且分解产物有亚硝酸盐、金属氧化物和金属单质等多种类型。

【附加题3】 试用离子极化理论比较下列各组氯化物的熔点高低。

(1) $CaCl_2$ 和 $GeCl_4$。

(2) $ZnCl_2$ 和 $CaCl_2$。

(3) $FeCl_3$ 和 $FeCl_2$。

答 (1) $CaCl_2>GeCl_4$。

Ge^{4+} 极化能力比 Ca^{2+} 强得多,$GeCl_4$ 为共价化合物,$CaCl_2$ 为离子化合物。

(2) $ZnCl_2<CaCl_2$。

Zn 与 Ca 为同一周期元素,离子半径 $Zn^{2+}<Ca^{2+}$,而且 Zn^{2+} 为18电子构型,Ca^{2+} 为8电子构型,因而 Zn^{2+} 的极化能力比 Ca^{2+} 强,$ZnCl_2$ 共价成分比 $CaCl_2$ 多,$ZnCl_2$ 熔点比 $CaCl_2$ 低。

(3) $FeCl_3<FeCl_2$。

Fe^{3+} 电荷比 Fe^{2+} 电荷高,前者半径比后者小,因此 Fe^{3+} 极化能力比 Fe^{2+} 强,$FeCl_3$ 比 $FeCl_2$ 共价成分多,$FeCl_3$ 熔点比 $FeCl_2$ 低。

【附加题4】 计算题。

(1) 现有638kg Ag,能生成多少千克的 $AgNO_3$? 分别用浓硝酸和稀硝酸溶解,两种情况消耗的硝酸量是否相同? 生产上应采用何种硝酸成本更低?

(2) HF 可以刻蚀玻璃,HCl 却不可以,请从热力学计算说明。

解 (1)根据反应

$$\underset{108}{Ag}+\underset{126}{2HNO_3}(浓)\longrightarrow \underset{170}{AgNO_3}+NO_2(g)+H_2O$$

$$\underset{324}{3Ag}+\underset{252}{4HNO_3}(稀)\xrightarrow{\triangle} 3AgNO_3+NO(g)+2H_2O$$

可知:① 无论硝酸浓稀,1mol Ag 总是可以得到 1mol $AgNO_3$。设 638kg Ag 可生成 x kg $AgNO_3$,则

$$108:170=638:x$$

$$x=1004$$

② 使用浓硝酸时,生成 1mol $AgNO_3$ 需 2mol 硝酸,而采用稀硝酸时,生成 1mol $AgNO_3$ 只需 4/3mol 硝酸。

另外,从浓、稀硝酸的价格上看,浓硝酸比稀硝酸贵得多,不是简单的倍数问题,所以使用稀硝酸时,从总的成本上看比使用浓硝酸成本更低。

(2)

	$SiO_2(s)$	+ $4HF(g)$ $\longrightarrow$	$SiF_4(g)$	+ $2H_2O(l)$
$\Delta_r G_m^\ominus/(kJ\cdot mol^{-1})$	−805	−270.7×4	−1506.24	−237.19

$$\Delta_r G_m^\ominus=-92.82kJ\cdot mol^{-1}<0$$

	$SiO_2(s)$	+ $4HCl(g)$ $\longrightarrow$	$SiCl_4(g)$	+ $2H_2O(l)$
$\Delta_r G_m^\ominus/(kJ\cdot mol^{-1})$	−805	−95.27×4	−572.8	−237.19×2

$$\Delta_r G_m^\ominus=138.9kJ\cdot mol^{-1}>0$$

第 7 章　有机高分子化合物及高分子材料

7.1　本章小结

7.1.1　基本要求

第一节

高分子化合物的链节、聚合度、数均摩尔质量及其多分散性
高聚物分子的结构(线型结构和体型结构)及特点
高分子链的柔顺性
高聚物的聚集态(晶态、非晶态、取向态)及特点
聚合反应(加聚、缩聚)
线型非晶态高聚物的物理状态
T_g 和 T_f 对高分子材料的意义
高聚物的基本性能

第二节

塑料的特点及分类(热塑性塑料和热固性塑料)
通用塑料,工程塑料,几种工程塑料的结构、特点和应用
天然橡胶的主要成分和特性
几种合成橡胶的结构、特点和应用
几种合成纤维的结构、特点和用途
几种功能高分子的特性
复合材料的组成、类型
基体材料,增强材料,增强材料分类
老化的概念、实质(降解、交联)
防老化的方法

第三节

几种吸附分离功能高分子的结构、特点和应用
导电高分子的结构、导电机理和应用
几种医用高分子的结构、特点和应用

第四节

复合材料的概念

高分子结构复合材料的组成、分类和性能特点
几种纤维增强复合材料的组成、特点和应用
几种粒子增强复合材料的组成、特点和应用
高分子功能复合材料的概述和应用(导电复合材料、磁性复合材料、导热复合材料)

7.1.2 基本概念

第一节

高分子化合物 高分子化合物又称高聚物或聚合物,是相对分子质量很大的一类化合物。

链节 高聚物分子是由特定的结构单位多次重复而形成的,此特定结构单位称为链节。

聚合度 链节重复的次数 n 称为聚合度。

数均摩尔质量 由于高分子化合物在本质上是由许多链节相同而聚合度不同的化合物组成的混合物,不同的分子个体 n 不相同,因此高聚物的相对分子质量没有一个确定的数值,只有一个平均值,称为数均摩尔质量。

多分散性 由于聚合度 n 的不同而引起高聚物相对分子质量不同的现象称为高聚物相对分子质量的多分散性。

高聚物分子的结构类型 高聚物一般呈链状结构。高分子链的形状有线型结构(包括有支链的)和体型结构(也称网状结构)。

高分子链的柔顺性 由于长链高聚物分子的内旋转可产生无数构象(每一种空间排列方式便是一种构象),因此其高分子链是非常柔软的。高分子链的这种特性称为高分子链的柔顺性。

非晶态与晶态 熔融的高聚物,其分子链是卷曲并且非常紊乱的。如果温度降低,分子运动会减缓,最后被慢慢冻结凝固。有时可能出现两种情况:一种是分子链就按熔融时的无序状态固定下来,属于无序结构的非晶态;另一种是分子链在其相互作用力影响下,有规则地排列成有序结构,形成"结晶",称为晶态。

取向 高聚物的聚集态除晶态和非晶态外,还有取向态结构。高聚物在其熔点以下、玻璃化转变温度以上的温度加以拉伸,此过程称为取向。

取向态与结晶态的异同 取向与结晶都使高分子链排列有序,但有序程度不同。取向态是一维或二维有序,而结晶态是三维有序。

聚合反应与单体 由低分子化合物合成高分子化合物的反应称为聚合反应,其起始原料称为单体。

加聚反应 由不饱和低分子化合物相互加成,或由环状化合物相互作用而形成高聚物的反应。

均聚与共聚 只由一种单体生成的聚合物称为均聚物;若两种或两种以上的单体反应,则称共聚,产物为共聚物。

缩聚反应 由相同的或不同的低分子化合物相互作用形成高聚物,同时析出如水、卤

化氢、氨、醇等低分子物质的反应。

黏流态 当温度较高（高于 T_f）时，由于分子动能较大，不仅能满足高分子链的“局部”（称为链段）独立活动所需的能量，而且能克服高分子链整体移动时部分分子间力的束缚。此时链段和整个大分子链均可运动，成为具有流动性的黏液，称为黏流态。

塑性形变 处于黏流态的高聚物，在很小的外力作用下，分子间便可以相互滑动而变形；当外力消除后，不会恢复原状。这是一种不可逆变形，称为塑性形变。

高弹态 温度逐渐下降至不太高时（在 T_g 与 T_f 之间），因分子动能减小，大分子链整体的运动已不能发生，但链段的运动仍能自由进行。高聚物的这种状态称为高弹态。

高弹形变 处于高弹态的高聚物，当受外力作用时，可通过链段的运动使大分子链卷曲（或伸展）；当外力去除后，又能恢复到原来的卷曲（或伸展）状态。宏观表现为柔软而富有弹性，这种可逆形变称为高弹形变。

玻璃态 当温度继续下降至 T_g 以下时，分子的动能更小，以至于不但整个大分子链不能运动，而且链段也不能自由运动。此时分子只能在一定的位置上做微弱的振动。分子的形态和相对位置被固定下来，彼此距离缩短，分子间作用力较大，结合很紧密。高聚物的这种状态称为玻璃态。

普弹形变 高聚物处于玻璃态时受外力而产生的微小形变称为普弹形变。

相似相溶规则 极性高聚物易溶于极性溶剂中，非极性或弱极性高聚物易溶于非极性或弱极性溶剂中。

溶胀与溶解 高聚物的溶解首先是溶剂分子向高聚物中扩散，从表面渗透到内部，使高分子链之间的距离增加、体积增大，这种溶解之前的体积膨胀现象称为溶胀。随着溶胀的进行，高分子链间的距离不断增加，以致高分子链被大量的溶剂分子隔开而完全进入溶剂之中，完成第二阶段的溶解过程，形成均一溶液。

第二节

塑料 具有塑性的高分子化合物。现在称为塑料的是指以有机合成树脂为主要成分的高分子材料。这种材料通常在加热、加压等条件下可塑制成一定的形状。

热塑性塑料 热塑性塑料的高分子链属线型结构（包括含有支链的），这类塑料可溶、可熔。

热固性塑料 热固性塑料的高分子链在固化成型前还是线型结构的，在固化成型过程中由于固化剂的作用而成型后就转化为网状结构的高分子链，成为不溶、不熔的材料，冷却后就不会再软化。

通用塑料 通用塑料主要指产量大、用途广、价格低，一般只能作为非结构材料使用的一类塑料。通常指 PE（聚乙烯）、PP（聚丙烯）、PVC（聚氯乙烯）、PS（聚苯乙烯）、酚醛塑料、氨基塑料六个品种。

工程塑料 工程塑料主要指机械性能较好，可以代替金属，可以作为结构材料使用的一类塑料，如聚酰胺（尼龙）、聚碳酸酯、ABS、聚甲醛、聚砜、聚酯、环氧树脂等。

橡胶 一类在室温下具有显著高弹性能的高聚物。它的特性是在外力作用下极易发生形变，形变率可达 100%以上。当外力消除后，又能很快恢复到原来的状态。

纤维 在日常生活中，人们把细而柔韧的物质称为纤维，分为天然纤维和人造纤维两类。

老化 高分子材料在加工、储存和使用过程中，由于受到环境因素的影响，其物理、化学性质及力学性能发生不可逆的变坏现象称为老化。

降解 聚合物在化学因素（如氧或其他化学试剂）或物理因素（如光、热、机械力、辐射等）作用下发生聚合度降低的过程。

交联 交联反应是指若干个线型高分子链通过链间化学键的建立而形成网状结构（体型结构）大分子的反应。

改性 用各种方法改变高聚物的化学组成或结构，可以改善其使用性能，提高耐老化性，这一过程称为改性。

第三节

功能高分子 某些高聚物除机械特性外还具有一些特定的功能，如导电性、生物活性、光敏性、催化性等。这些在高分子主链或侧链上带有反应性功能基团的一类新型高分子材料称为功能高分子。

离子交换树脂 一种能与溶液中的离子发生交换反应的功能高分子，分为阳离子交换树脂和阴离子交换树脂。

高吸水性树脂 能够在短时间内吸收自身质量几百倍甚至上千倍的水，而且有非常高的保水能力的功能高分子。

导电高分子 由具有共轭 π 键的高分子经化学或电化学“掺杂”使其由绝缘体转变为导体的一类高分子材料。按照材料的结构与组成，导电高分子可以分成两类，一类是结构型（也称本征型）导电高分子，另一类是复合型导电高分子。

第四节

复合材料 由两种或两种以上物理和化学性质不同的物质组合而成的一种多相固体材料。

基体材料 一般有合成高分子、金属、陶瓷等，主要作用是把增强材料黏结成整体，传递载荷并使载荷均匀。

比强度 材料的强度与密度之比值。

比模量 材料的模量与密度之比值。

纤维增强复合材料 以合成高分子为基体，以各种纤维为增强材料的复合材料。

玻璃纤维增强复合材料 以树脂为基体，玻璃纤维为增强材料制成的一类复合材料。

玻璃钢 用玻璃纤维增强热固性树脂得到的复合材料一般称为玻璃钢。

碳纤维增强复合材料 以碳纤维为增强材料，以合成高分子为基体的复合材料。

粒子增强复合材料 以各种合成树脂为基体，而以各种粒子填料为增强材料的复合材料。

功能复合材料 除力学性能以外，而提供其他物理性能，如导电、磁性、压电、屏蔽等功能的复合材料。

导电复合材料 由导电材料和作为基体的绝缘材料复合得到的具有导电功能的材料。

磁性复合材料 在塑料或橡胶中添加磁粉和其他助剂，均匀混合后加工而制成高分子磁性复合材料。

导热高分子复合材料 将高导热性填料（如金属、金属氧化物、氮化物等）引入高分子形成导热高分子复合材料。

7.2 习题及详解

一、判断题

1. 高聚物一般没有固定的熔点。 （√）

解析 高聚物是混合物。

2. 体型高聚物分子内由于内旋转可以产生无数构象。 （×）

解析 体型结构高分子呈现网状结构，由于大分子之间有化学键，大分子链不易产生相对运动。

3. 在晶态高聚物中，有时可同时存在晶态和非晶态两种结构。 （√）

解析 对于晶态高聚物，其聚集态内部也并非是百分之百结晶，存在链段排列整齐的晶区和链段卷曲且又互相缠绕的非晶区。

4. 二元醇和二元酸发生聚合反应后，有水生成，因此为加聚反应。 （×）

解析 属于缩聚反应。

5. 线型晶态高聚物有三种性质不同的物理状态。 （×）

解析 线型非晶态高聚物在恒定外力作用下，以温度为标尺，可有黏流态、高弹态、玻璃态三种物理状态。

6. 高聚物强度高是由于聚合度大，分子间力超过化学键的键能。 （√）

解析 聚合物的机械强度，如抗拉、抗压、抗弯、抗冲击等，主要取决于材料的聚集状态、聚合度、分子间力等因素。聚合度越大，分子间作用力就越大，甚至超过化学键的键能。

7. 高聚物由于可以自然卷曲，因此都有一定的弹性。 （×）

解析 对于线型非晶态高聚物，温度在 T_g 与 T_f 之间显示高弹态。

8. 具有强极性基团的高聚物，在极性溶剂中易溶胀。 （√）

解析 高聚物的溶解也遵循"相似相溶原则"，但要经过溶胀、溶解两个阶段。开始溶剂分子向高聚物中扩散，高分子链之间距离增加，这种溶解前的体积膨胀称为溶胀。随着溶胀的进行，高分子链间被大量溶剂分子隔开，完成溶解过程，形成均一溶液。

二、选择题

9. 高分子化合物与低分子化合物的根本区别是（ B ）

A. 结构不同 B. 相对分子质量不同 C. 性质不同 D. 存在条件不同

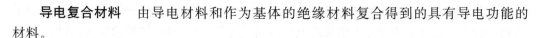

解析 高分子化合物是相对分子质量很大的一类化合物。高分子化合物与低分子化合物的根本区别在于相对分子质量的大小不同。低分子化合物(如酸、碱、盐、氧化物及有机化合物等)的相对分子质量大多数是比较小的,一般不超过1000;而高分子化合物的相对分子质量很大,因此它们的分子体积也是很大的。

10. 体型结构的高聚物有很好的力学性能,其原因是(A)

A. 分子间有化学键　　B. 分子内有柔顺性

C. 分子间有分子间力　　D. 化学键与分子间力均有

解析 高聚物一般呈链状结构,高分子链的形状有线型结构和体型结构两类。线型及支链型大分子彼此间以分子间力聚集在一起,而体型大分子的分子链间以化学键相连。

11. 长链大分子在自然条件下呈卷曲状,是因为(C)

A. 分子间有氢键　　B. 相对分子质量太大

C. 分子的内旋转　　D. 有外力作用

解析 长链大分子在自然条件下可呈现卷曲的状态,是因为大分子链具有一定的柔顺性。由于高聚物分子的内旋转可产生无数构象,因此高分子链是非常柔软的。

12. 大分子链具有柔顺性时,碳原子均采取(C)

A. sp 杂化　B. sp^2 杂化　C. sp^3 杂化　D. 不等性 sp^3 杂化

解析 对于碳链高分子,由于C—C单键是σ键,电子的分布是沿键轴方向圆柱状对称的,因此碳原子可以绕C—C键自由旋转,所构成的键角等于$109°28'$。

13. 在晶态高聚物中,其内部结构为(B)

A. 只存在晶态　　B. 晶态与非晶态同时存在

C. 不存在非晶态　　D. 取向态结构

解析 晶态高聚物中存在着链段排列整齐的"晶区"和链段卷曲而又互相缠绕的"非晶区"两部分。

14. 下列化学式中,可以作为单体的是(B)

A. $\lbrack CH_2—CH_2—O\rbrack_n$　　B. $CH_2OH—CHOH—CH_2OH$

C. $\lbrack CH_2—CH_2\rbrack_n$　　D. $\lbrack CF_2—CF_2\rbrack_n$

解析 其他三个选项都是聚合物形态。

15. 适宜作为塑料的高聚物是(D)

A. T_g 较低、T_f 较高的晶态高聚物　　B. T_g 较高、T_f 也较高的非晶态高聚物

C. T_g 较低、T_f 也较低的晶态高聚物　　D. T_g 较高、T_f 较低的非晶态高聚物

解析 线型非晶态高聚物在恒定外力作用下,以温度为标尺,可划分为三个性质不同的物理状态:玻璃态、高弹态和黏流态。黏流化温度为T_f,玻璃化温度为T_g。塑料在室温下应是玻璃态,则希望它们的T_g适当地高一些,即扩大塑料的使用温度范围。黏流态是塑料在加工成型时的状态,T_f较低易于加工成型。

16. 高聚物具有良好的电绝缘性,主要是由于(C)

A. 高聚物的聚合度大　　B. 高聚物的分子间作用力大

C. 高聚物分子中化学键大多数是共价键　　D. 高聚物分子结晶度高

解析 由于高聚物分子中的化学键绝大多数是共价键,不能产生离子,也没有自由电子,因此是良好的电绝缘体。

17. 塑料的特点是(B)

A. 可以反复加工成型　　B. 室温下能保持形状不变

C. 在外力作用下极易发生形变　　D. 室温下大分子主链方向强度大

解析　塑料是指具有塑性的高分子化合物。塑料的特点是具备良好的可塑性，在室温下能保持自己的形状不变。

18. 下列高聚物中柔顺性较差的是(A)

A. 聚酯纤维　　B. 聚酰胺纤维

C. 聚乙烯　　D. 聚四氟乙烯

解析　线型结构的高分子链细长，在无外力作用时，会任意卷曲，大分子链具有一定的柔顺性。体型结构的高聚物由于大分子之间有化学键，大分子链不易产生相对运动。聚乙烯、聚四氟乙烯属于规整的线型结构的高聚物。聚酰胺纤维链中有C—N键，容易内旋转，因此柔顺性好。聚酯纤维由于分子主链中含有苯环，因此柔顺性较差。

19. 从下列 T_g、T_f 值中判断，适宜作为橡胶的是(D)

温度	A	B	C	D
T_g/℃	87	189	90	−73
T_f/℃	175	300	135	122

解析　橡胶要求 T_g 低一些，而 T_f 高一些，$T_f \sim T_g$ 范围越宽，橡胶耐寒、耐热性能越好。

20. 不属于高分子材料老化现象的是(A)

A. 高分子材料经过一段时期使用后失效，经再生处理可重复使用

B. 高分子材料性能下降，变软，失去原有力学强度等现象

C. 线型高分子材料通过链间化学键形成网状大分子

D. 以上三点都不对

解析　高分子材料的老化其实质是发生了大分子的降解和交联反应。降解的结果都导致材料性能下降，如变软、发黏、失去原有的力学强度等。交联使若干个线型高分子链通过链间化学键的建立而形成网状结构(体型结构)大分子，导致材料失去所要求的弹性而变硬、变脆甚至龟裂而失去使用价值。

【附加题】　下列高聚物的分子链中存在氢键的是(A)

A. 聚酰胺纤维　　B. 聚甲醛　　C. 顺丁橡胶　　D. 聚碳酸酯

解析　只有聚酰胺纤维分子中存在N与H相连的情况，可形成氢键。

三、填空题

21. 线型非晶态高聚物在恒定外力作用下，当温度降至 T_g 以下时，称为__玻璃__态；温度下降至 $T_g \sim T_f$ 时，称为__高弹__态；温度高于 T_f 时，称为__黏流__态。

22. 玻璃化转变温度 T_g 高于室温的高聚物称为__塑料__，低于室温的高聚物称为__橡胶__。作为塑料要求 T_g 适当__高__(高/低)，作为橡胶 T_g 越__低__越好。

23. 高分子主链或侧链上带有__反应性功能基团__的一类高分子材料，并具有某种

特定的功能，称为 功能高分子 。

24. 高聚物中素有“耐磨冠军”之称的是 聚酰胺纤维(尼龙) ；素有“挺拔不皱”特性的是 聚酯纤维(的确良) ；素有“人造羊毛”之称的是 聚丙烯腈纤维(腈纶) ；素有“玻璃钢”之称的是 玻璃纤维增强热固性树脂得到的复合材料 。

25. 高分子材料的老化是一个复杂的物理、化学变化过程，其实是发生了大分子的 降解 和 交联 反应。

【附加题 1】 高分子化合物 $\text{+}CF_2—CF_2\text{+}_n$ 的化学名称为 聚四氟乙烯 ，俗称 塑料王 ，单体结构是 $CF_2=CF_2$ ，n 是 聚合度 ，当 $n=500$ 时，其相对分子质量为 5×10^4 。

【附加题 2】 写出下列高聚物的单体(化学式)。

ABS： $CH_2=CHCN$，$CH_2=CH—CH=CH_2$，$CH_2=CH(C_6H_5)$

尼龙 610： $H_2N\text{+}CH_2\text{+}_6NH_2$，$HOOC(CH_2)_8COOH$

下列聚合物中，由加聚反应制备的是 A、D ；由缩聚反应制备的是 B、C 。

A. 聚甲醛　　B. 聚酯纤维　　C. 锦纶-66　　D. 丁腈橡胶

【附加题 3】 加聚反应的特点为 加聚反应除了生成聚合物外，没有其他产物 。而缩聚反应的特点为 单体至少有两个能参加反应的官能团，缩聚后除生成聚合物，还有水等小分子化合物生成 。

【附加题 4】 防止聚合物老化常用的方法有以下几种。

(1) 添加 防老剂 ，能够防护、抑制或 延缓光、热、氧、臭氧等 产生破坏作用的物质；

(2) 在高分子材料表面 附上一层防护层 ，起到 阻缓甚至隔绝外界因素对高聚物的 作用，从而延缓高聚物老化；

(3) 改变高聚物的 化学组成或结构 ，提高 耐老化性 。

四、问答题

26. 什么是功能高分子材料？简述离子交换树脂的作用。

答 带有特殊功能基团的高聚物称为功能高分子。它包括的范围很广，大致有以下几方面：

(1) 具有物理光、电性能的功能高分子(感光性高分子、高分子半导体、导电高分子等)。

(2) 高分子试剂及催化剂。

(3) 反应性低聚物。

(4) 高分子药物。

(5) 仿生高分子。

离子交换树脂是能将本身的离子与溶液中的同号电荷离子起互换作用的合成树脂。离子交换树脂一般可分为两种，即阳离子交换树脂和阴离子交换树脂。

阳离子交换树脂含有$—SO_3$、—COOH 或— —OH 等酸性基团，这些基团中的氢

离子能与溶液中的金属离子或其他阳离子进行交换。例如

$$R—SO_3H + NaCl \rightleftharpoons R—SO_3Na + HCl$$

阴离子交换树脂含有$—NH_2$、$—N(CH_3)_3OH$或$—NRH$等碱性基团，它们在水中能与各种阴离子起交换作用。例如

$$R—N(CH_3)_3OH + HCl \rightleftharpoons R—N(CH_3)_3Cl + H_2O$$

27. 复合材料由哪两部分组成？各有什么作用？

答　复合材料主要由基体材料和增强材料两部分组成。

基体材料一般有合成高分子、金属、陶瓷等，主要作用是把增强材料黏结成整体，传递载荷并使载荷均匀。

增强材料按形态可分为纤维增强材料和粒子增强材料两大类。纤维增强材料决定复合材料的各种力学性能。粒子增强材料一般作为填料以降低成本，同时也起到功能增强作用。

28. 高聚物的机械强度与结构有何关系？

答　高聚物的聚合度越大，相对分子质量越大，分子中原子数目越多，分子链彼此缠绕在一起，分子间作用力越大，甚至超过化学键键能。如果具备形成氢键的条件，分子链间还可形成氢键。高聚物中存在强大的分子间力是高分子材料具有高强度的主要原因。

【附加题 1】　完成下列单体形成聚合物的反应方程式。

(1) $nCH_2=CHF \longrightarrow$

(2) $nCH_2=C(CH_3)_2 \longrightarrow$

(3) $nHO(CH_2)_5COOH \longrightarrow$

(4) $n\underline{CH_2CH_2CH_2O}$（环状）$\longrightarrow$

(5) $nHOOC(CH_2)_8COOH + nH_2N(CH_2)_{10}NH_2 \longrightarrow$

答　(1) $nCH_2=CHF \longrightarrow \lbrace CH_2—CHF \rbrace_n$

(2) $nCH_2=C(CH_3)_2 \longrightarrow [CH_2—C(CH_3)_2]_n$

(3) $nHO(CH_2)_5COOH \longrightarrow [O—(CH_2)_5—CO]_n + H_2O$

(4) $n\underline{CH_2CH_2CH_2O}$（环状）$\longrightarrow \lbrace CH_2—CH_2—CH_2—O \rbrace_n$

(5) $nHOOC(CH_2)_8COOH + nH_2N(CH_2)_{10}NH_2 \longrightarrow$

$nHOOC\lbrace CH_2 \rbrace_8COOH + nH_2N\lbrace CH_2 \rbrace_{10}NH_2 \longrightarrow$

$$HO[\underset{\displaystyle O}{\underset{\Vert}{C}}—\lbrace CH_2 \rbrace_8—\underset{\displaystyle O}{\underset{\Vert}{C}}—NH\lbrace CH_2 \rbrace_{10}NH]_n—H + (2n-1)H_2O$$

【附加题 2】　概述下列高聚物的主要性质和用途。

(1) F-4　(2) ABS　(3) 尼龙-6　(4) 丁苯橡胶

答　(1) F-4：聚四氟乙烯$[CF_2—CF_2]_n$。

其刚性大，为极性分子，具有优异的电绝缘性，可作为高频率电绝缘物质。耐高温、耐腐蚀性好，被称为“塑料王”。

（2）ABS：$\left[\left(CH_2-CH\right)_x\left(CH_2-CH=CH-CH_2\right)_y\left(CH_2-CH\right)\right]_n$

$\qquad\qquad\qquad$ CN

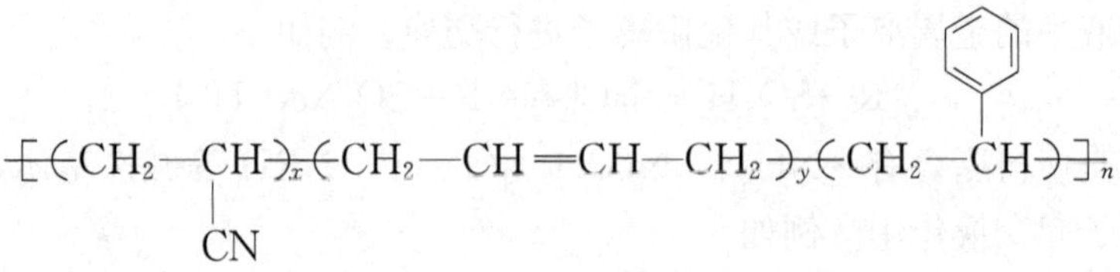

耐热、耐腐蚀、耐冲击性好，又有优良的电绝缘性和可塑性，成为具有广泛前途的工程塑料，主要用于机械、电子、纺织、汽车和造船工业。

（3）尼龙-6：$\left[NH(CH_2)_5CO\right]_n$。

聚己内酰胺因为含有酰胺键，所以有高强度、高熔点。对化学试剂（除强酸外）稳定，溶解性差，吸水性、染色性差。有一定的耐热性。有较好的冲击韧性、耐磨性、自润滑性及耐油性，主要用于纤维，也可用于轴承、齿轮和轴油管等。

（4）丁苯橡胶：$\left[\left(CH_2-CH=CH-CH_2\right)_x\left(CH_2-CH\right)_y\right]_n$。

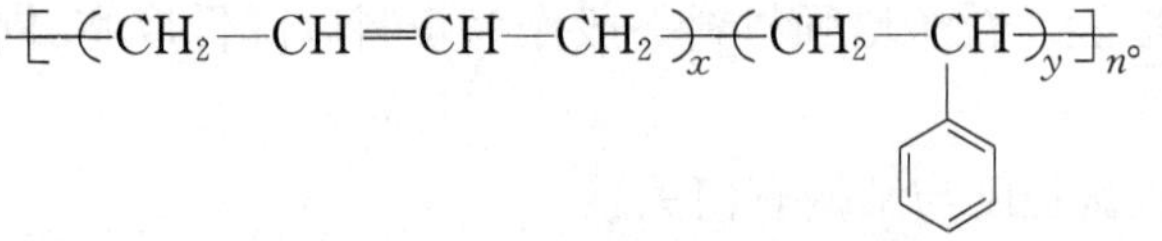

丁苯橡胶按合成方法不同，有乳液丁苯、热塑丁苯、液体丁苯等，所以其性能也不相同。丁苯橡胶耐磨性和耐老化性高于天然橡胶，主要用于制造轮胎。

第8章　化学与能源

8.1　本章小结

8.1.1　基本要求

第一节

能量、能量的形态、能量的转化
能源的定义、分类

第二节

燃料的定义、分类、组成
燃料的发热量(是衡量燃料作为能源的一个重要指标)
煤的汽化、液化方法
天然气的主要成分
石油的形成,能源危机

第三节

化学电源的定义、分类
原电池(锌锰干电池、锌汞电池、锂-铬酸银电池)
蓄电池(铅蓄电池、碱性蓄电池、锂离子电池)
燃料电池(氢-氧燃料电池、甲醇-氧燃料电池)

第四节

氢燃料的使用特点、制取方法、储存方法
核裂变能与核聚变能的特点
核能的特征和危险
太阳能的优点
太阳能的光热转换
太阳能光电转化(太阳能电池)
太阳能的光化学能转换
生物质能

8.1.2 基本概念

第一节

能量 物质做功的本领。

能源 可以从其中获得能量的资源。

一次能源 存在于自然界中的可直接利用其能量的能源。

二次能源 需要依靠其他能源制取的能源。

再生能源 不随人类的利用而显著减少的能源。

非再生能源 随着人类的利用而减少的能源。

第二节

燃料 产生热能或动力的可燃性物质。

燃料的发热量(Q_{DW}) 单位质量或单位体积的燃料完全燃烧时所能释放出的最大热量,是衡量燃料作为能源的一个重要指标,也称为热值。

第三节

化学电源 借助于化学变化将化学能直接转变为电能的装置。

一次性电池 原电池(一次性电池)是利用化学反应得到电流,放电完毕后不能再重复使用的电池。

二次性电池 蓄电池又称二次性电池,是一种可逆电池。

可逆电池 不仅能使化学能转变成电能,还可借助其他电源将反应逆转,使反应系统恢复到放电前的状态,因而可以再放电,这种电池称为可逆电池。

酸性蓄电池 蓄电池的电解质若为酸液,则称为酸性蓄电池。

碱性蓄电池 蓄电池的电解质若为碱液,则称为碱性蓄电池。

锂离子电池 分别由两个能可逆地嵌入与脱嵌锂离子的化合物作为正、负极构成的二次电池。

燃料电池 根据原电池的原理,以还原剂(如氢气、肼、烃、甲醇、煤气、天然气等燃料)为负极反应物质,以氧化剂(如氧气、空气等)为正极反应物质而组成的电池。

第四节

氢燃料制取的热分解水法 使用中间介质,在不高的温度下分步完成水的分解反应。

氢燃料制取的光分解水法 在催化剂的催化作用下,用阳光分解水制氢的反应。

氢的储存技术 主要分为三大类:高压气态储氢技术,低温液态储氢技术和储氢材料储氢技术。

储氢材料 包括金属氢化物储氢、无机物储氢、液体有机氢化物储氢、配位氢化物储氢、多孔材料吸附储氢。

核生成焓 由质子和中子结合成核时放出的能量。

核聚变 轻核聚合成中等质量的原子核时，释放出大量能量的过程称为核聚变。

核裂变 重核分裂成两个中等质量的核时，原子释放出大量能量的过程称为核裂变。

核能 核聚变和核裂变释放出的巨大能量称为核能。

光生伏特效应 指在光照条件下，半导体 p-n 结的两端产生电位差的现象。

太阳能电池 把太阳能转换为电能的装置。

光化学能转换 将太阳能转换为化学能，包括光合作用和光分解水制氢。

光催化制氢原理 光催化材料在受到能量大于或等于半导体禁带宽度的光辐照时，材料晶体内的电子受激从价带跃迁到导带，在导带和价带分别形成自由电子和空穴，水在这种电子-空穴对的作用下发生电离而生成 H_2 和 O_2。

生物质能 生物质能也称可再生有机质能源，是人类最早、最直接利用的一种能源，目前用得最为广泛，被人们预言为 21 世纪的一种新能源。该能源具有广泛的资源，如动物、植物和微生物，以及由此派生的、排泄的和代谢的许多有机物质都可利用。现代生物转换技术可将有机质能源转换成电能、固体燃料、液体燃料、气体燃料等。

8.2 习题及详解

一、判断题

1. 化学反应是能量转换的重要基础之一。 （√）

解析 化学反应是能量转换的基础之一。利用热化学反应(燃烧、热泵)、光化学反应(光合作用、光化学电池)、电化学反应(电池、电解)和生物化学反应(发酵)等，都可实现能量的化学转换。

2. 燃料电池的能量转换方式是由化学能转化成热能，再进一步转化成电能。 （×）

解析 化学能直接转化为电能。

3. 化石燃料是不可再生的“二次能源”。 （×）

解析 化石燃料包括煤、石油、天然气等，是可以直接利用其能量的非再生的“一次能源”。

4. 锂电池就是锂离子电池。 （×）

解析 锂电池是指锂作负极活性物质的这类电池的总称。锂离子电池是将 Li^+ 嵌入化合物为正极的可充电电池，如正极 $Li_{1-x}MO_2$、负极 Li_xC_6，以 $LiPF_6$ 的有机溶液为电解液，电池反应为 $Li_{1-x}MO_2 + Li_xC_6 \rightleftharpoons LiMO_2 + 6C$，在充放电过程中，$Li^+$ 在两个电极间往返嵌入和脱嵌。

5. 由光合作用储存于植物的能量属于生物质能，又称为可再生有机质能源。 （√）

解析 太阳能以化学能形式储存在生物质中的能量形式称为生物质能，即以生物质为载体的能量。它直接或间接地来源于绿色植物的光合作用，可转化为常规的固态、液态和气态燃料，取之不尽、用之不竭，是一种可再生能源。

6. 发展核能是解决能源危机的重要手段。 （√）

7. 燃料的发热量指单位物质的量的燃料完全燃烧所释放的最大热量。 （×）

解析 单位质量或单位体积的燃料完全燃烧所释放的最大热量。

8. 生物质能是可再生能源。 （√）

解析 生物质能是以生物质为载体的能量，是太阳能以化学能形式储存在生物质中的能量形式，是一种可再生能源。

9. 太阳上发生的是复杂的核聚变反应。 （√）

解析 太阳能是由太阳中的氢气经过核聚变反应所产生的一种能源。

10. 氢是一种非常清洁的能源，但其热效率较低。 （×）

解析 根据氢燃料的使用特点：氢的燃烧产物是水，对环境和人体无害，无腐蚀、无污染，是最清洁能源；氢是地球上最丰富的元素，在地球上的氢主要以化合物（如水）的形式存在，地球表面的70%被水覆盖。氢气可以通过水的分解制得，其燃烧产物又是水，是取之不尽、用之不竭的，可永久循环使用；氢具有最高的燃烧热值。燃烧1g氢相当于3g汽油燃烧的热量。而且燃烧速度快，燃烧分布均匀，点火温度低；氢气既可直接燃烧供应需要的热，又可作各种内燃机的燃料，是电厂的高效燃料。而且在许多方面比汽油和柴油更优越，如可低温启动等。

二、选择题

11. 将氧化还原反应设计成原电池，对该反应的要求是（ B ）

A. $\Delta G>0$　　B. $\Delta G<0$　　C. $\Delta H<0$　　D. $\Delta S>0$

解析 $\Delta G<0$是反应能否自发进行的判据。

12. 下列各种电池中属于“一次性电池”的是（ A ）

A. 锌锰电池　　B. 铅蓄电池　　C. 银锌蓄电池　　D. 燃料电池

解析 原电池是利用化学反应得到电流，放电完毕后不能再重复使用的电池，又称为一次性电池。常用的锌锰干电池、锌汞电池（纽扣电池）、锂-铬酸银电池等都是原电池。蓄电池又称二次性电池，它不仅能使化学能转变成电能，而且可借助其他电源使反应逆转，让反应系统恢复到放电前的状态，因而可以再放电。它是一种可逆电池。蓄电池的电解质若为酸液，则称为酸性蓄电池；如果是碱液，则称为碱性蓄电池。最常用的是铅-酸蓄电池，简称铅蓄电池。碱性蓄电池按所采用极板的活性物质性质的不同，分为铁镍蓄电池、镉镍蓄电池和银锌蓄电池三种。燃料电池是根据原电池的原理，以还原剂（如氢气、肼、烃、甲醇、煤气、天然气等燃料）为负极反应物质，以氧化剂（如氧气、空气等）为正极反应物质而组成的。由于燃料电池的反应物质是储存于电池之外的，因此可以随反应物质的不断输入而连续发电。它是一种理想的高效率的能源装置。

13. 下列能源中属于“二次能源”的是（ D ）

A. 潮汐能　　B. 核燃料　　C. 地震　　D. 火药

解析 存在于自然界中可直接利用其能量的能源称为“一次能源”。其中不随人类的利用显著减少的称为“再生能源”，随着人类的利用而减少的，称为“非再生能源”。把需要依靠其他能源制取的能源称为“二次能源”。风、流水、海洋、海洋热差、潮汐能、草木、直接的太阳辐射能、地震、火山喷发、地下热水、地热蒸汽（含温泉）、热岩层属于“一次性能源”中的“再生能源”。化石燃料（煤、石油、天然气、油页岩）、核燃料（铀、钍、钚、氘）属于“一次能源”中的“非再生能源”。电能、氢能、汽油、煤油、柴油、火药、乙醇、甲醇、丙烷、苯胺、硝化棉、硝化甘油等属于“二次能源”。

三、填空题

14. 能源是<u>物质做功的本领</u>，包括<u>机械能</u>、<u>热能</u>、<u>化学能</u>、<u>光能</u>、<u>电能</u>、<u>原子核能</u>等。

15. 一次能源是<u>存在于自然界，可以直接利用其能量的能源</u>，二次能源是<u>需要靠其他能源来制取的能源</u>。一次能源又分为<u>可再生能源</u>和<u>非再生能源</u>。

16. 燃料是一种<u>产生热能或动能的可燃性</u>物质，工业上的燃料主要是含<u>碳</u>的物质或<u>碳氢化合物</u>。作为氧化剂的物质主要是<u>O_2(空气)</u>。

17. 燃料的元素组成主要是<u>C、H、O、N、S</u>等。

18. 原电池又称<u>一次性电池</u>；蓄电池又称<u>二次性电池</u>，它是一种<u>可逆电池</u>。

19. 由于燃料电池可直接把<u>化学能</u>转换成<u>电能</u>，在转换过程中没有<u>经过热能转换</u>，因此它是一种<u>理想、高效的能源</u>装置。

20. 氢能是指用氢气作<u>燃料</u>而<u>获得能量</u>，使用氢燃料具有<u>无毒</u>、<u>资源丰富</u>、<u>发热量大</u>、<u>高效</u>的特点。

21. 核能是<u>核裂变和核聚变放出的巨大能量</u>。其中，核聚变是把<u>较轻原子核</u>聚合成<u>较重原子核</u>；核裂变是把<u>较重原子核</u>分裂成<u>较轻原子核</u>。

四、计算题

22. 已知 $\Delta_c H_m^\ominus(CH_3CH_2OH,l,298.15K)=-1366.91kJ\cdot mol^{-1}$，$\Delta_c H_m^\ominus(CH_3COOH,l,298.15K)=-874.54kJ\cdot mol^{-1}$，$\Delta_c H_m^\ominus(CH_3COOCH_2CH_3,l,298.15K)=-2730.9kJ\cdot mol^{-1}$。求 298.15K 时反应 $CH_3COOH+CH_3CH_2OH \longrightarrow CH_3COOCH_2CH_3+H_2O$ 的 $\Delta_r H_m^\ominus$。

解 $CH_3COOH+CH_3CH_2OH \longrightarrow CH_3COOCH_2CH_3+H_2O$

$\Delta_c H_m^\ominus/(kJ\cdot mol^{-1})$ −874.54 −1366.91 −2730.9

$\Delta_r H_m^\ominus=[(-874.54)+(-1366.91)]-(-2730.9)=489.45(kJ\cdot mol^{-1})$

23. 已知 $\Delta_c H_m^\ominus(C_2H_2,g,298.15K)=-1299.6kJ\cdot mol^{-1}$，由教材附录一之附表1中查出 $H_2O(l)$ 和 $CO_2(g)$ 的 $\Delta_f H_m^\ominus$，求 $\Delta_f H_m^\ominus(C_2H_2,g)$。

解 乙炔的燃烧反应为

$$C_2H_2(g)+2.5O_2(g) \longrightarrow 2CO_2(g)+H_2O(l)$$

由 $\Delta_r H_m^\ominus=[a\Delta_c H_m^\ominus(A)+b\Delta_c H_m^\ominus(B)]-[g\Delta_c H_m^\ominus(G)+d\Delta_c H_m^\ominus(D)]$ 可得到：

$$\Delta_r H_m^\ominus(298.15K)=\Delta_c H_m^\ominus(C_2H_2,g,298.15K)$$

此反应的标准摩尔焓变为

$$\Delta_r H_m^\ominus=[2\Delta_f H_m^\ominus(CO_2,g)+\Delta_f H_m^\ominus(H_2O,l)]-[\Delta_f H_m^\ominus(C_2H_2,g)+0]=-1299.6kJ\cdot mol^{-1}$$

查表得 $\Delta_f H_m^\ominus(CO_2,g)=-393.5kJ\cdot mol^{-1}$，$\Delta_f H_m^\ominus(H_2O,l)=-285.8kJ\cdot mol^{-1}$

代入后求得 $\Delta_f H_m^\ominus(C_2H_2,g)=226.8kJ\cdot mol^{-1}$

24. 氢-氧燃料电池的电池反应为 $H_2(g)+\frac{1}{2}O_2(g)\longrightarrow H_2O(l)$，试计算：

(1) 该电池的标准电动势。

(2) 燃烧 1mol H_2 可获得的最大功。

(3) 若该燃料电池的转化率为 83%，燃烧 1mol H_2 又可以获得多少电功？

[已知 $\Delta_r G_m^\ominus(298.15K)=-237.19kJ\cdot mol^{-1}$]

解 (1) $E^\ominus=-\Delta_r G_m^\ominus/zF$

$=237.19\times10^3 J\cdot mol^{-1}/(2\times96\ 485J\cdot V^{-1}\cdot mol^{-1})=1.229V$

(2) $W_{max}=-\Delta_r G_m^\ominus=237.19kJ$

(3) $W=83\%W_{max}=83\%\times237.19kJ=196.87kJ$

【附加题 1】 已知某些同位素^4He、^2H、^6Li 的摩尔质量($g\cdot mol^{-1}$)分别是4.002 60、2.014 10、6.015 12。某种具有放射性的氢化锂($^6Li^2H$)进行下列核反应$^6Li+^2H\longrightarrow 2^4He$。通过计算回答：

(1) 该反应的质量变化($kg\cdot mol^{-1}$)是多少？

(2) 每摩尔$^6Li^2H$ 参与核反应，释放出多少能量？($^6Li^2H$ 自身分解所需要的能量忽略)

(3) 1.00g $^6Li^2H$ 按上式核反应所放出的能量是多少千焦？

解 (1) $\Delta m=\sum m_{生成物}-\sum m_{反应物}$

$=[2\times4.002\ 60-(6.015\ 12+2.014\ 10)]\ g\cdot mol^{-1}$

$=-0.024\ 02g\cdot mol^{-1}=-2.402\times10^{-5}kg\cdot mol^{-1}$

(2) $\Delta E=\Delta mc^2=-2.402\times10^{-5}kg\cdot mol^{-1}\times(2.9979\times10^8 m\cdot s^{-1})^2$

$=-2.159\times10^{12}kg\cdot m^2\cdot s^{-2}\cdot mol^{-1}$

$=-2.159\times10^{12}J\cdot mol^{-1}=-2.159\times10^9 kJ\cdot mol^{-1}$

(3) $\Delta E=\dfrac{-2.159\times10^9 kJ\cdot mol^{-1}\times1.00g}{(6.015\ 12+2.014\ 10)g\cdot mol^{-1}}=2.689\times10^8 kJ$

【附加题 2】 所有的燃烧反应都能用来组装成燃料电池吗？为什么？燃料电池与普通的干电池、蓄电池比较，有何特色？

答 燃烧反应多种多样，不只局限在氧气或空气作氧化剂所产生的燃烧反应。根据燃料电池的概念，燃料电池定义为：根据原电池的原理，以还原剂(如氢气、肼、烃、甲醇、煤气、天然气等燃料)为负极反应物质，以氧化剂(如氧气、空气等)为正极反应物质而组成的电池。显然，氯气在氢气中燃烧等这一类的燃烧反应是不包括在内的。但需要说明的是，在理论上所有的氧化还原反应都可以用于构成原电池，而在实际应用中要考虑多方面的因素，如对电池技术指标的要求、材料的成本、制作工艺的复杂性、对环境的污染、产品的安全性等。燃料电池系统属于“燃料改造者”，可以利用任何碳氢化合物燃料中的氢，即从天然气到甲醇，甚至汽油。燃料电池是举世公认的高效、便捷及有益于环境的绿色能源装置。它利用物质发生化学反应时释放的能量直接变换为电能，工作时需要连续不断地向其供给“活物质”——燃料与氧化剂。由于燃料通过化学能直接转变为电能输出，因此被称为“燃料电池”。燃料电池是利用水电解的逆反应的“发电机”，由正极、负极和夹在中间的电解质构成，其中负极供给燃料、正极提供氧化剂，中间是电解质。如果电解质是固体，就被称为固体氧化物燃料电池，即 SOFC。

普通的锌锰干电池的化学反应物是事先存放在电池内部的，电池向外供电时，反应物质被消耗却得不到补充，反应物质一旦消耗空，电池就不能再继续供电。对于蓄电池，则必须充入反向电流使其反应物质得到恢复，才能继续工作。燃料电池则不同，因为氧化剂是从外部输入的，只要它们得到了不断的供给，燃料电池就可以源源不断地向外供电。燃料电池的优点是能量转换效率高、可靠性高、工作时无噪声、无尘埃、无辐射，是一种清洁的能源。

【附加题 3】 天然气的主要成分是什么？“干、湿”天然气是怎样划分的？天然气的主要用途有哪些？

答 天然气的主要成分是甲烷(CH_4)。甲烷体积分数 $\varphi_B > 0.5$ 时，称为“干天然气”；当甲烷体积分数 $\varphi_B \leqslant 0.5$ 时，称为“湿天然气”，表示该天然气中有较多高沸点易液化烃类。天然气的主要用途有燃料、代替焦炭炼铁等。

【附加题 4】 太阳能的利用受到哪些因素的影响？

答 太阳能是太阳内部连续不断的核聚变反应过程中产生的能量。太阳能资源总量相当于现在人类所利用的能源的一万多倍。太阳能既是一次能源又是可再生能源，它资源丰富，既可免费使用，又无需运输，对环境无任何污染。但太阳能在开发利用中也面临如下的主要问题：一是能量密度低；二是其强度受各种因素（季节、地点、气候等）的影响，即因地而异，因时而变，不能维持常量。这两大缺点大大限制了太阳能的有效利用。

【附加题 5】 氢燃料的发热值为 $1.24\times10^5 kJ\cdot kg^{-1}$，汽油的发热值为 $46.520 kJ\cdot kg^{-1}$。若用太阳能制氢，计算 1t 水所含氢的总发热量可折合成多少千克汽油。

解 1t 水含氢为

$$(10^3\times10^3 g/18 g\cdot mol^{-1})\times 2 g\cdot mol^{-1} = 1.1\times10^5 g = 111 kg$$

111kg 氢燃料的发热值相当于汽油的质量为

$$111 kg\times 1.24\times10^5 (kJ\cdot kg^{-1})/46.520\ (kJ\cdot kg^{-1}) = 296\ 925 kg$$

即 1t 水所含氢的总发热量可折合成 296 925kg 汽油。

第9章　化学与环境保护

9.1　本章小结

9.1.1　基本要求

第一节

生态系统、生态平衡、环境的自净能力

第二节

环境污染的定义
大气的污染物及其危害
温室效应的概念
氟利昂(CFC)、臭氧空洞
光化学烟雾的成分
酸雨的形成
水的污染物及其危害
赤潮
土壤的污染物及其危害
含汞、银废水的废物利用

第三节

大气污染的防治措施、臭氧层保护
工业废水处理的几种方法、污水脱氮除磷的几种方法
重金属污染土壤的治理、农药污染土壤的治理

第四节

烟尘的综合利用
含硫废气的综合利用

9.1.2　基本概念

第一节

环境　围绕着某一事物并对该事物会产生某些影响的所有外界事物。环境总是相对

于某一中心事物而言的，环境因中心事物的不同而不同。对不同的学科来说，关注的中心事物不同，环境的内容也不同。在环境科学中，中心事物是人，因此通常所称的环境就是人类的生活环境。

自然环境 自然环境一般是指围绕在人类周围的各种自然因素，如空气、水、土壤、植物、动物等，也就是指环绕于人类周围的各种自然要素(大气圈、水圈、土石圈、生物圈等)的总和，一般也称为环境。

生态系统 生物群落与其周围的自然环境构成的整体称为生态系统。

生态平衡 在生态系统中，生物与环境相互依存，相互影响，相互制约。它们之间存在着一种内部调节能力，在长期共存与复杂演变过程中形成一定的平衡状态，这种平衡状态称为生态平衡。

环境的自净能力 自然界的各个生态系统对某些外来的化学物质有一定的抵抗和净化能力，称为环境的自净能力。

第二节

大气污染 通常是指由于人类活动或自然过程引起某些物质进入大气中，呈现出足够的浓度，达到足够的时间，并因此危害了人类的舒适、健康和福利或环境的现象。

总悬浮颗粒物 能长时间悬浮在空气中，空气动力学当量直径$\leqslant 100\mu m$的颗粒物。

可吸入颗粒物 总悬浮颗粒物中粒径小于$10\mu m$的称为PM_{10}，PM_{10}会随气流进入人的气管甚至肺部，称其为可吸入颗粒物。

细颗粒物 总悬浮颗粒物中粒径小于$2.5\mu m$的称为$PM_{2.5}$，$PM_{2.5}$称为细颗粒物。

空气质量指数 空气质量指数(AQI)数值根据城市大气中SO_2、NO_2、CO、O_3、PM_{10}、$PM_{2.5}$等污染物的含量来确定，按照空气质量指数大小又可将空气质量分为六级。

温室效应 大气使太阳的短波辐射到达地面，但地表升温后向外反射出的长波辐射却被大气吸收，这样就使得地表与低层大气温度增高。因其作用类似于栽培农作物的温室，故称温室效应。

温室气体 地球大气中起温室作用的气体称为温室气体，主要有CO_2、CH_4、O_3、N_2O、氟利昂以及水汽等。

氯氟烃 俗称“氟利昂”，是破坏臭氧层、危及人类生存环境的祸首之一，广泛用于冰箱、空调、喷雾、清洗和发泡等行业。

光化学烟雾 参与光化学反应过程的一次污染物和二次污染物的混合物所形成的烟雾污染现象。

酸雨 雨水的pH小于5.6时称为酸雨。

水污染 如果排入水体的污染物含量超过水体的自净能力时，会造成水质恶化，使水的用途受到影响，这种现象称为水污染。

无机污染物 无机污染物主要指酸、碱、盐、重金属以及无机悬浮物等。

有机污染物降解 有机污染物在水中有的能被好氧微生物分解，称为有机污染物降解。

耗氧有机物 生活污水和某些工业废水中所含的碳水化合物、脂肪、蛋白质等有机化合物，可在微生物作用下，最终分解为简单的无机物质 CO_2 和 H_2O 等。这些有机物在分解过程中要消耗水中的溶解氧，称为耗氧有机物。目前用耗氧有机物的含量即可表示水体的受污染程度，一般用DO(溶解氧)、BOD(生化需氧量)、COD(化学耗氧量)、TOD(总需氧量)等来表示。

难降解有机物 多氯联苯、有机氯农药、有机磷农药等在水中很难被微生物分解，称为难降解有机物。

水体的富营养化 植物营养元素大量排入水体，破坏了水体生态平衡的现象。一般指总氮、总磷量超标，即总氮含量大于 $1.5mg \cdot dm^{-3}$，总磷含量大于 $0.1mg \cdot dm^{-3}$。

赤潮 海洋中某一种或几种浮游生物暴发性增殖或聚集而引起水体变色的一种有害的生态异常现象。

土壤污染的判断标准 一是土壤中有害物质的含量超过了土壤背景值的含量；二是土壤中有害物质的累计量达到了抑制作物正常发育或使作物发生变异的量；三是土壤中有害物质的累计量使得作物体或果实中存在残留，达到了危害人类健康的程度。

第三节

交通废气污染的防治 改进内燃机的燃烧设计；排气系统安装附加的催化净化装置，将废气变为无害气体；改变汽车燃料成分；开发新能源动力汽车。

臭氧层保护 停止使用氟利昂和哈龙(Halon)；开展对臭氧空洞本身进行修补的探索。

低碳经济 低碳发展、低碳产业、低碳技术、低碳生活等一类经济形态的总称。它以低能耗、低排放、低污染为基本特征。

发展低碳经济 发展新型能源，降低二氧化碳的排放；提高资源能源利用率；倡导低碳生活方式；提高汽车尾气排放标准；全民植树造林。

工业废水物理处理法 可用重力分离（沉淀）、浮上分离（浮选）、过滤、离心分离等方法，将废水中的悬浮物或乳状微小油粒除去；还可用活性炭、硅藻土等吸附剂过滤吸附处理低浓度的废水，使水净化；也可用某种有机溶剂溶解萃取的方法处理如含酚等有机污染物的废水。

工业废水化学处理法 利用化学反应来分离并回收废水中的各种污染物，或改变污染物的性质，使其从有害变为无害，方法主要有混凝法、中和法、氧化还原法、离子交换法等。

工业废水混凝法处理 废水中常有不易沉淀的细小的悬浊物，它们往往带有相同的电荷，因此相互排斥而不能凝聚。若加入某种电解质(即混凝剂)后，由于混凝剂在水中能产生带相反电荷的离子，使水中原来的胶状悬浊物质失去稳定性而沉淀下来，达到净化水的效果。

工业废水中和法处理 有的工业废水呈酸性，有的呈碱性，可用中和法处理使pH达到或接近中性。

工业废水氧化还原法处理 溶解在废水中的污染物质，有的能与某些氧化剂或还原剂发生氧化还原反应，使有害物质转化为无害物质，达到处理废水的效果。

工业废水离子交换法处理 利用离子交换树脂的离子交换作用来除去废水中离子化的污染物质。

工业废水生物处理法 生物处理法是利用微生物的生物化学作用，将复杂的有机污染物分解为简单的物质，将有毒物质转化为无毒物质。

工业废水电化学处理法 在废水池中插入电极板，当接通直流电源后，废水中的阴离子移向阳极板，发生失电子的氧化反应；阳离子移向阴极板，发生得电子的还原反应，从而除去了废水池中的含铬、氰等的污染物。

城市生活污水脱氮除磷 化学法如投加石灰，提高废水的 pH，使水中的氮呈游离氨形态逸出；以生成碱式磷酸钙沉淀形式除磷；物理法如电渗析膜分离技术；还有生物法。

第四节

含硫废气处理与利用 SO_2、SO_3、H_2S 的废气可用氨水吸收剂，既可除去废气中的 SO_2（包括 SO_3），又可制得高浓度的 SO_2 和硫酸铵副产品。

含汞废水提取汞 以加入 Na_2S 为沉淀剂，用凝聚沉淀法可从含汞废水中提取汞；或使废液呈碱性，再加入过量 Na_2S，使 HgS 沉淀析出；再加入 $FeSO_4$ 溶液获得 FeS 沉淀，FeS 可吸附 HgS 而共同沉淀，使原废水中的含汞量降至 $0.02mg \cdot dm^{-3}$ 以下。所得沉淀可用焙烧法制取汞，产生的汞蒸气经冷凝即得金属汞。

9.2 习题及详解

一、判断题

1. 人体对所有病菌都有一定分解能力，即自净能力。 （×）

解析 人体只对某些化学物质或病菌有一定的抵抗力。

2. 中国的大气污染主要是温室效应。 （×）

解析 中国的大气污染以煤烟型为主，主要污染物为总悬浮颗粒和 SO_2。

3. CO_2 浓度太高时会造成温室效应。 （√）

解析 温室效应又称“花房效应”，是大气保温效应的俗称。大气能使太阳的短波辐射到达地面，地表升温后向外反射出的长波辐射却被大气吸收，这样就使得地表与低层大气温度增高。因其作用类似于栽培农作物的温室，所以称为温室效应。实际上，并不是大气中每种气体都能强烈吸收地面长波辐射。地球大气中起温室作用的气体称为温室气体，主要有 CO_2、CH_4、O_3、N_2O、氟利昂以及水汽等。随着大气中温室气体浓度的升高，大气的温室效应也随之增强，从而导致地球气温在相对较短的时期内出现显著升高，即出现所谓的“全球变暖”，进而会引起极冰融化、海平面上升、传染病流行等一系列严重问题。

4. CO_2 无毒，所以不会造成空气污染。 （×）

解析 温室效应等。

5. 常温下 N_2 和 O_2 反应，生成污染空气的 NO_x。 （×）

解析 常温下 N_2 和 O_2 不反应。

6. 光化学烟雾的主要原始成分是 NO_x 和烃类。 （√）

解析 汽车、工厂等污染源排入大气的碳氢化合物(HC)和氮氧化物(NO_x)等一次污染物，在太阳紫外线的作用下会发生一系列复杂的光化学反应，生成臭氧、醛、酮、酸、过氧乙酰硝酸酯等二次污染物。光化学烟雾就是指参与光化学反应过程的一次污染物和二次污染物的混合物所形成的烟雾污染现象。

7. 一些有机物在水中自身很难分解，因此称为难降解有机物。 （×）

解析 在水中很难被微生物分解的有机物如有机氯农药、有机磷农药等称难降解有机物。

8. 国家规定含 Cr(Ⅵ)的废水中，Cr(Ⅵ)的最大允许浓度为 $0.5g \cdot dm^{-3}$。 （×）

解析 国家规定排放废水中铬(Ⅵ)的最大允许浓度为 $0.5mg \cdot dm^{-3}$。

9. 含 Hg 废水中的 Hg 可用凝聚法除去。 （√）

解析 一般偏碱性含汞废水通常采用化学凝聚法或硫化物沉淀法处理，偏酸性的含汞废水可用金属还原法处理。低浓度的含汞废水可用活性炭吸附法、化学凝聚法或活性污泥法处理。有机汞废水较难处理，通常先将有机汞氧化为无机汞，再进行处理。

二、选择题

10. 温室效应是指（ A ）

A. 温室气体能吸收地面的长波辐射

B. 温室气体能吸收地面的短波辐射

C. 温室气体允许太阳长波辐射透过

D. 温室气体允许太阳的长短波辐射透过

解析 大气能使太阳的短波辐射到达地面，但地表升温后向外反射出的长波辐射可被大气吸收，使得地表与低层大气温度增高，产生温室效应。

11. 酸雨是指雨水的 pH 小于（ C ）

A. 6.5　　B. 6.0　　C. 5.6　　D. 7.0

解析 空气中含有 CO_2，它的体积分数约为 3.16×10^{-4}，溶入雨水中形成 H_2CO_3，这时雨水的 pH 可达 5.6。如果雨水的 pH 小于 5.6，就称其为酸雨。

12. 伦敦烟雾事件的罪魁是（ B ）

A. CO_2　　B. SO_2　　C. NO_2　　D. O_3

解析 1952 年发生在伦敦的烟雾事件是由于 SO_2 污染引起的。SO_2 还是酸雨形成的主要原因之一。

13. 水体富营养化指植物营养元素大量排入水体，破坏了水体生态平衡，使水体（ D ）

A. 夜间水中溶解氧增加，化学耗氧量减少

B. 日间水中溶解氧减少，化学耗氧量增加

C. 昼夜水中溶解氧减少，化学耗氧量增加

D. 夜间水中溶解氧减少，化学耗氧量增加

解析 生活污水和某些工业废水中常有含氮和磷的物质，这种植物营养元素大量排

入水体，会引起水体中的硅藻、蓝藻、绿藻大量繁殖，导致夜间水中溶解氧减少，化学耗氧量增加，从而使水体"死亡"，进而使水体质量恶化，导致鱼类等死亡。

14. 废气污染的防治方法主要是根据废气的（ B ）

A. 氧化性和沉淀溶解性　　B. 氧化性和酸性

C. 酸性和水合性　　D. 沉淀溶解性和水合性

解析　催化还原法是根据氧化性，氨法或石灰乳法是根据酸性。

三、填空题

15. 我国环境保护法规定，环境是指__大气__、__土地__、__矿藏__、__森林__、__草原__、__野生生物__、__水生生物__、__名胜古迹__、__风景游览区__、__温泉__、__自然保护区__、__生活居住区等__。

16. __生物群落__与其周围的__自然环境__构成的整体，就是__生态__系统。

17. 中国的大气污染以__煤烟型__为主，主要污染物为__总悬浮颗粒__和__SO_2__。

18. 城市空气质量日报用__空气的污染指数__加以区别，并确定__空气质量__级别。

19. 悬浮颗粒物即__通常所说的粉尘__，包括__降尘__，粒径在__$10\mu m$__以上，__飘尘__粒径在 $10\mu m$ 以下。

20. 温室气体主要有__CO_2、CH_4、N_2O、$CFCl_3$__等。消耗臭氧层物质的祸首主要是__氯氟烷和溴氟烷__。臭氧主要浓集于距地面__20～50__km 的__平流__层。

21. 国际社会为保护臭氧层，分别于 1985 年和 1987 年制定了两项协议，即__《保护臭氧层维也纳公约》__和__《关于消耗臭氧层物质的蒙特利尔议定书》__。协议中规定，破坏臭氧层的物质（除三氯乙烷）应全部于__2000 年 1 月 1 日__（日期）停止生产和使用。

22. 光化学烟雾首先是__NO_2__光解产生__活泼的原子 O__，原子 O 与 O_2 形成__O_3__，原子 O 和 O_3 可将烃类__氧化为醛类、酮类、过氧乙酰硝酸酯(PAN)__等物质。

23. 雨水的 pH__小于 5.6__，就称其为__酸雨__。主要是由于大气中含有__SO_2 和 NO_2__。

24. 水体对污染有__一定的自净__能力，这是水体中__溶解氧__的作用。

25. 污染水体的无机污染物主要指__酸、碱、盐、重金属__以及无机悬浮物等。有机污染物有耗氧有机物，这些有机物在分解过程中__要消耗水中的溶解氧__，因此称它们为__耗氧有机物__。

26. 难降解有机物都具有__很大毒性__，一旦进入__水体__，能长期存在。

27. 水体富营养化状态是指__水中总氮、总磷量__超标。

28. 如果进入土壤中的__污染物__超过土壤的__净化能力__，则会引起__土壤严重污染__。土壤污染物分为__无机和有机__两大类。其危害主要是对__植物生长的影响__。

四、计算题

29. 为解决大气污染问题，有人试图用热分解的方法来消除汽车尾气中产生的 CO 气体，反应式如下：

$$CO(g) \xrightarrow{\triangle} C(s) + \frac{1}{2}O_2(g)$$

从热力学角度分析此设想可否实现。

解 $CO(g) \longrightarrow C(s) + \frac{1}{2}O_2(g)$

	$CO(g)$	$C(s)$	$\frac{1}{2}O_2(g)$
$\Delta_f H^\ominus_{m,B}/(kJ \cdot mol^{-1})$	-110.52	0	0
$S^\ominus_{m,B}/(J \cdot mol^{-1} \cdot K^{-1})$	197.91	5.69	205.03

$\Delta_r H^\ominus_m = 110.52 kJ \cdot mol^{-1}$

$\Delta_r S^\ominus_m = [5.69 + \frac{1}{2} \times (205.03) - 197.91] J \cdot mol^{-1} \cdot K^{-1} = 89.7 J \cdot mol^{-1} \cdot K^{-1}$

因为 $\Delta_r H^\ominus_m > 0$ 和 $\Delta_r S^\ominus_m < 0$，所以无论热分解温度多高，$\Delta_r G^\ominus_m = \Delta_r H^\ominus_m - T\Delta_r S^\ominus_m > 0$，反应从热力学角度不能实现。

30. 汽车尾气排放出严重污染大气的两种气体 NO 和 CO，有人设想让二者自己反应转化为无毒的 CO_2 和 N_2，试回答：

(1) 常温下反应的 $K^\ominus(298K)$。

(2) 标准状态时，什么温度下可自发反应生成无毒气体？

(3) 若要加速这种转化可采取什么措施？

解 (1) 查出各反应物的 $\Delta_f H^\ominus_{m,B}$ 和 $S^\ominus_{m,B}$ 值

$2NO(g) + 2CO(g) = N_2(g) + 2CO_2(g)$

	$2NO(g)$	$2CO(g)$	$N_2(g)$	$2CO_2(g)$
$\Delta_f H^\ominus_{m,B}/(kJ \cdot mol^{-1})$	90.25	-110.525		-393.509
$S^\ominus_{m,B}/(J \cdot mol^{-1} \cdot K^{-1})$	210.761	197.674	191.6	213.74

$$\begin{aligned}\Delta_r H^\ominus_m &= \{2 \times (-393.509) - [2 \times 90.25 + 2 \times (-110.525)]\} kJ \cdot mol^{-1} \\ &= \{(-787.018) - [180.5 + (-221.05)]\} kJ \cdot mol^{-1} \\ &= (-787.018 + 40.55) kJ \cdot mol^{-1} \\ &= -746.468 kJ \cdot mol^{-1}\end{aligned}$$

$$\begin{aligned}\Delta_r S^\ominus_m &= [191.6 + 2 \times 213.74 - (2 \times 210.761 + 2 \times 197.674)] J \cdot mol^{-1} \cdot K^{-1} \\ &= [619.08 - (421.522 + 395.348)] J \cdot mol^{-1} \cdot K^{-1} \\ &= (619.08 - 816.87) J \cdot mol^{-1} \cdot K^{-1} \\ &= -197.79 J \cdot mol^{-1} \cdot K^{-1} \\ &= -0.198 kJ \cdot mol^{-1} \cdot K^{-1}\end{aligned}$$

$$\begin{aligned}\Delta_r G^\ominus_m &= \Delta_r H^\ominus_m - T\Delta_r S^\ominus_m \\ &= -746.468 kJ \cdot mol^{-1} - 298K \times (-0.198 kJ \cdot mol^{-1} \cdot K^{-1}) \\ &= -687.464 kJ \cdot mol^{-1}\end{aligned}$$

$$\begin{aligned}\lg K^\ominus &= \frac{-\Delta_r G^\ominus_m(T)}{2.303RT} = \frac{-(-687.464) kJ \cdot mol^{-1}}{2.303 \times 8.314 \times 10^{-3} kJ \cdot mol^{-1} \cdot K^{-1} \times 298K} \\ &= \frac{687.464 kJ \cdot mol^{-1}}{5705.8483 kJ \cdot mol^{-1} \times 10^{-3}} = 120.4841\end{aligned}$$

$K^\ominus = 3.05 \times 10^{120}$

(2) $T \leqslant \frac{\Delta_r H^\ominus_m(T)}{\Delta_r S^\ominus_m(T)} = \frac{-746.468 kJ \cdot mol^{-1}}{-0.198 kJ \cdot mol^{-1} \cdot K^{-1}} = 3770.7K$

即在 3770.7K 以下的任何温度，反应都自发向右进行。

(3) 增大系统压力有利于平衡向右移动，降低温度有利于平衡向右移。

【附加题 1】 简述生态系统的组成和作用。

答 生物群落与其周围的自然环境构成的整体，称为生态系统。其主要作用是不断进行物质循环和能量交换。在生态系统中，生物和环境相互依存、影响、制约。

【附加题 2】 简述温室效应的特征及温室效应对环境的影响。

答 特征：地球大气层中的 CO_2 允许部分太阳辐射(短波辐射)透过而进入地面，可以使地球表面温度升高。同时，大气又能吸收太阳和地面反射的长波红外辐射，仅让很少一部分热辐射散失到宇宙空间，这就使热量截流在大气层中，对地表起保温作用。

影响：温室效应是地球上生命赖以生存的必要条件。但是人口激增、化石燃料的燃烧量猛增等因素造成温室效应加剧，气候变暖，对气候、生态环境及人类健康等多方面带来影响。例如，极地冰川将融化，海平面上升，会对岛国和沿海城市构成威胁；气候变暖，可以导致全球疾病蔓延，威胁人类健康。

【附加题 3】 臭氧层在大气中有什么作用？如何保护臭氧层？

答 O_3 在离地面 25km 附近的大气层中浓度最大，构成一个独特的大气层——臭氧层。O_3 层能吸收波长在 220～330nm 范围内的紫外光。紫外线对生物有破坏性，对人的皮肤、眼睛，甚至免疫系统都会造成伤害。O_3 层吸收了 99% 的紫外线，从而防止了这种高能紫外线对地球上生物的伤害。

为了保护臭氧层免遭破坏，国际社会进行了有关保护 O_3 层国际合作谈判，最终分别于 1985 年和 1987 年制定了《保护臭氧层维也纳公约》和《关于消耗臭氧层物质的蒙特利尔议定书》。上述协议规定，除了 1,1,1-三氯乙烷外的其他破坏 O_3 层的物质全部于 2000 年 1 月 1 日停止生产和使用，以减少对 O_3 层的破坏。

【附加题 4】 什么是水体污染？水体污染包括哪些内容？

答 排入水体的污染物含量超过水体的自净能力，造成水质恶化，降低了水体的使用价值，这种现象就是水体污染。水体污染包括两类：一类是自然污染；另一类是人为污染。后者是主要的。

人为污染又分为无机物污染、有机物污染、水体的富营养化、赤潮与海洋污染、水体的热污染等。

【附加题 5】 什么是水体的富营养化？它在水污染中起什么作用？

答 生活污水和某些工业废水中常有含氮和磷的物质。磷、氮元素是植物营养元素，会引起水体中藻类、细菌和其他植物等大量繁殖。当水中总氮、总磷量超标，总氮量大于 $1.5mg \cdot dm^{-3}$，总磷量大于 $0.1mg \cdot dm^{-3}$，就被称为水体的富营养化。

如上所述，水体富营养化的这种过度肥沃状态造成藻类、细菌和根茎植物的不正常繁殖。例如，水中鱼要吃植物，但如果植物增长的速度大于被鱼吃掉的速度，水将会被植物充塞。细菌分解有机物过程要消耗氧，如果这类作用发生过度，水中的溶解氧将会减少到低于某水平以至于水生动物无法生存。这一切造成水体生态平衡严重破坏，使水体质量恶化。

第 10 章　化学与生命

10.1　本 章 小 结

10.1.1　基本要求

第一节

核酸的结构、分类
DNA 的结构、碱基互补、碱基堆积
DNA 的复制过程、染色体

第二节

蛋白质、氨基酸、二者的关系、氨基酸的结构、常见氨基酸、肽
蛋白质的二级结构、三级结构、四级结构
蛋白质的合成、密码、反密码
酶的概念、酶催化作用的特点

第三节

基因、人类基因组计划

第四节

基因工程、基因工程的应用范围
基因克隆、细胞克隆和个体克隆
转基因作物

10.1.2　基本概念

第一节

核酸　一类多聚核苷酸，由许多核苷酸通过磷酯键相连接的长链分子。

核苷酸　核酸的基本结构单元，由碱基(含氮的杂环化合物)、戊糖(五碳糖)和磷酸三部分组成。

DNA　也称脱氧核糖核酸，属于核酸的聚合物。其组成包括核苷酸(腺嘌呤脱氧核苷酸、鸟嘌呤脱氧核苷酸、胞嘧啶脱氧核苷酸、胸腺嘧啶脱氧核苷酸)、碱基(腺嘌呤 A、鸟嘌呤 G、胞嘧啶 C、胸腺嘧啶 T)、D-2-脱氧核糖、磷酸。

碱基互补　DNA 以双股核苷酸链形式存在,双链环绕同一根轴。一股 DNA 螺旋的碱基通过氢键与另一股上的碱基配对。这种碱基之间的相互匹配关系称为碱基互补。

碱基堆积　碱基层叠于螺旋内侧,其平面与螺旋的纵轴垂直,称为碱基堆积。

染色体　存在于细胞核内的 DNA 和蛋白质组成的纤丝状物质,当遇到碱性染料时可显色,称为染色体。

第二节

蛋白质　蛋白质存在于一切活细胞中,是最复杂多变的一类大分子。它的生理意义非常重大。所有的蛋白质都包含碳、氢、氧、氮元素,大多数蛋白质还包含硫或磷,有些还含有铁、铜、锌等。

蛋白质的分类　大致可分成两大类:①简单蛋白质,水解时只产生氨基酸,如球蛋白、白蛋白等;②复合蛋白质,水解时产生氨基酸和辅基,如核蛋白、血红蛋白等。

氨基酸　蛋白质水解时产生的单体称为氨基酸。氨基酸中氨基呈碱性,羧基显酸性。

α-氨基酸　构成蛋白质的氨基酸。它们是 α-碳(羧基—COOH 旁边的碳)上有一个氨基($-NH_2$)的有机酸,简称氨基酸。

肽　在蛋白质分子中,氨基酸的基本连接方式是某一氨基酸分子的羟基(提供 OH)与另一氨基酸分子的氨基(提供 H),通过脱水缩合形成酰胺键相连,从而形成新的化合物,称为肽。

肽键　肽分子中的酰胺键称为肽键。

蛋白质的一级结构　每个蛋白质分子都可以由一条或多条肽链构成,每条多肽链都有它的一定的氨基酸连接顺序,这种连接顺序称为蛋白质的一级结构。

蛋白质的二级结构　蛋白质分子中多肽链本身的折叠方式。

蛋白质的三级结构　二级结构折叠卷曲形成的结构。

蛋白质的四级结构　几个蛋白质分子(称为亚基)聚集成的高级结构。

蛋白质的变性作用　蛋白质天然形态被破坏的过程称为变性作用。

蛋白质的合成　通过转录 RNA 将解开的 DNA 的遗传信息转录到信使 RNA 上,通过碱基与氨基酸的对应关系,指导蛋白质的合成。

酶　一类由生物细胞产生的,以蛋白质为主要成分的,具有催化活性的生物催化剂。

第三节

基因　基因又称遗传因子,是 DNA 分子上具有遗传信息的特定核苷酸序列的总称,即基因是具有遗传效应的 DNA 分子片段。

人类基因组计划　探究人类 10 多万个基因中所含 4 种核苷酸(30 亿碱基对)的排序。

第四节

基因工程　基因工程是指在基因水平上,采用与工程设计十分类似的方法,按照人类的需要进行设计,然后按设计方案创建出具有某种新的性状的生物新品系,并能使之稳定地遗传给后代。

转基因 转基因是指运用科学手段从某种生物中提取所需要的基因，将其转入另一种生物中，使与另一种生物的基因进行重组，从而产生特定的具有变异遗传性状的物质。

转基因作物 转基因作物又称转基因改制作物，是指运用基因技术，克服传统嫁接及杂交技术的不确定性，通过定向进化方式培养而成的农作物。

10.2 习题及详解

一、判断题

1. 核酸分为核糖核酸和脱氧核糖核酸。（√）

解析 核酸是一类多聚核苷酸，它的基本结构单元是核苷酸。核苷酸是由核苷与磷构成的分子，每一个核苷由碱基（含 N 的杂环化合物）和戊糖（五碳糖）组成。根据核酸中所含戊糖种类不同，核酸可分为核糖核酸和脱氧核糖核酸两大类。

2. 氨基酸具有酸性。（×）

解析 氨基酸中氨基呈碱性，羧基呈酸性，具有酸碱两性。

3. 蛋白质主要是由氨基酸组成的。（√）

解析 蛋白质大致可分为两大类：简单蛋白质和复合蛋白质。其中简单蛋白质在水解时只产生氨基酸，如球蛋白、白蛋白等。而复合蛋白质在水解时产生氨基酸和辅基（其他有机或无机组分，如糖、脂、金属配离子等），如核蛋白、血红蛋白等。

4. α-氨基酸是指 α-碳上有一个氨基（$—NH_2$）的有机酸。（√）

解析 构成蛋白质的氨基酸是 α-氨基酸，简称氨基酸。它们是 α-碳（羧基—COOH 旁边的碳）上有一个氨基（$—NH_2$）的有机酸。侧链基团 R 的变化使每个氨基酸区别开来。

二、选择题

5. 蛋白质水解主要产生（ B ）

A. 盐和水　　B. 组成它的氨基酸和多肽

C. 弱酸和强碱　　D. 有机高分子化合物

解析 在蛋白质分子中，氨基酸的基本连接方式是某一氨基酸分子的羟基（提供 OH）与另一氨基酸分子的氨基（提供 H），通过脱水缩合，形成酰胺键相连，从而形成新的化合物，称为肽。肽分子中的酰胺键称为肽键。由多个氨基酸连成的肽称为多肽。多肽一般是链状结构。在肽链中，氨基酸已不是原形，称为氨基酸残基。所以蛋白质水解产生其组成氨基酸和多肽。

6. 组成蛋白质的氨基酸主要有（ C ）种

A. 50　　B. 30　　C. 20　　D. 10

解析 组成蛋白质的氨基酸包括甘氨酸、丝氨酸、苏氨酸、半胱氨酸、酪氨酸、天冬酰胺、谷氨酰胺、冬氨酸、谷氨酸、丙氨酸、缬氨酸、亮氨酸、异亮氨酸、脯氨酸、苯丙氨酸、色氨酸、甲硫氨酸(蛋氨酸)、赖氨酸、精氨酸、组氨酸共20种。

7. 使蛋白质变性的因素有(A)

A. 加热、pH改变、强酸强碱、紫外线等

B. 加热、pH改变

C. 酸、碱、盐

D. 紫外线、红外线

解析 蛋白质所处环境的各种变化如pH改变、受热、有机溶剂、重金属离子、生物碱、还原剂、辐射等都能破坏分子的二级、三级和四级结构。蛋白质天然形态被破坏的过程称为变性作用,变性能使蛋白质丧失生理活性,变性作用可能会持久也可能短时间发生(变性剂除去后,蛋白质又可恢复其天然状态)。

8. 核苷酸的组成成分为(C)

A. 核苷　　B. 多核苷

C. 碱基、磷酸、戊糖　　D. 碱基

解析 核酸是一类多聚核苷酸,它的基本结构单元是核苷酸。核苷酸是由核苷和磷酸构成的分子,每一个核苷由碱基(含N的杂环化合物)和戊糖(五碳糖)组成。

9. 核苷的组成成分为(A)

A. 碱基、戊糖　　B. 碱基、磷酸

C. 嘌呤、嘧啶　　D. 嘌呤、嘧啶、核糖或脱氧核糖

解析 每一个核苷由碱基(含N的杂环化合物)和戊糖(五碳糖)组成。

10. 下列关于基因说法错误的是(D)

A. 基因的物质基础是DNA

B. 基因是包含全部遗传信息的物质

C. 基因是核酸

D. 基因是蛋白质

解析 基因是指携带有遗传信息的DNA或RNA序列,也称为遗传因子,是控制性状的基本遗传单位。基因通过指导蛋白质的合成来表达自己所携带的遗传信息,从而控制生物个体的性状表现。含特定遗传信息的核苷酸序列是遗传物质的最小功能单位。因此,D选项是错误的。

三、填空题

11. 蛋白质大致可以分为两大类:<u>简单蛋白质</u>和<u>复合蛋白质</u>。

12. 核酸的基本结构单元是<u>核苷酸</u>。根据所含戊糖种类不同,核酸可分为<u>核糖核酸</u>和<u>脱氧核糖核酸</u>两大类。核苷酸的碱基种类较多,但在DNA和RNA中都分别各含<u>四</u>种碱基。

13. 基因工程的核心技术是<u>DNA</u>的重组技术,也就是<u>克隆技术</u>。克隆可以根据其研究或操作的对象分为<u>基因克隆</u>、<u>细胞克隆</u>和<u>个体克隆</u>三大类。

四、问答题

14. 解释下列名词。

(1) 染色体　(2) 蛋白质变性作用　(3) 酶　(4) 基因

答　(1) 染色体:存在于细胞核内的DNA和蛋白质组成的纤丝状物质。当遇到碱性染料时可显色,因此称为染色体。

(2) 蛋白质变性作用:蛋白质天然形态被破坏的过程称为变性作用。

(3) 酶:一类由生命细胞产生,以蛋白质为主要成分,具有催化活性的生物催化剂。

(4) 基因:又称遗传因子,是DNA分子上具有遗传信息的特定核苷酸序列的总称,即基因是具有遗传效应的DNA分子片段。

15. 蛋白质是由什么元素组成的?什么是蛋白质的一级结构、二级结构和三级结构?

答　所有蛋白质都包括碳、氢、氧、氮元素,大多数蛋白质还包括硫或磷,有些还含有铁、铜、锌等。

在肽链中氨基酸的连接顺序称为蛋白质的一级结构;蛋白质分子中多肽链本身的折叠方式称为蛋白质的二级结构;二级结构折叠卷曲,形成的结构称为蛋白质的三级结构。

16. 写出构成人体蛋白质的20种氨基酸的名称、符号。什么是必需氨基酸?有哪几种?

答

名称	符号	名称	符号
甘氨酸	Gly	缬氨酸	Val
丝氨酸	Ser	亮氨酸	Leu
苏氨酸	Thr	异亮氨酸	Ile
半胱氨酸	Cys	脯氨酸	Pro
酪氨酸	Tyr	苯丙氨酸	Phe
天冬酰胺	Asn	色氨酸	Trp
谷氨酰胺	Gln	甲硫氨酸(蛋氨酸)	Met
天冬氨酸	Asp	赖氨酸	Lys
谷氨酸	Glu	精氨酸	Arg
丙氨酸	Ala	组氨酸	His

所谓的必需氨基酸,是指人体需要但是自身不能制造的,需要在饮食中摄取的氨基酸。儿童所必需的氨基酸有丙氨酸、缬氨酸、亮氨酸、异亮氨酸、苯丙氨酸、色氨酸、甲硫氨酸(蛋氨酸)、赖氨酸、精氨酸、组氨酸。成人必需氨基酸有八种,不包括精氨酸和组氨酸。

17. DNA是由哪几种碱基组成的?试写出它们的结构式。

答　组成DNA的碱基有四种,它们是腺嘌呤、鸟嘌呤、胞嘧啶、胸腺嘧啶。它们的结构式如下:

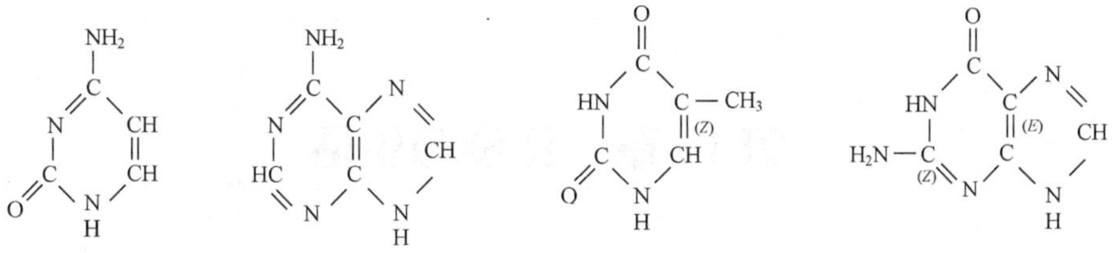

18. 什么是DNA的二级结构？在DNA二级结构中四种碱基配对有何规律？

答 DNA的二级结构是指多聚核苷酸链内或链之间通过氢键、碱基堆集等弱的作用力折叠卷曲而成的构象，是一种双螺旋结构。DNA二级结构中的四种碱基只与特定的碱基通过氢键配对，具体来说，腺嘌呤(A)的结构只能和胸腺嘧啶(T)以氢键结合，鸟嘌呤(G)的结构只能和胞嘧啶(C)结合。

19. DNA如何进行复制？

答 以原来的DNA分子为模板，复制时打开双链，以每一条作为模板，按照Watson-Crick碱基对原则合成出一条互补的新链。新形成的两个子代DNA分子与原来DNA分子的碱基顺序完全一样。在该过程中，每个子代双链DNA分子中的一条链来自亲代DNA，另一条是新合成的，这种复制方式称为半保留复制。

20. 蛋白质是怎样合成的？

答 蛋白质的合成是在DNA的指导下进行的。首先，以DNA为模板，合成出与其核苷酸顺序完全互补的RNA分子，然后翻译成特异的蛋白质。可以分为以下几个步骤：①细胞核内切酶解开DNA片断的双螺旋；②转录RNA将DNA的遗传信息转录到信使RNA(mRNA)上，使其带有DNA的全部密码，碱基顺序的密码指导蛋白质的合成；③RNA进入细胞质。其中，带有密码的信使RNA是蛋白质合成的模板，核蛋白体RNA(rRNA)是蛋白质合成的场所；转运RNA(tRNA)是氨基酸的载体，其上有与mRNA的密码对应的“反密码”，可将氨基酸线形排列在mRNA模板上形成肽链。

21. 什么叫肽键？以丝氨酸和缬氨酸的缩合为例说明肽键的结构。

答 肽分子中的酰胺键称为肽键。以丝氨酸和缬氨酸的缩合为例：

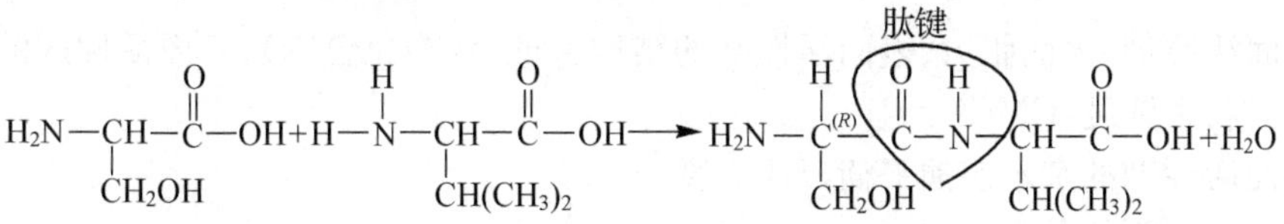

第 11 章　化学与生活

11.1 本章小结

11.1.1 基本要求

第一节

人体所需的七大类营养素
蛋白质的主要来源、蛋白质的互补作用
脂肪的结构、饱和脂肪酸与不饱和脂肪酸的结构、脂肪的生理功能
碳水化合物(糖)的概念和分类、血液里糖的含量与健康
维生素的分类
无机盐、几种常量元素的主要作用、微量元素的生理作用
膳食纤维的种类、来源和主要作用
水的生理功能
膳食营养平衡、食品添加剂

第二节

药物、毒物、药物的作用、抗菌(生)素
吗啡及其衍生物(可待因、海洛因)
阿司匹林的化学成分及作用
中草药、处方药和非处方药

第三节

表面活性剂、表面张力、表面活性剂的结构特征(双亲化合物)、表面活性剂的分类
临界胶束浓度(CMC)
表面活性剂的亲水亲油平衡(HLB 值)
表面活性剂的基本作用
污垢的分类
肥皂的定义
牙膏的成分和作用

第四节

石油、馏分

汽油的使用性能、辛烷值、汽油的化学安定性和物理稳定性
柴油的使用性能、十六烷值
润滑油的使用性能
润滑油添加剂的种类

11.1.2　基本概念

第一节

营养素　凡是能维持人体健康以及提供生长、发育和劳动所需要的各种物质称为营养素。人体所必需的营养素(nutrient)有蛋白质、脂类、碳水化合物(糖类)、维生素、无机盐(矿物质)、水和膳食纤维 7 类。

食物中蛋白质的主要来源　乳类、蛋类、肉类、豆类、硬果类,谷类次之。

蛋白质的互补作用　两种以上蛋白质综合食用,其生理价值会提高,称为蛋白质的互补作用。

脂肪　由一分子甘油和三分子脂肪酸(RCOOH)形成的甘油三酯。

饱和脂肪酸　碳链无双键,碳的个数为 12、14、16、18 的脂肪酸。

单不饱和脂肪酸　碳链中只含有一个双键的脂肪酸,主要是油酸,如橄榄油、花生油都含较多油酸。

多不饱和脂肪酸　碳链中有两个或两个以上双键的脂肪酸,如亚油酸、亚麻酸、花生四烯酸等。豆油、玉米油、鸡油中含有较多亚油酸。

脂肪的生理功能　氧化供能,促进脂溶性的纤维素吸收,调节生理功能。

碳水化合物　碳水化合物包括糖、淀粉、纤维素、糊精和树胶,其中糖类是具有生物功能的碳水化合物,它们的主要生物学功能是通过氧化反应来提供能量。

单糖　水解时不能再分成更小单位的碳水化合物。

二糖　水解时生成两分子单糖的碳水化合物。

多糖　多糖包含十个或十个以上单糖的聚合物。

淀粉　由葡萄糖单体组成的聚合物,分为直链淀粉和支链淀粉两类。

糖原　葡萄糖链比淀粉中的要长而且分支更多的多糖。

纤维素　纤维素是植物产生的一种葡萄糖聚合物,每个纤维素分子最少含有 1500 个葡萄糖结构单位。

维生素　存在于天然食物中的人体必需而又不能自身合成的一类有机化合物,少量即可满足生理代谢的需要。

维生素的分类　按溶解性质分为脂溶性和水溶性两大类。人类营养必需的脂溶性维生素包括维生素 A、维生素 D、维生素 E、维生素 K;水溶性维生素有维生素 B_1、维生素 B_2、维生素 B_6、维生素 B_{12}、烟酸、叶酸、维生素 C、维生素 U。

无机盐　人体中除 C、H、O、N 外其余各种元素。

膳食纤维　不被人体小肠消化吸收的,而在人体大肠中能部分或全部发酵的可食用的植物性成分、碳水化合物及其相类似物质的总和。膳食纤维主要是非淀粉多糖的多种

植物物质，包括纤维素、木质素、甲壳质、果胶、β-葡聚糖、菊糖和低聚糖等。

必需元素 从营养角度可以把无机盐分为必需元素和非必需元素。必需元素包括常量元素和微量元素。

常量元素 含量在人体重的0.01%以上的称为常量元素，有Ca、Mg、Na、K、P、S、Cl七种。

微量元素 含量在人体重的0.01%以下的称为微量元素，有V、Cr、Mn、Fe、Co、Ni、Cu、Zn、Mo、F、Si、Sn、Se、I十四种。

矿泉水 地下水在经历了漫长的地质变化过程，溶解了岩石、富集了某些矿物成分所形成的天然溶液。

纯净水 将饮用水经过滤、活性炭吸附、超滤、臭氧杀菌等工序生产出来的含氧活性水。

蒸馏水 由自来水经高温蒸发成蒸气再冷凝所形成的。

酸碱平衡 酸碱平衡是指人体体液的酸碱度应该维持在pH 7.35～7.45，就是说人体的内环境是呈弱碱性的。人体的酸碱平衡是依赖所摄入的食物的酸碱性，以及排泄系统对体液酸碱度进行调节来实现的。

食品添加剂 食品添加剂是有意识地一般以少量添加于食品，以改善食品的外观、风味和组织结构或储存性质的非营养物质。

第二节

药物 能够对机体某种生理功能或生物化学过程发生影响的化学物质。

毒物 能损害人类健康的化学物质，包括环境中和工农业生产中的毒物、生物毒素以及超过中毒量的药物。

抗菌(生)素 某些微生物在代谢过程中所产生的化学物质，能阻止或杀灭其他微生物的生长。

青霉素 青霉菌所产生的一类抗菌素的总称。

吗啡 止痛药的一种，是鸦片的主要成分。

可待因 吗啡的单甲醚衍生物。

海洛因 吗啡的衍生物，比吗啡更容易上瘾，无药用价值，为毒品。

中草药 中草药又称中药，主要由植物药(根、茎、叶、果)、动物药(内脏、皮、骨、器官等)和矿物药组成。其中植物药占中药的大多数。

处方药 处方药是指有处方权的医生开具出来处方，并由此从医院药房购买的药物。

非处方药 可以在药店随意购买的药品，非处方药大都用于多发病常见病的自行诊治，如感冒、咳嗽、消化不良、头痛、发热等。

第三节

表面活性剂 能显著降低液体表面张力的物质。

表面活性 降低表面张力的性能称为表面活性。

表面功与表面张力 以液体与蒸气的接触为例，在液相内部，任何分子受到的力都是各向对称的，合力为零；处于气-液界面(表面层)上的分子，液相分子对它的吸引力总是比气相分子的吸引力大，结果表面层上的分子将因净受到液相分子的向内拉力而有力图收缩界面的趋势。为克服这种收缩力，扩大表面积，环境所做的功称为表面功。与表面功对应的力称为表面张力。

亲水基、亲油基 表面活性剂的分子由结构上不对称的两部分构成：一部分易溶于水，具有亲水性，称为亲水基；另一部分则不溶于水，易溶于油，具有亲油性，称为亲油基。

表面活性剂的分类 按其亲水基团分为离子型和非离子型。离子型又可进一步分为阴离子型、阳离子型、两性型。例如，硬脂酸钠是阴离子型表面活性剂，它在水中的亲水基是—COO^-，水溶液大多呈酸性；阳离子表面活性剂大多是含氮的有机化合物，主要是季铵盐，其亲水基是—R_3N^+，水中呈中性或碱性；两性表面活性剂的分子中兼有阳离子和阴离子的基团，具有两种离子的活性。

胶束 水中加入表面活性剂后，水的表面张力先随表面活性剂浓度的增加而显著下降。当浓度增加到水的表面已形成表面活性剂的单分子膜，水的表面张力便降到最低点。若再增加浓度，水的表面张力便不再下降。过量的双亲分子都形成胶束。

临界胶束浓度 表面活性剂形成胶束的最低浓度称为临界胶束浓度。

增溶 在临界胶束浓度以上的表面活性剂溶液中加入不溶于水的有机物质时，可得到已溶解的透明水溶液，这种现象称为增溶。

亲水亲油平衡 用 HLB 值来表示表面活性剂的亲水亲油性。双亲分子中极性分子的极性越强，其 HLB 值越大，表明其亲水性越强；双亲分子的非极性基团越长，其 HLB 值越小，表明其亲水性越弱。

润湿作用 通常把液体能附着在固体上的现象称为润湿。若在水中加入少量表面活性剂，润湿就容易得多。这种作用称为润湿作用。

润湿剂 使某物体润湿或加速润湿的表面活性剂称为润湿剂。

乳化作用 使非水溶性液体以极细小的液滴均匀地分散于水中的现象称为乳化作用。

乳状液 使非水溶性液体以极细小的液滴均匀地分散于水中所形成的分散系称为乳状液。

泡沫 不溶性气体分散于液体或固体中形成的分散系。

起泡剂 能使泡沫形成并稳定存在的表面活性剂称为起泡剂。

洗涤 从固体表面除掉污物的过程称为洗涤。

肥皂 至少含有 8 个碳原子的脂肪酸或混合脂肪酸的无机或有机碱性盐类的总称。

第四节

石油 一种黏稠的油状可燃性液体矿物，颜色多为黑色、褐色，偶尔有黄色。石油密度一般为 $0.77 \sim 0.96 g \cdot cm^{-3}$，是由多种烃类组成的一种复杂的混合物。

石油产品 石油产品通常指燃料油、润滑油、液压油、溶剂油、电器用油、润滑脂、石蜡、沥青、真空泵油等，是对石油馏分进行进一步加工得到的符合油品规格要求的产品。

爆燃 汽油在发动机中正常燃烧时，火焰的传播速率为 $30\sim70m\cdot s^{-1}$。但当混合气已燃烧 2/3～3/4 时，未燃烧的混合气中可产生高度密集的过氧化物，它的分解使混合气中出现了许多燃烧中心，燃烧速率猛增，于是产生了强大的压力脉冲，火焰的传播速率可达 $800\sim1000m\cdot s^{-1}$。这种情况下汽缸内会产生清脆的金属敲击声。这种燃烧就是爆燃。爆燃会使发动机过热，活塞、气阀、轴承等变形损坏。

辛烷值 辛烷值是汽油抗爆性的定量指标。我国汽油机用汽油的牌号是根据辛烷值确定的。从 2017 年 1 月 1 日起，国Ⅴ排放标准在全国范围内实行。国Ⅴ标准的汽油 92 号、95 号、98 号无铅汽油，是指它们分别含有 92%、95%、98%的抗爆震能力强的“异辛烷”，也就是说分别含有 8%、5%、2%的抗爆震能力差的正庚烷。

汽油的化学安定性 汽油在储存、运输、加注和其他作业时，防止其氧化生成胶质等性能。

汽油的物理安定性 汽油在储存、运输、加注和其他作业时，保持汽油不被蒸发损失的性能。

柴油的浊点 柴油中开始析出石蜡晶体，使其失去透明时的最高温度称为浊点。

柴油的凝点 柴油在标准试管内角度成 45°时，经过 1min 不改变本身液面时的最高温度称为凝点。一般浊点比凝点高 5～10℃。

柴油的黏-温特性 柴油的黏度随温度升高而减小，随温度的降低而增大的性质。

柴油机的工作粗暴 在柴油机的燃烧过程中，如果着火前形成的混合气数量过多，过量的柴油参加燃烧反应，使燃烧压力升高率超过了正常值，则在柴油机汽缸内产生强烈的震击，这就是柴油机的工作粗暴。

十六烷值 衡量柴油抗粗暴性的指标。选择自燃点低的正十六烷，定其值为 100；α-甲基萘抗粗暴性差，定其值为零。把这两种标准液按不同比例混合，可得不同抗粗暴性的标准混合液。将柴油与不同十六烷值的标准混合液对照便可确定柴油的十六烷值。

柴油的储存安定性 柴油在储存、运输和使用过程中保持其外观、组成和性能不变的能力。

柴油的热安定性 柴油在高温的工作条件下和溶解氧的作用下发生变质的倾向。

润滑 各类机器在工作时，做相对运动的机件在其接触部位都会产生摩擦。由于摩擦的存在，接触面常出现机械的磨损、发热、烧结等现象。避免摩擦的最有效的办法是用某种介质把摩擦表面隔开，使之不直接接触。这种办法称为润滑。

润滑剂 起润滑作用的物质称为润滑剂。

润滑油的抗氧化安定性 润滑油在一定的外界条件下，抵抗氧化作用的能力称为润滑油的抗氧化安定性。

润滑油的清净分散性 润滑油因老化生成的胶状物、氧化物在油中悬浮而不沉积成膜的性能，是润滑油洗涤能力的保证。

润滑油的酸值 润滑油中所含游离酸(主要是有机酸)的量称为酸值。

11.2 习题及详解

一、判断题

1. 糖类和脂肪可以制造出人体所需要的蛋白质。 (×)

解析 蛋白质是最复杂多变的一类大分子，是由氨基酸和辅基构成。DNA 指导蛋白质的合成，糖类释放的热能有利于蛋白质的合成和代谢。

2. 蛋白质的互补作用可以提高其生理价值。 (√)

解析 两种以上蛋白质综合食用，其生理价值会升高，称为蛋白质的互补作用。例如，玉米蛋白生理价值为 60，小米及大豆分别为 57 和 64。若三者综合食用(比例为 23∶25∶52)其生理价值可达 73。

3. 糖类只含有碳、氢、氧、氮 4 种元素。 (×)

解析 糖类即指碳水化合物，其化学通式为 $C_m(H_2O)_n$，包括碳、氢、氧元素。

4. 维生素是维持正常生命过程所必需的一类物质，少量即可满足需要，但还是多摄入些为好。 (×)

解析 维生素 A、维生素 B、维生素 C、维生素 D、维生素 E 等都是有最高限量的，如维生素 C 每日的最高限量在 500mg 左右，超过就会有头晕等副作用。维生素 D 每日超过 10μg 是有毒的等。

5. 人体所需的大多数维生素由食物提供，有个别维生素可由人体自身合成。 (√)

解析 维生素不同于蛋白质、脂类、碳水化合物和无机盐类，不提供能量，一般不构成组织，大多数必须由食物供给。但若有足够的紫外线照射，人体的皮肤有能力合成维生素 D。

6. 蛋白质所提供的物质可以制造出人体必需的糖类和脂肪。 (√)

解析 蛋白质可以转变成糖类和脂肪作为备用能量。

7. 肥皂是至少含有 8 个碳原子的脂肪酸或混合脂肪酸的无机或有机碱的总和。 (×)

解析 肥皂是至少含有 8 个碳原子的脂肪酸或混合脂肪酸的无机或有机碱性盐类的总称。

8. 汽油的辛烷值分布在 1～100，且对应汽油的标号。 (√)

解析 辛烷值是汽油抗爆性的定量指标。我国汽油机用汽油的牌号就是根据辛烷值确定的。90 号、93 号、97 号无铅汽油，是指它们分别含有 90%、93%、97%的抗爆震能力强的“异辛烷”，也就是说分别含有 10%、7%、3%的抗爆震能力差的正庚烷。

二、选择题

9. 下列食物中蛋白质含量最高的是(B)

A. 瘦肉　　B. 大豆　　C. 牛奶　　D. 大米

解析 对于这四个选项，蛋白质含量(g/100g)分别为瘦肉 13.3～18.7，大豆 39.2，牛奶 3.3，大米 8.5，因此最高的是大豆。

10. 动物脂肪与油在结构上的区别为（ C ）

A. 油的脂肪酸碳链中无双键　　B. 脂肪的脂肪酸碳链中有双键

C. 油的脂肪酸碳链中一般有双键　　D. 上述三种说法都不对

解析　动物脂肪富含饱和脂肪酸，植物油主要由不饱和脂肪酸构成。

11. 人体所需要的各种营养中，不提供能量的是（ C ）

A. 蛋白质　　B. 糖类　　C. 维生素　　D. 脂肪

解析　维生素不同于蛋白质、脂类、碳水化合物和无机盐类，不提供能量，一般不构成组织，大多数必须由食物供给。

12. 不能构成肌体组织的营养物质是（ D ）

A. 糖　　B. 蛋白质　　C. 脂肪　　D. 维生素

解析　维生素不同于蛋白质、脂类、碳水化合物和无机盐类，不提供能量，一般不构成组织，大多数必须由食物供给。

13. 不能在人体内合成的营养物质是（ B ）

A. 蛋白质　　B. 矿物质　　C. 维生素　　D. 脂肪

解析　人体中除 C、H、O、N 外其余各种元素称为无机盐（minerals）或矿物质，约占人体中的 4%，它们来自动植物组织、水、盐和食品添加剂。

14. 磺胺类药物的抗菌作用源于含有（ C ）

A. 邻氨基苯磺酰胺基团　　B. 间氨基苯磺酰胺基团

C. 对氨基苯磺酰胺基团　　D. 都可以

解析　磺胺药杀灭细菌的机理是，它能阻止细菌生长所必需的维生素叶酸（folic acid）的合成。叶酸合成过程中，有一个起关键作用的物质称为对氨基苯甲酸，而磺胺结构与它十分相似。因此，很容易参与反应，并且结合得非常牢固，这样就阻止了叶酸的生成，细菌因为缺乏维生素而难以生存。

三、填空题

15. 蛋白质的营养价值取决于所含<u>　氨基酸　</u>的<u>　种类　</u>、<u>　数量　</u>及<u>　排列顺序　</u>上的差异。

16. 食物中的蛋白质所含<u>　氨基酸　</u>越接近人体的蛋白质中的<u>　氨基酸　</u>，它的<u>　营养价值　</u>就越高，称为<u>　生理价值越高　</u>。

17. 脂肪的营养价值取决于<u>　脂肪的消化吸收率　</u>、<u>　必需脂肪酸的含量　</u>、<u>　脂溶性维生素的含量　</u>。植物油中营养价值最高的是<u>　大豆油　</u>。

18. 碳水化合物包括<u>　糖　</u>、<u>　淀粉　</u>、<u>　维生素　</u>等。虽然人体<u>　不能消化　</u>纤维素，但是<u>　食物纤维　</u>对人体的<u>　消化　</u>过程具有重要<u>　而有利　</u>的影响。

19. 维生素的分类一般按<u>　溶解性　</u>分类。脂溶性维生素有<u>　A、D、E、K　</u>，体内可<u>　大量　</u>储存；水溶性维生素有<u>　维生素 B_1、维生素 B_2、维生素 B_6、维生素 B_{12}</u>，体内储存量<u>　甚少　</u>。

20. 无机盐中的元素在人体中的作用是<u>　构成人体组织的重要材料　</u>；

调节体液渗透压,酸碱平衡,心跳节律；运载信息。

21. 能够对机体某种生理功能或生物化学过程产生影响的化学物质称为药物。

22. 一般认为能损害人类健康的化学物质称为毒物。药物或多或少都是有一定毒性的。药物与毒物之间无明显界限,药物与食物难以截然区分。

23. 汽油的爆燃是由于未燃烧的混合气中产生了高密度的过氧化物。辛烷值是汽油抗爆性的定量指标。异辛烷的辛烷值是 100,其抗爆性极高;正庚烷的辛烷值为 0,其抗爆性极低。我国以辛烷值确定汽油的牌号。

24. 柴油的工作粗暴是由于着火前形成的混合气数量过多,过量柴油参加燃烧反应所致。十六烷值是柴油抗粗暴性的指标。正十六烷抗粗暴性好,其十六烷值为 100;α-甲基萘抗粗暴性差,其十六烷值为 0。柴油的牌号是以十六烷值确定的。

25. 表面活性剂是能显著降低液体表面张力的物质。表面活性剂的基本作用是润湿、渗透作用,乳化、分散作用,起泡、消泡作用,洗涤作用。

26. 各类表面活性剂分子结构的共同特点是不对称结构。其极性基易溶于水而具亲水性,称亲水基或极性基团;其非极性基易溶于油而具亲油性,称亲油基或憎水基。人们把这种长链分子称为双亲化合物。

27. CMC 称为临界胶束浓度,它表示表面活性剂分子在溶液中形成胶束的最低浓度。它可以作双亲分子表面活性的一种量度,表示溶液表面张力降至最低值和表面活性剂加入量的(开始形成胶团)临界值。作为润湿剂的表面活性剂,其浓度应小于 CMC,而作为净洗剂的表面活性剂,其浓度应大于 CMC。

28. HLB 值表示表面活性剂的亲水亲油性。其数值可表示表面活性剂分子中亲水基的亲水性和憎水基的憎水性的相对强度。HLB 值高亲水性强,HLB 值低亲油性强。

29. 洗涤剂的去污过程是润湿、渗透、乳化、分散、排放等多种作用的综合结果。

30. 国际奥林匹克委员会所规定的禁用药物共 6 大类,它们是:刺激剂、麻醉镇痛药、β-阻断药、类固醇同化激素和利尿药、肽激素及其类似物。

四、完成反应方程式

31. 写出下列反应方程式。

(1) 脂肪的氧化供能。

(2) 碳水化合物释放能量。

(3) 牙釉质的解离平衡。

(4) 定影过程。

答　(1) 脂肪的氧化供能

$$C_{17}H_{35}COOH(s)+26O_2(g)=\!=\!=18CO_2(g)+18H_2O(l)$$

(2) 碳水化合物释放能量

$$C_6H_{12}O_6(s)+6O_2(g)=\!=\!=6CO_2(g)+6H_2O(l)$$

(3) 牙釉质的解离平衡

$$Ca_5(PO_4)_3OH \rightleftharpoons 5Ca^{2+}(aq)+3PO_4^{3-}(aq)+OH^-(aq)$$

(4) 定影过程

$$Ag^+ + 2S_2O_3^{2-} \longrightarrow [Ag(S_2O_3)_2]^{3-}$$

32. 写出下列物质的化学式。

(1) 甘油三酯。

(2) 牙垢的主要成分。

(3) 异辛烷。

答 (1) 甘油三酯：$CH_2—O—CO—R_1$
$CH—O—CO—R_2$
$CH_2—O—CO—R_3$

(2) 牙垢的主要成分：$Ca_3(PO_4)_2 \cdot 2H_2O$

(3) 异辛烷：2,2,4-三甲基戊烷

五、问答题

33. 脂肪有哪些生理功能？

答 ① 氧化供能；② 促进脂溶性维生素的吸收；③ 调节生理功能。

34. 为什么对肝病患者要供给充足的糖？

答 肝脏中有肝糖，肝糖原储备充足时，肝脏对某些化学物质如 CCl_4、C_2H_5OH、As 等有较强的排解功能，对细菌感染引起的毒血症也有较强的解毒作用。因此，保证身体的糖供给，尤其对肝病患者供给充足的糖十分重要。

35. 人体酮酸中毒是如何产生的？

答 脂肪在氧化时会积累中间产物酮酸，如果酮酸积累过多会引起酮酸中毒(其症状是恶心、疲乏、呕吐、呼吸急促甚至昏迷)。一般在饮食中糖、蛋白质、脂肪比例恰当便不会发生酮酸中毒。

36. 列举糖类在生物体内的功能。

答 它的主要功能在于提供能量。糖是构成人体组织的一类物质，如血液中有血糖，肝脏中有肝糖，肌肉中有肌糖，脑神经中有糖脂，细胞核中有核糖等。肝糖原储备充足时，肝脏对某些化学物质如 CCl_4、C_2H_5OH、As 等有较强的排解功能，对细菌感染引起的毒血症有较强的解毒作用。摄入人体内的糖类释放的热能有利于蛋白质的合成和代谢，并能减少蛋白质消耗所产生热能的损失。因此，糖可起到节约蛋白质的作用。

37. 人体缺钙对健康有何影响？

答 钙是人体中含量排在第五位的元素，约为成人体重的 2%。人体内 99%的钙在骨骼和牙齿中。此外，Ca^{2+} 还有其他的重要生物功能。缺乏时会产生骨质疏松症、手足抽搐、腕足痉挛、喉痉挛、心律失常等不良反应，过度缺乏时则会感觉疲劳、抑郁、意识障碍、恶心、呕吐、便秘，诱发胰腺炎，增加排尿，出现肾结石。

38. 人体缺碘或碘过量对健康有何影响？为什么建议用碘盐？碘盐中加的碘是什么化合物？

答 缺碘的影响：甲状腺肿、智力障碍、心悸、动脉硬化；碘过量的影响：甲状腺亢进。碘是人体必需的微量元素。甲状腺需要利用碘来产生甲状腺激素，如果缺乏碘，人体健康就会受到影响，产生甲状腺疾病，如甲状腺肿、克汀病等。2010年，中国卫生部宣布，将调整食用盐中的加碘量，从原来$(35\pm15)mg\cdot kg^{-1}$调整至“平均加碘为$20\sim30mg\cdot kg^{-1}$”。体内存有适量的稳定性碘，可阻止甲状腺对放射性碘的吸收，这可降低受到放射性碘暴露后可能罹患的甲状腺癌风险。碘盐中加的碘是碘酸钾。

39. 简述水与生命的关系。

答 水能帮助消化，并把食物中的营养物带给细胞；水又是一种基本营养物质，它的主要功能是参与新陈代谢，输送养分，排出废物，被称为体内的“搬运工”和“清洁工”。

40. 什么是生物碱？可待因、阿司匹林(化学名为乙酰水杨酸)各有什么医疗作用和毒副作用？

答 生物碱是存在于生物体内的碱性含氮有机化合物。

可待因是吗啡的单甲醚衍生物，它比吗啡的成瘾性小些，是一种强力止痛药。

阿司匹林通用性较强，不仅可以止痛，而且可以抗风湿、抑制血小板凝结(预防手术后的血栓形成和心肌梗死)，还是较好的退热药。阿司匹林明显的副作用是对胃壁有伤害。当未溶解的阿司匹林停留在胃壁上时会引起产生水杨酸反应(恶心、呕吐)或胃出血。现在已有肠溶性阿司匹林，可保护胃部不受伤害。

41. 什么是汽油的化学安定性和物理安定性？提高汽油化学安定性的方法是什么？

答 汽油中若含大量不饱和烃，在储存、运输、加注及其他作业中，会因空气中氧较高温度及光的作用而氧化生成胶质。胶质在汽油中溶解度小，能黏附在容器壁上，会给汽油机的工作带来害处，降低汽油的化学安定性。提高汽油化学安定性的方法包括降低汽油中的不饱和烃含量，在储存、运输、加注及其他作业中尽量隔绝空气，低温、避光，防止胶质生成。

汽油在储藏、运输、加注和其他作业时，保持汽油不被蒸发损失的性能称为物理安定性。汽油的物理安定性主要由汽油中的低馏分决定。

42. 试简单说明表面活性剂为什么能够降低表面张力。

答 表面活性剂之所以能降低表面张力，是由其自身的结构特征决定的。表面活性剂的分子由结构上不对称的两部分构成：一部分易溶于水，具有亲水性，称为亲水基，它们是极性基团，易溶于水；另一部分则不溶于水，易溶于油，具亲油性，称为亲油基，由长链烃基如$-CH_2-CH_2-CH_2-$构成。所以表面活性剂的分子又称为双亲化合物。表面活性剂的双亲结构使它可以吸附在液-气(或油-水)界面上，极性基指向水，非极性基指向气(油)。水与亲油基的斥力降低了表面收缩力，即降低了表面张力。

第 12 章　化学与国防

12.1　本章小结

12.1.1　基本要求

第一节

固体推进剂、火药在武器内的工作过程、黑色火药的成分
军事四弹
烟幕弹、照明弹、燃烧弹、信号弹的原理

第二节

化学武器的定义、化学毒剂的分类
化学武器的特点
化学武器的防护措施

第三节

核武器、核武器的主要杀伤因素
原子弹、原子弹爆炸的原理
氢弹
中子弹的构造

第四节

反装备武器

12.1.2　基本概念

第一节

固体推进剂　将推进火箭、导弹的火药称为固体推进剂。

炸药　能起爆炸作用的一种火药。

黑色火药　由 75%的硝酸钾、10%的硫、15%的木炭组成的炸药称为黑色火药。极易剧烈燃烧。

军事四弹　烟幕弹、照明弹、燃烧弹、信号弹，在军事上有着重要的作用。

烟幕弹　通过化学反应在空气中造成大范围的化学烟雾的一种武器，如装有白磷(氧

化反应)的烟幕弹;装有四氯化硅、四氯化锡(水解)的烟幕弹等。

照明弹 夜战中常用的照明器材,利用内装照明剂燃烧时的发光效果进行照明。照明弹中通常装有铝粉、镁粉、硝酸钠和硝酸钡等物质。

燃烧弹 汽油密度小、发热量高、价格便宜,广泛用作燃烧弹的原料。用汽油与黏合剂合成胶状物,可制成凝固汽油弹。

信号弹 利用金属及其化合物灼烧时可呈现各种焰色制造信号弹。在军事行动中,信号弹是利用烟火药燃烧产生的火焰、烟雾和声响来完成识别定位、报警通信、指挥联络等任务的一类特种弹药。

第二节

化学武器 以毒剂的毒害作用杀伤有生力量的各种武器与器材的总称。

神经性毒剂 破坏人体神经系统的一类毒剂。主要为有机磷酸酯类衍生物,主要代表物是塔崩、沙林、维埃克斯等。

糜烂性毒剂 一类以破坏细胞、使皮肤糜烂为主要特征的毒剂,主要代表物是芥子气。

失能性毒剂 一类暂时使人的思维和运动机能发生障碍从而丧失战斗力的化学毒剂,主要代表物是毕兹。

刺激性毒剂 刺激眼睛和上呼吸道的毒剂。按毒性作用分为催泪性和喷嚏性毒剂两类。催泪性毒剂主要有氯苯乙酮、西埃斯;喷嚏性毒剂主要有亚当氏气。

全身中毒性毒剂 一类破坏人体组织细胞氧化功能、引起组织急性缺氧的毒剂,主要代表物是氢氰酸。

窒息性毒剂 损害呼吸器官,引起急性肺水肿而造成窒息的一类毒剂。其代表物有光气($COCl_2$)、氯气等。

二元化学武器 将两种或两种以上的无毒或微毒的化学物质分别填装在用保护膜隔开的弹体内。发射后,隔膜受撞击破裂,两种物质混合发生化学反应,在爆炸前瞬间生成一种剧毒药剂。

化学武器的特点 与常规武器比较有六大特点:杀伤途径多,且难以防治;杀伤范围大;杀伤作用时间长;杀伤作用选择性大;效费比高;受气象、地形条件的影响较大。

第三节

核武器 利用原子核裂变或聚变反应瞬间放出的巨大能量,起杀伤破坏作用的武器。原子弹、氢弹、中子弹统称为核武器。

冲击波 由于核爆炸时产生的巨大能量在百万分之几秒时间内从极为有限的弹体中释放出来,气体等介质受到急剧压缩而产生的高速高压气浪。

光辐射 在核爆炸反应区内形成的高温高压炽热气团(火球)向周围发射出的光和热。

贯穿辐射 在核爆炸后的数秒钟内辐射出的高能 γ 射线和中子流。其穿透能力极强,能引起周围介质的电离,严重干扰电子通信系统,并可使人体的细胞和器官因电离而遭到破坏。

放射性沾染 核爆炸发生 1min 左右以后剩余的核辐射，它是由大量核反应产物的散布形成的。

原子弹 利用核裂变释放出的巨大能量以达到杀伤破坏作用的一种爆炸性核武器。

临界质量 原子弹中裂变材料的装量必须大于一定的质量才能使链式裂变反应自持进行下去，这一质量称为临界质量。

氢弹 利用氢的同位素氘、氚等轻原子核在高温下的核聚变反应放出巨大能量而产生杀伤破坏作用的一种爆炸性核武器。

中子弹 中子弹又称增强辐射弹，是一种靠微型原子弹引爆的特殊的超小型氢弹。

第四节

反装备武器 一类对人员不造成杀伤，专门用于对付敌方武器装备的化学武器。目前主要包括超强润滑剂、超强黏合剂、金属脆化剂、超级腐蚀剂、泡沫体、易爆剂、阻燃剂和石墨炸弹。

12.2 习题及详解

一、填空题

1. 火药在武器内的工作过程是通过火药燃烧将其<u>化学能</u>转化为<u>热能</u>，再通过高温高压气体的<u>膨胀</u>，将<u>热能</u>转化为弹丸或火箭的<u>动能</u>。

2. 军事上黑火药的成分是 75%的<u>硝酸钾</u>、10%的<u>硫</u>、15%的<u>木炭</u>。

3. “军事四弹”是指<u>烟幕</u>弹、<u>照明</u>弹、<u>燃烧</u>弹、<u>信号</u>弹。

4. 通常按化学毒剂的毒害作用把化学武器分为<u>神经</u>性毒剂、<u>糜烂</u>性毒剂、<u>全身中毒</u>性毒剂、<u>失能</u>性毒剂、<u>刺激</u>性毒剂和<u>窒息</u>性毒剂。

5. 与常规武器比较，化学武器有六大特点。它们分别是<u>杀伤途径多，且难以防治</u>、<u>杀伤范围大</u>、<u>杀伤作用时间长</u>、<u>杀伤作用选择性大</u>、<u>效费比高</u>、<u>受气象、地形条件的影响较大</u>。

6. 化学武器的防护措施主要有<u>及早发现</u>、<u>妥善防护</u>、<u>紧急救治</u>、<u>尽快消毒</u>。

7. 核武器威力的大小用<u>TNT 当量</u>来表示，根据其大小分为<u>千吨</u>级、<u>万吨</u>级、<u>十万吨</u>级、<u>百万吨</u>级和<u>千万吨</u>级。

8. 核武器的主要杀伤因素为<u>冲击波</u>、<u>光辐射</u>、<u>贯穿辐射</u>、<u>放射性沾染</u>。

9. 原子弹是利用<u>核裂变</u>释放出的巨大能量以达到杀伤破坏作用的一种爆炸性核武器。

10. 氢弹是利用<u>氢的同位素氘、氚等轻原子核</u>在高温下的<u>核聚变</u>反应放出巨大能量而产生杀伤破坏作用的一种爆炸性核武器。

11. 以化学物质为主的反装备武器是一类对＿人员＿不造成杀伤，专门用于对付敌方＿武器装备＿的化学武器。

12. 目前，化学物质为主的反装备武器主要包括＿超强润滑剂＿、＿超强黏合剂＿、＿金属脆化剂＿、＿超级腐蚀剂＿、＿泡沫体＿、＿易爆剂＿、＿阻燃剂＿、＿石墨炸弹＿等。

二、问答题

13. 简述二元化学武器的基本原理。

答　二元化学武器的基本原理是：将两种或两种以上的无毒或微毒的化学物质分别填装在用保护膜隔开的弹体内。发射后，隔膜受撞击破裂，两种物质混合发生化学反应，在爆炸前瞬间生成一种剧毒药剂。

14. 冲击波是怎样造成杀伤破坏的？

答　由于核爆炸时产生的巨大能量在百万分之几秒时间内从极为有限的弹体中释放出来，气体等介质受到急剧压缩而产生高速高压气浪。它从爆炸中心向四周膨胀，在极短的时间（数秒至数十秒）内对人员、物体造成挤压、抛掷作用，从而产生巨大的破坏。

15. 核爆炸的光辐射是怎样造成杀伤破坏的？

答　光辐射是在核爆炸反应区内形成的高温高压炽热气团（火球）向周围发射出的光和热，会引起可燃物质的燃烧，造成建筑物、森林的火灾，使飞机、坦克、大炮成为回过炉的废金属，并能引起人员的直接烧伤或间接烧伤，也可以使直接观看到火球的人员眼底烧伤。

16. 简述原子弹、氢弹、中子弹的爆炸原理。

答　原子弹爆炸的原理是：在爆炸前将核原料装在弹体内分成几小块，每块质量都小于临界质量（原子弹中裂变材料的装量必须大于一定的质量才能使链式裂变反应自持进行下去，这一质量称为临界质量）。爆炸时，引爆控制系统发出引爆指令，使炸药起爆；炸药的爆炸产物推动并压缩反射体和核装料，使之达到超临界状态；核点火部件适时提供若干“点火”中子，使核装料内发生链式裂变反应。

氢弹爆炸的原理是：氢弹的中心部分是原子弹，周围是氘、氘化锂等热核原料，最外层是坚固的外壳。引爆时，先使原子弹爆炸产生高温高压，同时放出大量中子；中子与氘化锂中的锂反应产生氚；氘和氚在高温高压下发生核聚变反应，释放出更大的能量引起爆炸。

中子弹的爆炸的原理是：中子弹的内部构造大体分四个部分，弹体上部是一个微型原子弹，上部分的中心是一个亚临界质量的钚-239，周围是高能炸药；下部中心是核聚变的心脏部分，称为储氚器，内部装有含氘氚的混合物；储氚器外围是聚苯乙烯；弹的外层用铍反射层包着。引爆时，炸药给中心钚球以巨大压力，使钚的密度剧烈增加。这时受压缩的钚球达到超临界而起爆，产生强 γ 射线、X 射线及超高压。强射线以光速传播，比原子弹爆炸的裂变碎片膨胀快 100 倍。当下部的高密度聚苯乙烯吸收了强 γ 射线和 X 射线后，便很快变成高能等离子体，使储氚器里的氘氚混合物承受高温高压，引起氘和氚的聚变反应，放出大量高能中子。铍作为反射层可以把瞬间发生的中子反射回去，使它充分发挥作用。同时，一个高能中子打中铍核后，会产生一个以上的中子，称为铍的中子增殖效应。这种铍反射层能使中子弹体积大为缩小，因而可使中子弹做得很小。

综合练习题

综合练习题(一)

一、判断题(每题 1 分,共 12 分)

1. 反应 $2NO + O_2 \longrightarrow 2NO_2$ 的速率方程式是 $v = kc^2(NO) \cdot c(O_2)$,该反应一定是基元反应。 (　　)

2. 热和功既不是系统的性质,也不是系统的状态函数。 (　　)

3. 将受主杂质掺入本征半导体中,称为 p 型半导体。 (　　)

4. 煤属于再生能源,煤油属于二次能源。 (　　)

5. 氧化反应的 $\Delta_r G_m^{\ominus}$-T 线位置越高,表明金属单质与氧结合能力越强。 (　　)

6. 标准条件下,反应式 C(金刚石)$+ O_2(g) \xlongequal{} CO_2(g)$的反应热能表示 CO_2 的 $\Delta_f H_m^{\ominus}(298.15K)$。 (　　)

7. 四种基本晶体中都有独立存在的小分子。 (　　)

8. $CuCl_2$ 水溶液的电解产物是:阳极——Cl_2,阴极——Cu。 (　　)

9. HF、HCl、HBr 和 HI 中酸性最强的是 HI。 (　　)

10. 室温下导电性最好的元素是 Ag。 (　　)

11. B、C、Si 的单质为原子晶体,熔、沸点很高,它们形成氯化物后的熔、沸点仍很高。 (　　)

12. 加入催化剂能使反应速率加快,其平衡常数也随之增大。 (　　)

二、选择题(每题 1 分,共 20 分)

1. 东北和西北地区冬季汽车水箱中加入乙二醇的主要原因是(　　)

A. 沸点上升　　B. 蒸气压下降

C. 凝固点下降　　D. 渗透压

2. 某气体系统经途径 1 和途径 2 膨胀到相同的终态,两个变化过程所做的体积功相等且无非体积功,则两过程(　　)

A. 因变化过程的温度未知,依吉布斯公式无法判断 ΔG 是否相等

B. 系统与环境间的热交换不相等

C. ΔH 相等

D. 以上选项均正确

3. 金属表面因氧气分布不均匀而被腐蚀,称为浓差腐蚀,此时金属溶解处是(　　)

A. 在氧气浓度较大的部位　　B. 在氧气浓度较小的部位

C. 在凡是有氧气的部位　　D. 以上均不正确

4. 下列属于可逆电池的是(　　)

A. 原电池　　B. 蓄电池

C. 燃料电池　　D. 锌锰干电池

5. ⅣB族元素的价电子构型通式为(　　)

A. ns^2nd^2　　B. ns^1nd^3

C. $(n-1)d^2ns^2$　　D. $(n-1)d^3ns^1$

6. 等温等压过程中,高温非自发,低温自发的条件是(　　)

A. $\Delta H>0,\Delta S>0$　　B. $\Delta H<0,\Delta S<0$

C. $\Delta H>0,\Delta S<0$　　D. $\Delta H<0,\Delta S>0$

7. 下列盐中,热稳定性大小顺序正确的是(　　)

A. $NaHCO_3<MgCO_3<Na_2CO_3$　　B. $Na_2CO_3<NaHCO_3<MgCO_3$

C. $MgCO_3<NaHCO_3<Na_2CO_3$　　D. $NaHCO_3<Na_2CO_3<MgCO_3$

8. 相同温度时,质量摩尔浓度均为 $0.010mol\cdot kg^{-1}$的下列四种物质的水溶液,按其渗透压递减的顺序排列正确的是(　　)

A. $HAc>NaCl>C_6H_{12}O_6>CaCl_2$

B. $C_6H_{12}O_6>HAc>NaCl>CaCl_2$

C. $CaCl_2>NaCl>HAc>C_6H_{12}O_6$

D. $CaCl_2>HAc>C_6H_{12}O_6>NaCl$

9. 下列电化学加工过程与电镀相似的是(　　)

A. 电铸　　B. 阳极氧化　　C. 电解抛光　　D. 电解加工

10. 下列关于四个量子数 n, l, m, m_s,其中不合理的是(　　)

A. $1,1,0,+\frac{1}{2}$　　B. $2,1,0,-\frac{1}{2}$

C. $3,2,0,+\frac{1}{2}$　　D. $5,3,0,+\frac{1}{2}$

11. 下列分子中偶极矩最小的是(　　)

A. NH_3　　B. PH_3　　C. H_2S　　D. SiH_4

12. 下列分子中采用 sp^3 不等性杂化,成键分子的空间构型为三角锥形的是(　　)

A. NH_3　　B. BCl_3　　C. CH_4　　D. H_2O

13. 下列氧化物中酸性最强的是(　　)

A. BeO　　B. Mn_2O_7　　C. Cr_2O_3　　D. Fe_2O_3

14. 在密闭容器中,$2SO_2(g)+O_2(g)\longrightarrow 2SO_3(g)$的反应速率可表示为(　　)

A. $dc(O_2)/dt$　　B. $-dc(SO_3)/2dt$

C. $-2dc(SO_3)/dt$　　D. $-dc(O_2)/dt$

15. 已知 $K_{sp}^{\ominus}(PbSO_4)=1.82\times10^{-8}$,$K_{sp}^{\ominus}(PbS)=9.04\times10^{-27}$,则反应$PbSO_4(s)+Na_2S(aq)=PbS(s)+Na_2SO_4(aq)$进行的方向是(　　)

A. 向右　　B. 向左　　C. 平衡状态　　D. 无法判断

16. 下列配合物中，中心离子的配位数均为 6，浓度相同时，导电能力最强的是(　　)

A. K_2PtCl_6　　B. $Co(NH_3)_6Cl_3$

C. $Cr(NH_3)_4Cl_3$　　D. $Pt(NH_3)_6Cl_4$

17. 原电池(－)Zn | Zn^{2+}(1mol·kg^{-1}) ¦¦ MnO_4^-(1mol·kg^{-1})，Mn^{2+}(1mol·kg^{-1})，H^+(1mol·kg^{-1}) | Pt(＋)，如增大正极的 H^+ 浓度，则其电动势将(　　)

A. 增大　　B. 减小　　C. 不变　　D. 无法判断

18. 在角量子数 $l=3$ 的亚层中，最多可容纳电子数目是(　　)

A. 2　　B. 6　　C. 10　　D. 14

19. 锅炉用水中含有 $CaCO_3$ 和 $CaSO_4$ 而易形成锅垢，为此必须把 Ca^{2+} 除去，常用方法是(　　)

A. 加 Na_3PO_4　　B. 加 Na_2CO_3

C. 先加 Na_3PO_4 再加 Na_2CO_3　　D. 先加 Na_2CO_3 再加 Na_3PO_4

20. 下列物质属于表面活性剂的是(　　)

A. 黄油　　B. 硬脂酸钠　　C. 硅油　　D. 聚酰胺

三、填空题(每空 1 分，共 30 分)

1. 以下溶液的凝固点高低顺序是__________：①0.1mol·kg^{-1}蔗糖的水溶液；②0.1mol·kg^{-1}甲醇的水溶液；③0.1mol·kg^{-1}甲醇的苯溶液。

2. 周期表中 36 号以前的某元素，其最高能级组中只有两个能级有电子，当此元素的原子失去 3 个电子后，在角量子数为 2 的轨道内，电子处于半充满状态。则此元素属于______周期，______区，______族，元素符号为______，其 X^{2+} 和 X^{3+} 两种离子中，______更加稳定。

3. 在高分子化合物中，T_g 称为______温度，T_f 称为______温度，对塑料来说，T_g 与 T_f 应满足__________。

4. 元素周期系中共有______种金属元素，其中硬度最大的金属单质是______，熔点最高的金属单质是______，密度最小的金属单质是______，导电性最好的金属单质是______。

5. 若碳燃烧反应为基元反应，其方程式为 $C(s)+O_2(g) \longrightarrow CO_2(g)$，则其反应速率方程式为______。

6. 1kg 0.10mol·kg^{-1} $NH_3 \cdot H_2O$ 和 0.10mol·kg^{-1} NH_4Cl 的混合溶液 pH 为______，若稀释 10 倍后，则 pH 变为______。

7. 当前世界范围内的三大环境问题是______、______、______。

8. 超导材料的三大临界条件是______、______、______。

9. 铬绿的化学式为______，铬酐的化学式为______。

10. 当反应的 $\Delta H^\ominus<0$ 时，温度升高，平衡常数______；当 $\Delta H^\ominus>0$ 时，温度升高，平衡常数______。

11. 对于原电池：(－)Zn | $ZnSO_4$(1.0mol・kg^{-1}) ¦¦ $CuSO_4$(1.0 mol・kg^{-1}) | Cu(＋)，若增加 $ZnSO_4$ 的浓度，则 E ________；若增加 $CuSO_4$ 的浓度，则 E ________；若在 $CuSO_4$ 溶液中加入 Na_2S，则 E ________。

四、问答题(每题 9 分，共 18 分)

1. 简单说明为什么最外层的电子数不能超过 8 个、次外层的电子数不能超过 18 个。

2. 在乙二酸($H_2C_2O_4$)溶液中加入 $CaCl_2$ 溶液，得到 CaC_2O_4 沉淀。将沉淀过滤后，在滤液中加入氨水，又有沉淀生成。请从解离平衡的观点予以说明。

五、计算题(共 20 分)

1. (4 分)欲配制 pH＝4.70 的缓冲溶液 0.5kg，应用 0.05kg 1.0mol・kg^{-1}NaOH 和多少千克 1.0mol・kg^{-1}HAc 溶液混合？需加多少水？已知 K_a(HAc)＝1.76×10^{-5}。

2. (4 分)25℃时，将 0.010mol・kg^{-1}的 NaOH 溶液与 0.020mol・kg^{-1}的 $FeCl_3$ 溶液等量混合，通过计算说明有无 $Fe(OH)_3$ 沉淀产生。已知 $K_{sp}^{\ominus}[Fe(OH)_3]=2.64\times10^{-37}$。

3. (5 分)将反应 $MnO_4^- + 5Fe^{2+} + 8H^+ \longrightarrow Mn^{2+} + 5Fe^{3+} + 4H_2O$ 装配成原电池，计算当 pH＝1.0，其余有关物质均为标准态时，原电池的电动势及 25℃ 时的标准平衡常数。已知 $E^{\ominus}(MnO_4^-/Mn^{2+})=1.51V$，$E^{\ominus}(Fe^{3+}/Fe^{2+})=0.77V$。

4. (7 分)在下列溶液不断通入 H_2S：① 0.1mol・kg^{-1} 的 $CuSO_4$ 溶液；②0.1mol・kg^{-1}的 $CuSO_4$ 与 1.0mol・kg^{-1}HCl 溶液的混合溶液。计算这两种溶液中最后剩余的 $b(Cu^{2+})$ 各是多少。已知 $K_1^{\ominus}(H_2S)=9.1\times10^{-8}$，$K_2^{\ominus}(H_2S)=1.1\times10^{-12}$，$K_{sp}^{\ominus}(CuS)=1.27\times10^{-36}$。

参考答案

一、判断题(每题 1 分，共 12 分)

1. ×；2. √；3. √；4. ×；5. ×；6. ×；7. ×；8. √；9. √；10. √；11. ×；12. ×

二、选择题(每题 1 分，共 20 分)

1. C； 2. C； 3. B； 4. B； 5. C； 6. B； 7. A； 8. C； 9. A； 10. A； 11. D；
12. A； 13. B； 14. D； 15. A； 16. D； 17. A； 18. D； 19. D； 20. B

三、填空题(每空 1 分，共 30 分)

1. ③＞①＝②(忽略甲醇的挥发)
2. 第四；d；Ⅷ；Fe；Fe^{3+}
3. 玻璃化；黏流化；T_g 高些，T_f 不能太高(或 T_f-T_g 值小)
4. 90；Cr；W；Li；Ag
5. $v=kc(O_2)$

6. 9.25;9.25
7. 温室效应;酸雨;臭氧层破坏
8. 临界温度;临界磁场;临界电流
9. Cr_2O_3;CrO_3
10. 减小;增大
11. 减小;增大;减小

四、问答题(每题9分,共18分)

1. **答** 对于多电子原子系统,由于能级交错的存在,$E_{ns}<E_{(n-1)d}$,电子是按能级组能级高低的顺序排列,而不是按电子层 n 由低到高排列的。若电子数超过8,则要填充 nd 轨道。但根据能量最低原理,填充 nd 轨道前,必须先填充 $(n+1)$s 轨道,nd 层就变成了次外层。因此最外层电子数不能超过8个。

同理,若次外层电子数超过18,必然填充 $(n-1)$f 轨道,但由于多电子原子中 $E_{(n+1)s}<E_{(n-1)f}$[$E_{ns}<E_{(n-2)f}$],在填充 $(n-1)$f 轨道前,要先填充 $(n+1)$s 轨道。这样,又增加了一个新的电子层,原来的次外层变成了倒数第三层。因此,原子的次外层电子数不能超过18个。

2. **答**

$$H_2C_2O_4 = HC_2O_4^- + H^+$$

$$HC_2O_4^- = C_2O_4^{2-} + H^+$$

当溶液过滤以后,滤液中仍有 Ca^{2+}、$HC_2O_4^-$、H^+ 和 $C_2O_4^{2-}$。加入 $NH_3 \cdot H_2O$ 后

$$NH_3 \cdot H_2O = NH_4^+ + OH^-$$

OH^- 与 H^+ 作用

$$H^+ + OH^- = H_2O$$

H^+ 浓度降低,使 $H_2C_2O_4$ 和 $HC_2O_4^-$ 的解离向右移动,产生更多的 $C_2O_4^{2-}$,则

$$b(C_2O_4^{2-})b(Cu^{2+})(b^\ominus)^{-2} > K_{sp}^\ominus(CaC_2O_4)$$

又有沉淀生成。

五、计算题(共20分)

1. (4分)**解** $\dfrac{b(H^+)}{b^\ominus}=K_a\dfrac{b(HA)}{b(A^-)}$

$$b(H^+) = 2.0\times10^{-5}\,mol\cdot kg^{-1}$$

$$b(HAc)/b(Ac^-) = b(H^+)/K_a = (2.0\times10^{-5})/(1.76\times10^{-5}) = 1.1$$

$$b(Ac^-) = 1.0\times0.05/0.5\,mol\cdot kg^{-1}$$

则

$$b(HAc) = [1.0\times m(HAc) - 1.0\times0.05]/0.5\,mol\cdot kg^{-1} = 1.1\times1.0\times0.05/0.5\,mol\cdot kg^{-1}$$

即

$$m(HAc)=0.105kg$$

混合溶液中需加水

$$0.5-0.105-0.05=0.345(kg)$$

2. (4分)**解** 两溶液等体积混合,所以

$$b(OH^-)=0.010/2\ mol\cdot kg^{-1}$$

$$b(Fe^{3+})=0.020/2\ mol\cdot kg^{-1}$$

$$\Pi_B(b_B/b^\ominus)^{\nu_B}=(0.020/2)\times(0.010/2)^3=1.25\times10^{-9}>K_{sp}^\ominus[Fe(OH)_3]$$

所以系统中将有沉淀析出。

3.（5 分）**解** $(-)Pt|Fe^{2+},Fe^{3+}\,\|\,MnO_4^-,Mn^{2+},H^+|Pt(+)$

$$E(MnO_4^-/Mn^{2+})=1.51V+(0.0592V/5)\lg(0.1)^8=1.42V$$

$$E=E(MnO_4^-/Mn^{2+})-E^{\ominus}(Fe^{3+}/Fe^{2+})=0.65V$$

$$\lg K=zE/0.0592V=5\times0.74V/0.059V=62.7$$

$$K=5.01\times10^{62}$$

4.（7 分）**解** 多相离子平衡

$$H_2S(aq)+Cu^{2+}=\!=\!=CuS(s)+2H^+$$

按多重平衡规则，有

$$K^{\ominus}=\frac{K_1^{\ominus}(H_2S)K_2^{\ominus}(H_2S)}{K_{sp}^{\ominus}(CuS)}=\frac{[b(H^+)/b^{\ominus}]^2}{[b(H_2S)/b^{\ominus}][b(Cu^{2+})/b^{\ominus}]}$$

$$b(Cu^{2+})=\frac{b^2(H^+)K_{sp}^{\ominus}(CuS)}{K_1^{\ominus}(H_2S)K_2^{\ominus}(H_2S)b(H_2S)}$$

饱和溶液 $b(H_2S)=0.1mol\cdot kg^{-1}$。

① 根据平衡方程式可知，$b(H^+)=0.2mol\cdot kg^{-1}$，所以

$$b(Cu^{2+})=\frac{(0.2mol\cdot kg^{-1})^2\times1.27\times10^{-36}}{9.1\times10^{-8}\times1.1\times10^{-12}\times0.1mol\cdot kg^{-1}}=5.08\times10^{-18}mol\cdot kg^{-1}$$

② 同理，当 $b(H^+)=1.2mol\cdot kg^{-1}$ 时，可得

$$b(Cu^{2+})=1.83\times10^{-16}mol\cdot kg^{-1}$$

$b(Cu^{2+})$ 分别为 $5.08\times10^{-18}mol\cdot kg^{-1}$ 和 $1.83\times10^{-16}mol\cdot kg^{-1}$。

综合练习题(二)

一、判断题(每题 1 分，共 15 分)

1. 由于 Fe^{3+} 比 Fe^{2+} 带的正电荷高，离子半径小，因此碱强度 $Fe(OH)_3>Fe(OH)_2$。 (　　)

2. $CaCO_3$、$MgCO_3$、$ZnCO_3$、$(NH_4)_2CO_3$ 的热稳定性依次增强。 (　　)

3. 氧化反应的 $\Delta_rG_m^{\ominus}$-T 线位置越低，表明金属单质与氧结合能力越大。 (　　)

4. 金属键和共价键一样都是通过自由电子而成键的。 (　　)

5. 稀土元素被称为冶金工业的“维生素”。 (　　)

6. 锂电池就是锂离子电池。 (　　)

7. 光化学烟雾的主要原始成分是 NO_x 和烃类。 (　　)

8. 太阳上进行的反应是复杂的核裂变反应。 (　　)

9. 高聚物一般没有固定的熔点。 (　　)

10. 根据反应 $H_2(g)+I_2(g)=\!=\!=2HI(g)$ 的速率方程 $v=kc(H_2)c(I_2)$，可以肯定此反应是基元反应。 (　　)

11. s 电子与 s 电子间配对形成的键一定是 σ 键，而 p 电子与 p 电子间配对形成的键一定是 π 键。 (　　)

12. 除 CO_2 外，CH_4、$CFCl_3$ 等也都是温室效应的贡献者。（　）

13. 燃料电池的能量转换方式是由化学能转化成热能再进一步转化成电能。（　）

14. 核外电子的能量只与主量子数有关。（　）

15. 标准条件下，反应式 C(金刚石)＋O_2(g)══CO_2(g)的反应热能表示 CO_2 的 $\Delta_f H_m^\ominus$(298.15K)。（　）

二、选择题(每题 1 分，共 15 分)

1. 相同浓度的下列溶液中沸点最高的是（　）

A. 葡萄糖　B. NaCl　C. $CaCl_2$　D. $[Cu(NH_3)_4]SO_4$

2. 适宜作为塑料的高聚物是（　）

A. T_g 较高、T_f 较低的非晶态高聚物

B. T_g 较高、T_f 也较高的非晶态高聚物

C. T_g 较低、T_f 也较低的非晶态高聚物

D. T_g 较低、T_f 较高的非晶态高聚物

3. 下列能源中属于“二次能源”的是（　）

A. 潮汐能　B. 核燃料　C. 地震　D. 火药

4. 已知室温下各置换反应的平衡常数，其中置换反应进行得彻底的是（　）

A. $Zn(s)+Cu^{2+}(aq)\rightleftharpoons Cu(s)+Zn^{2+}(aq)$　$K=2\times10^{37}$

B. $Mg(s)+Cu^{2+}(aq)\rightleftharpoons Cu(s)+Mg^{2+}(aq)$　$K=6\times10^{96}$

C. $Fe(s)+Cu^{2+}(aq)\rightleftharpoons Cu(s)+Fe^{2+}(aq)$　$K=3\times10^{26}$

D. $2Ag(s)+Cu^{2+}(aq)\rightleftharpoons Cu(s)+2Ag^{+}(aq)$　$K=3\times10^{-16}$

5. 下列各组量子数中，合理的一组是（　）

A. $n=3,\ l=1,\ m_l=+1,\ m_s=+\frac{1}{2}$

B. $n=4,\ l=5,\ m_l=-1,\ m_s=+\frac{1}{2}$

C. $n=3,\ l=3,\ m_l=+1,\ m_s=-\frac{1}{2}$

D. $n=4,\ l=2,\ m_l=+3,\ m_s=-\frac{1}{2}$

6. 下列分子中，偶极矩不为零的是（　）

A. CO　B. CO_2　C. CS_2　D. CCl_4

7. 在一定条件下，一个反应达到平衡的标志是（　）

A. 各反应物和生成物的浓度相等　B. 各物质浓度不随时间改变而改变

C. $\Delta_r G_m^\ominus=0$　D. 正、逆反应速率常数相等

8. 下列各组原子和离子半径变化的顺序，不正确的一组是（　）

A. $P^{3-}>S^{2-}>Cl^{-}>F^{-}$　B. $K^{+}>Ca^{2+}>Fe^{2+}>Ni^{2+}$

C. Co>Ni>Cu>Zn　D. $V>V^{2+}>V^{3+}>V^{4+}$

9. 对于一个化学反应,下列叙述正确的是(　　)

A. $\Delta G^{\ominus}$越小,反应速率越快　　B. $\Delta H^{\ominus}$越小,反应速率越快

C. 活化能越小,反应速率越快　　D. 活化能越大,反应速率越快

10. 某反应在400K时反应速率常数是300K时的5倍,则这个反应的活化能近似值是(　　)

A. $16.1kJ \cdot mol^{-1}$　　B. $-16.1kJ \cdot mol^{-1}$

C. $1.9kJ \cdot mol^{-1}$　　D. $-1.9kJ \cdot mol^{-1}$

11. 已知$E^{\ominus}(Sn^{4+}/Sn^{2+})=0.14V$,$E^{\ominus}(Fe^{3+}/Fe^{2+})=0.77V$,则不能共存于同一溶液中的一对离子是(　　)

A. Sn^{4+},Fe^{2+}　　B. Fe^{3+},Sn^{2+}

C. Fe^{3+},Fe^{2+}　　D. Sn^{4+},Sn^{2+}

12. 原子轨道发生重叠是因为(　　)

A. 进行电子重排　　B. 增加配对电子数

C. 增加成键能力　　D. 保持共价键的方向性

13. 下列各系统中,分子间存在的力同时具有氢键、色散力、诱导力和取向力的是(　　)

A. 液态O_2　　B. 氨水

C. I_2的CCl_4溶液　　D. 液态CO_2

14. 长链大分子在自然条件下呈卷曲状,主要是因为(　　)

A. 分子间有氢键　　B. 相对分子质量太大

C. 分子的内旋转　　D. 有外力作用

15. 已知下列反应的$E^{\ominus}$都大于0:$Zn + Cu^{2+} \longrightarrow Zn^{2+} + Cu$,$Zn + Ni^{2+} \longrightarrow Ni + Zn^{2+}$,则在标准状态下,$Ni^{2+}$与Cu之间的反应是(　　)

A. 自发的　　B. 处于平衡态　　C. 非自发的　　D. 不可判断

三、填空题(每空1分,共22分)

1. 已知

(1) $CH_3OH(g)+\frac{3}{2}O_2(g) \longrightarrow CO_2(g)+2H_2O(l)$　　$\Delta_r H^{\ominus}_{m,1}=-763.9kJ \cdot mol^{-1}$

(2) $C(s)+O_2(g) \longrightarrow CO_2(g)$　　$\Delta_r H^{\ominus}_{m,2}=-393.5kJ \cdot mol^{-1}$

(3) $H_2(g)+\frac{1}{2}O_2(g) \longrightarrow H_2O(l)$　　$\Delta_r H^{\ominus}_{m,3}=-285.8kJ \cdot mol^{-1}$

(4) $CO(g)+\frac{1}{2}O_2(g) \longrightarrow CO_2(g)$　　$\Delta_r H^{\ominus}_{m,4}=-283.0kJ \cdot mol^{-1}$

CO(g)的标准摩尔生成焓为＿＿＿＿＿＿＿＿,$CH_3OH(g)$的标准摩尔生成焓为＿＿＿＿＿＿＿＿,$CO(g)+2H_2(g) = CH_3OH(g)$的$\Delta_r H^{\ominus}_m$为＿＿＿＿＿＿＿＿。

2. 电解$CuSO_4$水溶液时,若两极都用铜,则阳极反应为＿＿＿＿＿＿,阴极反应为＿＿＿＿＿＿。

3. 氢燃料是一种清洁能源，以水为原料制取氢气的一般方法包括__________、__________、__________。

4. 3d 轨道的主量子数为__________，角量子数为__________，可能的磁量子数为__________，自旋量子数为__________。

5. $[Co(NO_2)(NH_3)_5]Cl_2$ 的配合物名称为____________________，配位原子是__________，配位数是__________。

6. 已知 $E^{\ominus}(Cl_2/Cl^-)=1.36V$，$E^{\ominus}(Br_2/Br^-)=1.08V$，$E^{\ominus}(H_2O_2/H_2O)=1.78V$，$E^{\ominus}(Cr_2O_7^{2-}/Cr^{3+})=1.33V$，$E^{\ominus}(MnO_4^-/Mn^{2+})=1.49V$，$E^{\ominus}(F_2/F^-)=2.87V$，$E^{\ominus}(Fe^{3+}/Fe^{2+})=0.77V$。欲把 Fe^{2+} 氧化到 Fe^{3+}，而又不引入其他金属元素，可以采用的切实可行的氧化剂为__________、__________、__________。

7. 在一定体积的真空容器中放置一定量的 $NH_4HS(s)$，发生反应 $NH_4HS(s) \longrightarrow NH_3(g)+H_2S(g)$，其 $\Delta_r H_m^{\ominus}=180kJ\cdot mol^{-1}$。360℃达平衡时测得 $p(NH_3)=2.10kPa$，则该反应在 360℃时的 $K^{\ominus}=$__________；当温度不变时，压力增加到原来的 2 倍，$K^{\ominus}=$__________，平衡向__________移动；升高温度，平衡向__________移动。

四、计算题(共 48 分)

1. (14 分)若往含有 $0.10mol\cdot kg^{-1}$ $CoCl_2$ 和 $0.10mol\cdot kg^{-1}$ $CuCl_2$ 的混合溶液中通 H_2S 至饱和，按下式计算溶液中 Co^{2+} 的浓度：$Co^{2+}+H_2S \rightleftharpoons CoS+2H^+$。已知：$K_{sp}^{\ominus}(CuS)=1.27\times10^{-36}$；$H_2S$：$K_{a_1}^{\ominus}=9.1\times10^{-8}$，$K_{a_2}^{\ominus}=1.1\times10^{-12}$；$K_{sp}^{\ominus}(CoS)=4.0\times10^{-21}$。

2. (16 分)已知 $E^{\ominus}(H_3AsO_4/H_3AsO_3)=0.559V$，$E^{\ominus}(I_3^-/I^-)=0.535V$。

(1) 计算反应 $H_3AsO_3+I_3^-+H_2O = H_3AsO_4+2H^++3I^-$ 在 25℃时的标准平衡常数。

(2) 若溶液的 pH=7，则上述反应在 25℃时朝哪个方向进行？

3. (18 分)在 25℃、100kPa 下，$CaSO_4(s) = CaO(s)+SO_3(g)$，已知该反应的 $\Delta_r H_m^{\ominus}=402kJ\cdot mol^{-1}$，$\Delta_r S_m^{\ominus}=189.6J\cdot mol^{-1}\cdot K^{-1}$，问：

(1) 通过计算说明在 25℃和标准条件下，此反应能否自发进行。

(2) 对于上述反应，是升温有利，还是降温有利。

(3) 使上述反应逆向进行所需的最高温度。

参考答案

一、判断题(每题 1 分，共 15 分)

1. ×； 2. ×； 3. √； 4. ×； 5. √； 6. ×； 7. √； 8. ×； 9. √；
10. ×； 11. ×； 12. √； 13. ×； 14. ×； 15. ×

二、选择题(每题 1 分，共 15 分)

1. C； 2. A； 3. D； 4. B； 5. A； 6. A； 7. B； 8. C； 9. C；

10. A； 11. B； 12. C； 13. B； 14. C； 15. D

三、填空题(每空 1 分,共 22 分)

1. $-110.5\text{kJ}\cdot\text{mol}^{-1}$；$-201.2\text{kJ}\cdot\text{mol}^{-1}$；$-90.7\text{kJ}\cdot\text{mol}^{-1}$
2. $Cu-2e^- \longrightarrow Cu^{2+}$(或 $Cu \longrightarrow Cu^{2+}+2e^-$)；$Cu^{2+}+2e^- \longrightarrow Cu$
3. 电分解水法；热分解水法；光分解水法
4. 3；2；+2，+1，0，−1，−2；$+\frac{1}{2}$(或$-\frac{1}{2}$)
5. 二氯化一硝基·五氨合钴(Ⅲ)；N；6
6. Cl_2；Br_2；H_2O_2
7. 4.41×10^{-4}；4.41×10^{-4}(不变)；左；右

四、计算题(共 48 分)

1. (14 分)**解**

$$Co^{2+}+H_2S \rightleftharpoons CoS+2H^+$$

$$K^\ominus=\frac{K^\ominus_{a_1}(H_2S)\cdot K^\ominus_{a_2}(H_2S)}{K_{sp}(CoS)}=\frac{10.01\times10^{-20}}{4.0\times10^{-21}}=25$$

$$Cu^{2+}+H_2S \rightleftharpoons CuS+2H^+$$

$$K^\ominus=\frac{K^\ominus_{a_1}(H_2S)\cdot K^\ominus_{a_2}(H_2S)}{K_{sp}(CuS)}=\frac{10.01\times10^{-20}}{1.27\times10^{-36}}=7.88\times10^{16}$$

因为 CuS 沉淀完全，游离出 $0.20\text{mol}\cdot\text{kg}^{-1}$ H^+。设

	Co^{2+}	+	H_2S	$\rightleftharpoons$	CoS	+	$2H^+$
平衡浓度/($\text{mol}\cdot\text{kg}^{-1}$)	$0.10-x$		0.10				$0.20+2x$

$$\frac{(0.20+2x)^2}{0.10(0.10-x)}=25$$

$$4x^2+3.3x-0.21=0$$

$$x=0.059\text{mol}\cdot\text{kg}^{-1}$$

$$b(Co^{2+})=(0.10-0.059)\text{mol}\cdot\text{kg}^{-1}=4.1\times10^{-2}\text{mol}\cdot\text{kg}^{-1}$$

2. (16 分)**解** (1) 正极： $I_3^-+2e^- = 3I^-$

负极： $H_3AsO_3+H_2O-2e^- = H_3AsO_4+2H^+$

$$E^\ominus=E^\ominus(I_3^-/I^-)-E^\ominus(H_3AsO_4/H_3AsO_3)=0.535\text{V}-0.559\text{V}=-0.024\text{V}$$

$RT\ln K^\ominus=zFE^\ominus$

$\ln K^\ominus=2FE^\ominus/RT=2\times96\,485/(8.314\times298.15)=1.167$

$K^\ominus=0.15$

或用 $\lg K^\ominus=\dfrac{zE^\ominus}{0.0592}$计算。

(2) pH=7

$$E(H_3AsO_4/H_3AsO_3)=E^\ominus(H_3AsO_4/H_3AsO_3)+\frac{0.0592}{2}\lg\frac{\frac{b(H_3AsO_4)}{b^\ominus}\left[\frac{b(H^+)}{b^\ominus}\right]^2}{\frac{b(H_3AsO_3)}{b^\ominus}}$$

$$=0.559\text{V}+(0.0592\text{V}/2)\lg(10^{-7})^2=0.145\text{V}$$

$$E=E^+-E^-=0.535\text{V}-0.145\text{V}=0.390\text{V}>0$$

所以反应向正方向进行。

3.（18 分）**解** （1）$\Delta_r G_m^\ominus = \Delta_r H_m^\ominus - T\Delta_r S_m^\ominus$

$= (402 - 298.15 \times 189.6 \times 10^{-3})\,\mathrm{kJ \cdot mol^{-1}} = 345.47\,\mathrm{kJ \cdot mol^{-1}} > 0$

不能自发进行。

（2）$\Delta_r H_m^\ominus > 0, \Delta_r S_m^\ominus > 0$，故升温有利。

（3）$\Delta_r G_m^\ominus \geqslant 0$，即 $\Delta_r H_m^\ominus - T\Delta_r S_m^\ominus \geqslant 0$，则 $T \leqslant \Delta_r H_m^\ominus / \Delta_r S_m^\ominus$，即

$T \leqslant 402 \times 10^3\,\mathrm{J \cdot mol^{-1}} / (189.6\,\mathrm{J \cdot mol^{-1} \cdot K^{-1}}) = 2120.25\,\mathrm{K}$

综合练习题(三)

一、判断题(每题 1 分，共 14 分)

1. 在一定温度下，用水稀释含有固体 AgCl 的水溶液(稀释后仍含有固体 AgCl)时，AgCl 溶解的量增加了，但其溶度积及溶解度均不变。 （ ）

2. 由反应 $Cu + 2Ag^+ \!=\!=\!= Cu^{2+} + 2Ag$ 组成原电池，当 $b(Cu^{2+}) = b(Ag^+) = 1.0\,\mathrm{mol \cdot kg^{-1}}$ 时，$E^\ominus = E_+^\ominus - E_-^\ominus = E^\ominus(Cu^{2+}/Cu) - 2E^\ominus(Ag^+/Ag)$。 （ ）

3. 稳定单质在 298.15K 时的标准摩尔生成焓和标准摩尔熵均为零。 （ ）

4. 在微观粒子中，只有电子具有波粒二象性。 （ ）

5. Y_{p_z} 图是指 p 电子云在 Y 轴方向的伸展图。 （ ）

6. 正、负离子相互极化，导致键的极性增强，使离子键转变为共价键。 （ ）

7. 中心原子的杂化轨道类型取决于配位原子数目，如为 2 则为 sp 杂化，如为 3 则为 sp^2 杂化，如为 4 则为 sp^3 杂化。 （ ）

8. 因为 Al^{3+} 比 Mg^{2+} 的极化力大，所以 $AlCl_3$ 的熔点低于 $MgCl_2$。 （ ）

9. O_2 是常用的氧化剂，其氧化能力随所在溶液中 OH^- 浓度的增大而增强。（ ）

10. O_2N—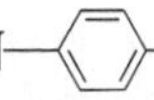—NO_2 分子的极性比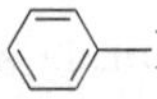—NO_2 分子的极性大。 （ ）

11. 有一由 HAc 与 NaAc 组成的缓冲溶液，若溶液中 $b(HAc) > b(Ac^-)$，则该缓冲溶液抵抗外来酸的能力大于抵抗外来碱的能力。 （ ）

12. 在一个氢原子中将 1 个电子从 1s 激发到 2s 能级；在相同条件下，在另一个氢原子中将 1 个电子从 1s 激发到 2p 能级。这两个氢原子所需的激发能是相同的。 （ ）

13. PH_3 分子间存在着色散力、诱导力、取向力和氢键。 （ ）

14. 在$[Cu(NH_2—CH_2—CH_2—NH_2)_2]^{2+}$配离子中，中心离子的配位数为 2。 （ ）

二、选择题(每题 2 分，共 20 分)

1. 对弱酸与弱酸盐组成的缓冲溶液，若 b(弱酸)∶b(弱酸根离子)＝1∶1 时，该溶液的 pH 等于（ ）

A. $pK_w^\ominus$　　B. $pK_a^\ominus$　　C. b(弱酸)　　D. b(弱酸盐)

2. 用配合剂溶液溶解难溶于水的卤化银固体时，其反应的标准平衡常数 $K^\ominus$（ ）

A. 只与 $K_{sp}^\ominus$(卤化银)有关

B. 只与 $K^{\ominus}$(稳,配离子)有关

C. 与 $K_{sp}^{\ominus}$(卤化银)和 $K^{\ominus}$(稳,配离子)都有关

D. 与 $K_{sp}^{\ominus}$(卤化银)和 $K^{\ominus}$(稳,配离子)都无关

3. 下列说法正确的是(　　)

A. 一定温度下气液两相达平衡时的蒸气压称为该液体在此温度下的饱和蒸气压

B. 氢的电极电势是零

C. 催化剂既不改变反应的 $\Delta_r H_m$,也不改变反应的 $\Delta_r S_m$ 和 $\Delta_r G_m$

D. 一定温度下,渗透压较大的水溶液其蒸气压也一定较大

4. 基态某原子的 4d 亚层上共有 2 个电子,那么其第三电子层上的电子数是(　　)

A. 18　　B. 1　　C. 2　　D. 8

5. 下列原子中第二电离能最大的是(　　)

A. Li　　B. Be　　C. B　　D. C

6. 下列叙述错误的是(　　)

A. 在氧化还原反应中,如果两电对的 E 相差越大,则反应速率越快

B. 对于原电池(－)Cu|Cu^{2+}(b_1)¦¦Cu^{2+}(b_2)|Cu(＋),只有 $b_1>b_2$ 时才成立(指使 $E>0$)

C. 钢铁制件在大气中的腐蚀主要是吸氧腐蚀而不是析氢腐蚀

D. 为了保护地下管道(铁制),可以采用外加电流法并将其与外电源的负极相连

7. 在下列物质中选出两个最好的高硬、高强度的耐热材料(　　)

A. Si_3N_4　　B. Cu　　C. $FeCl_3$　　D. Ge　　E. SiC

8. 为了减少汽车尾气中 NO 和 CO 污染大气,拟按下列反应进行催化转化:NO(g)＋CO(g)$=\!=\!=\frac{1}{2}$$N_2$(g)＋$CO_2$(g),$\Delta_r H_m^{\ominus}$(298.15K)＝－374kJ·$mol^{-1}$。为提高转化率,应采取的措施是(　　)

A. 低温高压　　B. 高温高压　　C. 低温低压　　D. 高温低压

9. 难溶电解质 $CaCO_3$ 在浓度为 0.1mol·kg^{-1}的下列溶液中的溶解度比在纯水中的溶解度大的有(　　)

A. $Ca(NO_3)_2$　　B. HAc　　C. Na_2CO_3　　D. NaH_2PO_4

10. 与化学反应式中的化学计量数必定有关的物理量是(　　)

A. 反应级数　　B. 该反应组成原电池的标准电动势

C. 反应的摩尔熵变　　D. 反应的标准平衡常数

三、填空题(共 24 分)

1. (2 分)分子的电偶极矩 μ 数值越大,则该分子的________越大;分子的 $\mu=0$,则该分子是________分子。

2. (2 分)将 ZnO 还原制 Zn 的方程式为(选一工业上常用的还原剂):________________________。

3. (2 分)某反应物消耗 20%所需的时间,40℃时为 15s,60℃时为 3s,则可求得此反

应的活化能为__________________。

4. (2分)在共价键C—C、C═C和C≡C中,键能最大的是__________,键长最长的是__________。

5. (2分)Ba、Al、Cr、Mn的最高价态的氧化物的水合物中,酸性最强的是__________,碱性最强的是__________(写出氧化物水合物的分子式)。

6. (3分)量子数$n=4$,$l=2$的原子轨道的符号是__________,该原子轨道可以有__________种空间取向,最多可容纳__________个电子。

7. (3分)填写$KMnO_4$分别在酸性、中性及强碱性溶液中与Na_2SO_3反应的现象及主要产物。

溶　液	反应的现象	主要产物
酸性		
中性		
强碱性		

8. (4分)根据固体能带理论,金属的导电性是基于其晶体能带中有__________带存在;半导体能带的主要特性是禁带宽度较绝缘体__________。p型半导体(用硅制)所含的杂质为元素周期表第__________元素,n型半导体的载流子主要是__________。

9. (4分)已知

化合物	$H_2S(g)$	$H_2O(l)$	$SO_2(g)$
$\Delta_f H_m^\ominus(298.15K)/(kJ\cdot mol^{-1})$	−20.63	−285.83	−296.83

则反应$H_2S(g)+3/2O_2(g)═H_2O(l)+SO_2(g)$的$\Delta_r H_m^\ominus(298.15K)$等于__________,相应的$\Delta_r U$等于__________。

四、计算题(共42分)

1. (5分)若用$H_2(g)$还原Ag_2S制取金属银

$$Ag_2S(s)+H_2(g)\rightleftharpoons 2Ag(s)+H_2S(g)$$

已知某温度下此反应的$K^\ominus=0.50$。若在该温度下制取2.0mol Ag,试计算至少需要多少摩尔$H_2(g)$。

2. (5分)已知反应$2NO(g)+O_2(g)═2NO_2(g)$的$\Delta_r G_m^\ominus(298.15K)=-69.7kJ\cdot mol^{-1}$。试通过计算判断在25℃,$p(NO)=20.27kPa$,$p(O_2)=10.13kPa$,$p(NO_2)=70.93kPa$时,上述反应自发进行的方向。

3. (5分)25℃时,将$0.010mol\cdot kg^{-1}$的NaOH溶液与$0.020mol\cdot kg^{-1}$的$FeCl_3$溶液等量混合,通过计算说明有无$Fe(OH)_3$沉淀产生。已知$K_{sp}^\ominus[Fe(OH)_3]=2.64\times10^{-37}$。

4. (5分)计算$0.0500mol\cdot kg^{-1}$ H_2CO_3溶液中的$b(H^+)$、$b(HCO_3^-)$、$b(CO_3^{2-})$。已知H_2CO_3水解的$K_{a_1}^\ominus=4.30\times10^{-7}$,$K_{a_2}^\ominus=5.61\times10^{-11}$。

5. (5分)已知合成氨反应$\frac{3}{2}H_2(g)+\frac{1}{2}N_2(g)═NH_3(g)$,在350℃时的$K_1^\ominus=$

$0.0266/p^{\ominus}$，在 450℃时的 $K_2^{\ominus}=0.006\ 59/p^{\ominus}$。假设在上述温度范围内，$\Delta_r H_m^{\ominus}$ 不随温度而变，试求此反应的 $\Delta_r H_m^{\ominus}$（其中 $p^{\ominus}$ 为标准压力）。

6. (8 分) 已知反应 $MnO_4^- + 5Fe^{2+} + 8H^+ \longrightarrow Mn^{2+} + 5Fe^{3+} + 4H_2O$，$E^{\ominus}(MnO_4^-/Mn^{2+})=1.51V$，温度为 25℃：

(1) 写出利用上述反应组成原电池的符号。

(2) 写出原电池的两极反应式。

(3) 求当 pH=5.00、其他有关物质均处于标准态时的 $E(MnO_4^-/Mn^{2+})$。

(4) 若利用电对 Fe^{3+}/Fe^{2+} 作正极，与饱和甘汞电极组成原电池，测得其电动势 $E=0.52V$，求此时 $E(Fe^{3+}/Fe^{2+})$。已知 E(饱和甘汞)=0.24V。

7. (9 分) 已知 $E^{\ominus}(Fe^{3+}/Fe^{2+})=0.77V$，$E^{\ominus}(I_2/I^-)=0.54V$，试计算下列反应 $2Fe^{3+}(aq)+2I^-(aq) \longrightarrow 2Fe^{2+}(aq)+I_2(s)$ 在 25℃时的标准平衡常数 $K^{\ominus}$，以及当 $b(Fe^{2+})/b(Fe^{3+})=10^4$ 时 I^- 的浓度。

参考答案

一、判断题(每题 1 分，共 14 分)

1. √； 2. ×； 3. ×； 4. ×； 5. ×； 6. ×； 7. ×； 8. √； 9. ×；
10. ×； 11. ×； 12. √； 13. ×； 14. ×

二、选择题(每题 2 分，共 20 分)

1. B； 2. C； 3. A、C； 4. A； 5. A； 6. A、B； 7. A、E； 8. A； 9. B、D； 10. C、D

三、填空题(共 24 分)

1. (2 分)极性；非极性
2. (2 分)$ZnO+C \longrightarrow Zn+CO$
3. (2 分)$69.7kJ \cdot mol^{-1}$
4. (2 分)C≡C；C—C
5. (2 分)$HMnO_4$；$Ba(OH)_2$
6. (3 分)4d；5；10
7. (3 分)

溶液	反应的现象	主要产物
酸性	紫红色溶液变为无色	Mn^{2+}、SO_4^{2-}
中性	溶液紫红色褪去，有棕色沉淀生成	MnO_2、SO_4^{2-}
强碱性	溶液由紫红色变为绿色	MnO_4^{2-}、SO_4^{2-}

8. (4 分)未满；窄；ⅢA；电子
9. (4 分)$-562.03kJ \cdot mol^{-1}$；$-558.31kJ \cdot mol^{-1}$

四、计算题(共 42 分)

1. (5 分)**解** 设至少需要 x mol $H_2(g)$

	$Ag_2S(s)$	+	$H_2(g)$	$=$	$2Ag(s)$	+	$H_2S(g)$
起始时物质的量/mol	(一定量)		x		0		0
平衡时物质的量/mol	(一定量−1.0)		$x-1.0$		(2.0)		1.0

$$K^{\ominus}=[p(H_2S)/p^{\ominus}]/[p(H_2)/p^{\ominus}]=\frac{p(H_2S)}{p(H_2)}=\frac{n(H_2S)}{n(H_2)}$$

即
$$0.50=1.0/(x-1.0)$$
$$x=3.0$$

2. (5 分)解

$$\Delta_r G_m(298.15K)=\Delta_r G_m^{\ominus}(298.15K)+RT\ln\{[p^2(NO_2)p^{\ominus}]/[p^2(NO)p(O_2)]\}$$
$$=-57.8kJ\cdot mol^{-1}<0$$

所以正向自发。

3. (5 分)解

$$b(OH^-)=0.0050mol\cdot kg^{-1}$$
$$b(Fe^{3+})=0.010mol\cdot kg^{-1}$$
$$[b(Fe^{3+})/b^{\ominus}][b(OH^-)/b^{\ominus}]^3=0.010\times(0.0050)^3=1.25\times10^{-9}>K_{sp}^{\ominus}[Fe(OH)_3]$$

所以有 $Fe(OH)_3$ 沉淀生成。

4. (5 分)解 (1) 因 $K_{a_1}^{\ominus}\gg K_{a_2}^{\ominus}$,所以求 $b(H^+)$ 及 $b(HCO_3^-)$ 时,只考虑一级电离。

设 $b(H^+)=x\ mol\cdot kg^{-1}$

$$H_2CO_3 \rightleftharpoons H^+ + HCO_3^-$$

b(平衡)/$(mol\cdot kg^{-1})$ $\quad 0.05-x\approx0.05 \quad x \quad x$

$$4.30\times10^{-7}=(x/b^{\ominus})^2/(0.05mol\cdot kg^{-1}/b^{\ominus})$$
$$x=1.47\times10^{-4}mol\cdot kg^{-1}$$
$$b(H^+)=b(HCO_3^-)=1.47\times10^{-4}mol\cdot kg^{-1}$$

(2) 利用 H_2CO_3 的二级解离求 $b(CO_3^{2-})$,所以

$$K_{a_2}^{\ominus}=[b(H^+)/b^{\ominus}][b(CO_3^{2-})/b^{\ominus}]/[b(HCO_3^-)/b^{\ominus}]=b(CO_3^{2-})/b^{\ominus}$$
$$b(CO_3^{2-})=5.61\times10^{-11}mol\cdot kg^{-1}$$

5. (5 分)解 $\qquad \ln(K_2^{\ominus}/K_1^{\ominus})=(\Delta_r H_m^{\ominus}/R)[(T_2-T_1)/(T_2T_1)]$

$$\ln[(0.006\,59/p^{\ominus})/(0.0266/p^{\ominus})]=\Delta_r H_m^{\ominus}/(8.314)\times[(723-623)/(623\times723)]$$
$$\Delta_r H_m^{\ominus}=-52.3kJ\cdot mol^{-1}$$

或

$$\lg\frac{K_2}{K_1}=\frac{\Delta_r H_m^{\ominus}}{2.303R}\frac{T_2-T_1}{T_1T_2}$$

6. (8 分)解 (1) $(-)Pt|Fe^{2+}(b_1),Fe^{3+}(b_2)\,\|\,MnO_4^-(b_3),Mn^{2+}(b_4),H^+(b_5)|Pt(+)$

(2) $(+)MnO_4^-+8H^++5e^-=Mn^{2+}+4H_2O$

$(-)Fe^{2+}=Fe^{3+}+e^-$

(3) $\qquad pH=5.00, b(H^+)=1.0\times10^{-5}mol\cdot kg^{-1}$

$$E(MnO_4^-/Mn^{2+})=1.51V+(0.0592V/5)\lg(10^{-5})^8=1.04V$$

(4) $\qquad E(Fe^{3+}/Fe^{2+})=0.52V+0.24V=0.76V$

7. (9 分)解 $\qquad \lg K^{\ominus}=nE^{\ominus}/0.0592V=\dfrac{2\times(0.77-0.54)V}{0.0592V}=7.77$

$$K^{\ominus}=5.9\times10^7$$
$$K^{\ominus}=[b(Fe^{2+})/b^{\ominus}]^2[b(Fe^{3+})/b^{\ominus}]^2/[b(I^-)/b^{\ominus}]^2$$

即

$$5.9\times10^7=(10^4)^2/[b(I^-)/b^\ominus]^2$$

$$b(I^-)=1.27mol\cdot kg^{-1}$$

综合练习题(四)

一、判断题(每题 1 分,共 24 分)

1. 若 $H_2O(l)\rightleftharpoons H^+(aq)+OH^-(aq)$　　$K_1^\ominus=1.0\times10^{-14}$　（　）
$CH_3COOH(aq)\rightleftharpoons CH_3COO^-(aq)+H^+(aq)$　$K_2^\ominus=1.8\times10^{-5}$
则 $CH_3COO^-(aq)+H_2O(l)\rightleftharpoons CH_3COOH(aq)+OH^-(aq)$,$K_3^\ominus=5.6\times10^{-10}$。

2. 已知 $K_{sp}^\ominus(CaSO_4)>K_{sp}^\ominus(CaCO_3)$,则反应 $CaSO_4(s)+CO_3^{2-}(aq)=CaCO_3(s)+SO_4^{2-}(aq)$有利于向右进行。（　）

3. PH_3 分子间存在着色散力、诱导力、取向力和氢键。（　）

4. 在下列浓差电池(—)$Cu|Cu^{2+}(a)$ ¦¦ $Cu^{2+}(b)|Cu$(+)中,只有溶液浓度$a<b$时,原电池符号才是正确的。（　）

5. s 电子绕核运动的轨道为一圆圈,而 p 电子走的是 8 字形轨道。（　）

6. 元素在周期表中所处的周期数等于该元素原子的电子层数。（　）

7. 在−4～−3℃温度条件下进行建筑施工时,为了防止水泥冻结,可在水泥砂浆中加入适量的食盐或氯化钙。（　）

8. BCl_3 分子中的化学键是极性共价键,所以它是极性分子。（　）

9. $K_3[Co(NO_2)_3Cl_3]$名称为三氯三硝基合钴(Ⅲ)酸钾,其中心离子的电荷为+3,配位数为 6。（　）

10. 原子中核外电子的运动具有波粒二象性,没有经典式的轨道,并需用统计规律来描述。（　）

11. 热力学能是系统内部能量的总和,为状态函数,因而具有状态函数的三个特点:①状态一定,值一定;②殊途同归变化等(从同一始态出发,经过不同的变化途径,最后回到同一终态时,热力学能的变化一定相等);③周而复始变化零。（　）

12. 由于 $E^\ominus(Cu^{2+}/Cu)>0$,因此电解 $CuCl_2$ 水溶液时,在阴极上得到的总是 Cu 而不是 H_2;同理,由于 $E^\ominus(Zn^{2+}/Zn)<0$,因此电解 $ZnCl_2$ 水溶液时,在阴极上得到的总是 H_2 而不是 Zn。（　）

13. 对于反应 $[Cu(NH_3)_4]^{2+}+Zn^{2+}\rightleftharpoons[Zn(NH_3)_4]^{2+}+Cu^{2+}$,已知 $K_{稳}^\ominus\{[Cu(NH_3)_4]^{2+}\}>K_{稳}^\ominus\{[Zn(NH_3)_4]^{2+}\}$,所以在标准条件下反应向左进行。（　）

14. 根据 R—OH 原则判断,H_3PO_4、$HClO_4$、H_3AsO_3、H_3AsO_4 中最弱的酸是 H_3PO_4。（　）

15. 某反应活化能 $E_a=82kJ\cdot mol^{-1}$,300K 时的速率常数 $k_1=1.2\times10^{-2}L\cdot mol^{-1}\cdot s^{-1}$,400K 时的速率常数 $k_2=45.6L\cdot mol^{-1}\cdot s^{-1}$。（　）

16. 对于电极反应:$Pb^{2+}(aq)+2e^-\rightleftharpoons Pb(s)$和$\frac{1}{2}Pb^{2+}(aq)+e^-\rightleftharpoons\frac{1}{2}Pb(s)$,当

Pb^{2+}浓度均为 1mol·kg^{-1}时，若将其分别与标准氢电极组成原电池，则它们的电动势相同。（ ）

17. 光化学烟雾的主要原始成分是 NO_x 和烃类。（ ）

18. 混合物一定是多相系统，纯物质一定是单相系统。（ ）

19. PbI_2 和 $CaCO_3$ 的标准溶度积数值相近（约为 10^{-9}），所以两者饱和溶液中 Pb^{2+} 和 Ca^{2+}浓度（以 mol·kg^{-1}为单位）也近似相等。（ ）

20. 同一主量子数的原子轨道并不一定属于同一能级组。（ ）

21. 根据反应 $aA(g)+bB(g)=dD(g)$的速率方程 $v=kc(A)^a c(B)^b$，则可以肯定此反应一定是基元反应。（ ）

22. 镧系元素是指包括在化学性质上与其相近的钪、钇共 17 种元素。（ ）

23. Cu 原子的价电子构型是 $4s^1$。（ ）

24. 物质的量增加的反应，ΔS 为正值。（ ）

二、选择题（每题 1 分，共 10 分）

1. 已知 $K_{sp}^{\ominus}(SrSO_4)=3.2\times10^{-7}$，$K_{sp}^{\ominus}(PbSO_4)=1.6\times10^{-8}$，$K_{sp}^{\ominus}(Ag_2SO_4)=1.4\times10^{-5}$，在 1.0kg 含有 Sr^{2+}、Pb^{2+}、Ag^+等离子的溶液中，其浓度均为 0.0010mol·kg^{-1}，加入 0.010mol Na_2SO_4 固体，生成沉淀的是（ ）

A. $SrSO_4$、$PbSO_4$、Ag_2SO_4　　B. $SrSO_4$、$PbSO_4$

C. $SrSO_4$、Ag_2SO_4　　D. $PbSO_4$、Ag_2SO_4

2. 对于基态原子，在主量子数 $n=2$ 的电子层中，最多能容纳 8 个电子，所根据的原理是（ ）

A. 能量守恒原理　　B. 泡利不相容原理

C. 能量最低原理　　D. 洪德规则

3. 下列反应中，反应的摩尔熵增加的是（ ）

A. $CH_4(g)+2O_2(g)\longrightarrow CO_2(g)+2H_2O(l)$

B. $Ag^+(aq)+Cl^-(aq)\longrightarrow AgCl(s)$

C. $2AgNO_3(s)\longrightarrow 2Ag(s)+2NO_2(g)+O_2(g)$

D. $2CO(g)+O_2(g)\longrightarrow 2CO_2(g)$

4. 下列各组量子数不合理的是（ ）

A. $n=2$、$l=1$、$m=0$、$m_s=-1/2$　　B. $n=2$、$l=0$、$m=0$、$m_s=-1/2$

C. $n=4$、$l=2$、$m=-2$、$m_s=1/2$　　D. $n=3$、$l=3$、$m=-2$、$m_s=1/2$

5. 难溶电解质 AgCl 在浓度为 0.1mol·kg^{-1}的下列溶液中的溶解度比在纯水中的溶解度大的有（ ）

A. NaCl　　B. AgAc　　C. $AgNO_3$　　D. $NH_3\cdot H_2O$

6. 下列说法错误的是（ ）

A. CO_2 无毒，所以不会造成污染

B. CO_2 浓度过高时会造成温室效应的污染

C. 工业废气之一 SO_2 可用 NaOH 溶液或氨水吸收

D. 含汞、镉、铅、铬等重金属的工业废水必须经处理后才能排放

7. 对于金属键叙述不正确的是(　　)

A. 金属的很多物理共性和它有关

B. 金属键无方向性和饱和性

C. 金属键是一种改性的共价键

D. 金属晶体中有独立存在的分子

8. 过渡元素的价电子层构型是(　　)

A. $ns^{1\sim2}$　　B. $ns^2np^{1\sim6}$

C. $(n-1)d^{1\sim10}ns^{1\sim2}$　　D. $ns^2nd^{1\sim10}$

9. 下列叙述中错误的是(　　)

A. $KMnO_4$ 在酸性溶液中易缓慢分解

B. $KMnO_4$ 在酸性溶液中有强氧化性

C. $KMnO_4$ 溶液应存放于无色透明玻璃瓶中,置于通风且光线充足处

D. 保存固体 $KMnO_4$ 应避免与浓硫酸及有机化合物接触

10. 下列叙述中错误的是(　　)

A. 配合物中配位体的数目称为配位数

B. 配位键由配体提供孤对电子,中心离子接受孤对电子而形成

C. 内轨型配合物一般比外轨型配合物稳定

D. 配位键与共价键没有本质区别

三、填空题(每空 1 分,共 38 分)

1. 估计晶体类型:① BBr_3 熔点为 46℃,属__________晶体;② KI 熔点为 880℃,属__________晶体。

2. 第 25 号元素,写出核外电子排布式____________________,其原子外(价)层电子构型为__________,属__________族、第__________周期的元素,最高氧化态为__________。

3. 已知 $E^\ominus(O_2/H_2O)=1.23V$,$E^\ominus(Cu^{2+}/Cu)=0.34V$,由此两电对组成原电池的电池符号为______________________________,负极反应式为______________________________,正极反应式为______________________________。若 $z=2$ 时,标准平衡常数 $K^\ominus=A$,则 $z=4$ 时,$K^\ominus=$_______________。

4. 已知氢氧燃料电池 $2H_2(g)+O_2(g) = 2H_2O(l)$,$\Delta_rG_m^\ominus(298.15K)=-474.4kJ\cdot mol^{-1}$,则液态水的 $\Delta_fG_m^\ominus(298.15K)=$_______________,在此温度下标准态时燃烧每克氢气可做最大电功 $W_{电}=$_______________ $kJ\cdot g^{-1}(H_2)$。

5. 作为工程塑料使用时,塑料的 T_g 越__________越好;对高聚物进行加工时,T_f 越__________越好;作为橡胶,T_g 与 T_f 差值越__________性能越好。

6. 试判断下列各组物质的熔点高低(用>或<表示):

① MgO ________ NaF;　② H_2O ________ H_2S;　③ PH_3 ________ SbH_3

7. 3p 符号表示主量子数为__________,有__________个原子轨道,最多可容纳电子

数为________。

8. 已知 CS_2 的键角∠SCS=180°，中心原子的杂化轨道类型是________杂化，分子的空间构型是__________；NCl_3 键角∠ClNCl=90°～109.5°，中心原子的杂化轨道类型是________杂化，分子的空间构型是__________。

9. 分子的电偶极矩 μ 数值越大，则该分子的________越大，分子的 $\mu=0$，则该分子是________分子。

10. 在石油加工过程中，液态烃含碳 C_5～C_{11} 的馏分是________油，含碳 C_{11}～C_{20} 的馏分是________和________，含碳 C_{20}～C_{36} 的馏分是________。

11. CH_3Cl 和 CCl_4 之间存在__________力和__________力。

12. ________粒子的运动特征是________、________、________。

四、计算题(共 28 分)

1. (10 分)计算 AgBr 在 1.0mol·kg^{-1} $Na_2S_2O_3$ 中的溶解度。已知 $K^{\ominus}_{sp}(AgBr)=5.35\times10^{-13}$，$K^{\ominus}_{稳}\{[Ag(S_2O_3)_2]^{3-}\}=2.9\times10^{13}$。

2. (12 分)已知制造煤气的主要反应 $C(s)+H_2O(g)$ ══ $CO(g)+H_2(g)$ 及下表数据(固体炭以石墨计)：

	C(s)	$H_2O(g)$	CO(g)	$H_2(g)$
$\Delta_f G^{\ominus}_m$(298.15K)/(kJ·mol^{-1})	0	−228.59	−137.15	0
$\Delta_f H^{\ominus}_m$(298.15K)/(kJ·mol^{-1})	0	−241.82	−110.52	0
$S^{\ominus}_m$(298.15K)/(J·mol^{-1}·K^{-1})	5.74	188.72	197.56	130.6

(1) 说明在 1073K 和标准条件下，此反应能否自发进行。

(2) 求 1073K 时的标准平衡常数 $K^{\ominus}$。

(3) 求在标准条件下反应自发进行的温度条件。

3. (6 分)25℃时，测得某浓度的 HAc 溶液的 pH=3.00，试计算该 HAc 溶液的浓度(mol·kg^{-1})以及它的解离度。已知 $K^{\ominus}_a(HAc)=1.76\times10^{-5}$。

参考答案

一、判断题(每题 1 分，共 24 分)

1.√； 2.√； 3.×； 4.√； 5.×； 6.√； 7.√； 8.×； 9.√；
10.√； 11.√； 12.×； 13.√； 14.×； 15.√； 16.√； 17.√；
18.×； 19.×； 20.√； 21.×； 22.×； 23.×； 24.×

二、选择题(每题 1 分，共 10 分)

1. B； 2. B； 3. C； 4. D； 5. D； 6. A； 7. D； 8. C； 9. C； 10. A

三、填空题(每空 1 分，共 38 分)

1. 分子；离子

2. $1s^22s^22p^63s^23p^63d^54s^2$；$3d^54s^2$；ⅦB；四；+7
3. (−)Cu|Cu^{2+}(1mol·kg^{-1}) ¦¦ H^+(1mol·kg^{-1})|O_2($p^\ominus$=100kPa)|Pt(+)；
$Cu \rightleftharpoons Cu^{2+}+2e^-$；$O_2+4H^++4e^- \rightleftharpoons 2H_2O$；$A^2$
4. −237.2kJ·mol^{-1}；118.6
5. 高；低；大
6. >；>；<
7. 3；3；6
8. sp；直线形；不等性 sp^3；三角锥形
9. 极性；非极性
10. 汽；柴油；煤油；润滑油
11. 诱导；色散
12. 微观；量子化特征；波粒二象性；统计性

四、计算题(共 28 分)

1. (10 分)**解**　$AgBr+2S_2O_3^{2-} \longrightarrow [Ag(S_2O_3)_2]^{3-}+Br^-$

$1-2s$　　　　　　　s　　　s

$$K=K_{sp}^\ominus(AgBr)K_{稳}^\ominus\{[Ag(S_2O_3)_2]^{3-}\}=5.35\times10^{-13}\times2.9\times10^{13}=15.5$$

即

$$\frac{s^2}{(1-2s)^2}=15.5$$

$$s=0.44mol\cdot kg^{-1}$$

2. (12 分)**解**　(1)　$\Delta_rH_m^\ominus(298.15K)=\sum\nu\Delta_fH_m^\ominus(298.15K)=131.30kJ\cdot mol^{-1}$

$$\Delta_rS_m^\ominus(298.15K)=\sum\nu S_m^\ominus(298.15K)=133.70J\cdot mol^{-1}\cdot K^{-1}$$

$$\Delta_rG_m^\ominus(1073K)\approx\Delta_rH_m^\ominus(298.15K)-T\Delta_rS_m^\ominus(298.15K)$$

$$=-12.16kJ\cdot mol^{-1}<0$$

所以该反应正向自发。

(2)　$\ln K^\ominus(1073K)=-\Delta_rG_m^\ominus(1073K)/(RT)=1.363$

所以

$$K^\ominus(1073K)=3.91$$

(3) 自发进行温度 $T>(131.30\times10^3/133.70)K=982K$。

3. (6 分)**解**　(1)　$b(H^+)=1.0\times10^{-3}mol\cdot kg^{-1}$

$$HAc \rightleftharpoons H^++Ac^-$$

$$K_a^\ominus=[b(H^+)/b^\ominus][b(Ac^-)/b^\ominus]/[b(HAc)/b^\ominus]$$

$$b(HAc)/b^\ominus=[b(H^+)/b^\ominus][b(Ac^-)/b^\ominus]/K_a^\ominus=\frac{(10^{-3})^2}{1.76\times10^{-5}}$$

$$b(HAc)=5.68\times10^{-2}mol\cdot kg^{-1}(平衡浓度)$$

所以

$$b(HAc)=(5.68\times10^{-2}+10^{-3})mol\cdot kg^{-1}=5.78\times10^{-2}mol\cdot kg^{-1}$$

(2)　$\alpha=10^{-3}mol\cdot kg^{-1}/(5.78\times10^{-2}mol\cdot kg^{-1})=0.0173$

综合练习题(五)

一、判断题(每题 1 分，共 20 分)

1. 对于一封闭系统，已知等温等压下有 $\Delta H=Q_p$，所以化学反应定压热 Q_p 只与反应

的始终态有关，而与过程无关，因而是状态函数。（ ）

2. 对于反应 $CaO(s)+CO_2(g)=CaCO_3(s)$，$\Delta_r H_m^\ominus=-178.32kJ\cdot mol^{-1}$，升高温度，该反应的 $\Delta_r G_m^\ominus$ 值增大。（ ）

3. 根据质量作用定律可以写出所有反应的速率方程的表达式。（ ）

4. 在 PH_3 分子中，中心原子 P 采取 sp^2 杂化轨道与三个 H 原子键合，形成平面三角形结构。（ ）

5. 沿 x 键轴方向，p_x 轨道与 p_x 轨道进行重叠，可形成 σ 键。（ ）

6. 标准状态下，$S(g)+O_2(g)=SO_2(g)$ 的反应热是 SO_2 的 $\Delta_f H_m^\ominus(298.15K)$。（ ）

7. H 原子核外的 1s 电子受激发跃迁至 3p 轨道所需要的能量与跃迁至 3d 轨道所需要的能量相等。（ ）

8. 根据酸碱质子理论，NH_3 既是酸又是碱。（ ）

9. 由于溶液的蒸气压下降，糖水沸腾时的蒸气压小于纯水沸腾时的蒸气压。（ ）

10. XeF_2 分子的空间构型为直线形，表明 Xe 原子采用 sp 杂化轨道成键。（ ）

11. 在等温等压下，只有 $\Delta G^\ominus<0$ 的过程是自发进行的。（ ）

12. 电解 KCl 水溶液的电解产物是：阳极——O_2，阴极——H_2。（ ）

13. 标准平衡常数 $K^\ominus$ 值可以由反应的电动势 E 值求得。（ ）

14. 150g $0.1mol\cdot kg^{-1}$ HAc 溶液和 50g $0.1mol\cdot kg^{-1}$ NaOH 溶液混合，已知 HAc 的 $pK_a^\ominus=4.74$，混合溶液的 $b(H^+)$ 为 $3.6\times10^{-5}mol\cdot kg^{-1}$。（ ）

15. $n=5$、$l=3$ 的原子轨道可表示为 5d，有 5 种空间伸展方向，最多可容纳 10 个电子。（ ）

16. 已知 $E^\ominus(Fe^{3+}/Fe^{2+})=0.77V$，$E^\ominus(Cr_2O_7^{2-}/Cr^{3+})=1.23V$，则 Cr^{3+}、Fe^{3+} 能共存于同一溶液中。（ ）

17. 某温度、100kPa 下，发生反应：$2NO_2(g)\rightleftharpoons N_2O_4(g)$，已知 NO_2 的平衡转化率是 72.5%，该反应的标准平衡常数 $K^\ominus=3.06$。（ ）

18. 氢键的本质是长距离静电相互作用，因而没有方向性、没有饱和性。（ ）

19. NaCl、$MgCl_2$、$AlCl_3$ 随正离子的电荷由 +1、+2、+3 依次增大，半径依次减小，离子键增强，熔、沸点依次增大。（ ）

20. 高聚物的相对分子质量没有一个确定的数值。（ ）

二、选择题（每题 1 分，共 15 分）

1. 盐碱地的农作物长势不良，甚至枯萎，主要原因是（ ）

A. 天气太热　B. 很少下雨　C. 肥料不足　D. 水分倒流

2. 反应 $N_2(g)+3H_2(g)\rightleftharpoons 2NH_3(g)$，$\Delta_r H_m^\ominus=-92kJ\cdot mol^{-1}$，从热力学观点看，要使 H_2 达到最大转化率，反应的条件应该是（ ）

A. 低温高压　B. 低温低压　C. 高温高压　D. 高温低压

3. 下列能源中属于“二次能源”的是（ ）

A. 潮汐能　B. 核燃料　C. 地震　D. 火药

4. 金属表面因氧气分布不均匀而被腐蚀，称为吸氧腐蚀，此时金属溶解处是（　　）

A. 在氧气浓度较大的部位　　B. 在氧气浓度较小的部位

C. 在凡是有氧气的部位　　D. 以上均不正确

5. 下列各组量子数中，合理的一组是（　　）

A. $n=3、l=1、m_l=+1、m_s=+\frac{1}{2}$　　B. $n=4、l=5、m_l=-1、m_s=+\frac{1}{2}$

C. $n=3、l=3、m_l=+1、m_s=-\frac{1}{2}$　　D. $n=4、l=2、m_l=+3、m_s=-\frac{1}{2}$

6. 下列分子中，偶极矩不为零的是（　　）

A. CO　　B. CO_2　　C. CS_2　　D. CCl_4

7. 在下列原子中，第一电离能最大的是（　　）

A. S　　B. N　　C. C　　D. O

8. 在一定温度和压力下，理想气体反应

$$2H_2O(g) \rightleftharpoons 2H_2(g)+O_2(g) \quad K_1^\ominus$$

$$CO_2(g) \rightleftharpoons CO(g)+\frac{1}{2}O_2(g) \quad K_2^\ominus$$

则反应 $CO(g)+H_2O(g) \rightleftharpoons CO_2(g)+H_2(g)$ 的 $K_3^\ominus$ 应为（　　）

A. $K_3^\ominus=\frac{K_1^\ominus}{K_2^\ominus}$　　B. $K_3^\ominus=K_1^\ominus \cdot K_2^\ominus$

C. $K_3^\ominus=\frac{\sqrt{K_1^\ominus}}{K_2^\ominus}$　　D. $K_3^\ominus=\sqrt{\frac{K_2^\ominus}{K_1^\ominus}}$

9. ⅥB 族 Cr^{3+} 电子层构型为（　　）

A. 18 电子型　　B. 18+2 电子型

C. 9～17 电子型　　D. 8 电子型

10. 某反应在 400K 时的反应速率常数是 300K 时的 5 倍，则这个反应的活化能近似值是（　　）

A. $16.1kJ \cdot mol^{-1}$　　B. $-16.1kJ \cdot mol^{-1}$

C. $1.9kJ \cdot mol^{-1}$　　D. $-1.9kJ \cdot mol^{-1}$

11. 原电池 $(-)\ Zn\,|\,Zn^{2+}(1\ mol \cdot kg^{-1})\ ┆┆\ Cr_2O_7^{2-}(1\ mol \cdot kg^{-1})$，$Cr^{3+}(1mol \cdot kg^{-1})$，$H^+(1mol \cdot kg^{-1})\,|\,Pt(+)$，如果增大正极的 pH，其他条件不变，则其电动势将（　　）

A. 增加　　B. 减少　　C. 不变　　D. 无法判断

12. 在各种不同的原子中 3d 和 4s 电子的能量相比时（　　）

A. 3d 一定大于 4s　　B. 4s 一定大于 3d

C. 3d 与 4s 几乎相等　　D. 不同原子中情况可能不同

13. 下列各系统，分子间存在的力同时具有氢键、色散力、诱导力和取向力的是（　　）

A. HI 晶体　　B. 乙醇和水的混合溶剂

C. I_2 的 CCl_4 溶液　　D. 液态 CO_2

14. 某容器中加入相同物质的量的 NO 和 Cl_2，在一定温度下发生反应 $NO(g)+\frac{1}{2}Cl_2(g) \rightleftharpoons NOCl(g)$，平衡时，有关物质分压的结论正确的是(　　)

A. $p(NO)=p(Cl_2)$　　　B. 一定是 $p(NO)=p(NOCl)$

C. $p(NO)<p(Cl_2)$　　　D. $p(NO)>p(Cl_2)$

15. 适宜作为橡胶的高聚物是(　　)

A. T_g 较高、T_f 较低的非晶态高聚物

B. T_g 较高、T_f 也较高的非晶态高聚物

C. T_g 较低、T_f 也较低的非晶态高聚物

D. T_g 较低、T_f 较高的非晶态高聚物

三、填空题(每空 1 分，共 20 分)

1. 已知(1) $CH_3OH(g)+\frac{1}{2}O_2(g) \longrightarrow CO_2(g)+2H_2O(l)$　$\Delta_r H^{\ominus}_{m,1}=-763.9kJ \cdot mol^{-1}$

(2) $C(s)+O_2(g) \longrightarrow CO_2(g)$　$\Delta_r H^{\ominus}_{m,2}=-393.5kJ \cdot mol^{-1}$

(3) $H_2(g)+\frac{1}{2}O_2(g) \longrightarrow H_2O(l)$　$\Delta_r H^{\ominus}_{m,3}=-285.8kJ \cdot mol^{-1}$

(4) $CO(g)+O_2(g) \longrightarrow CO_2(g)$　$\Delta_r H^{\ominus}_{m,4}=-283.0kJ \cdot mol^{-1}$

CO(g) 的标准摩尔生成焓为________，$CH_3OH(g)$ 的标准摩尔生成焓为________，$CO(g)+2H_2(g) = CH_3OH(g)$ 的 $\Delta_r H^{\ominus}_m$ 为________。

2. 某元素价电子排布式为 $4f^1 5d^1 6s^2$，分别写出每一个价电子可能的 4 个量子数。一个 4f 电子为________；一个 5d 电子为________；两个 6s 电子分别为________和 $n=6$、$l=0$、$m=0$、$m_s=-\frac{1}{2}$。

3. 某气相反应的活化能 $E_a=163kJ \cdot mol^{-1}$，温度 390K 时的速率常数 $k=2.37\times10^{-2}L \cdot mol^{-1} \cdot s^{-1}$，温度为________K 时，速率常数 $k=8.57\times10^{-1}L \cdot mol^{-1}$，该反应的总级数是________。计算结果表明，________(升高/降低)温度，反应速率________(增大/减小)

4. $[Co(NO_2)(NH_3)_5]Cl_2$ 的配合物名称为________，配位原子是________，配位数是________。

5. 由 $HAc\text{-}Ac^-$ 构成的缓冲溶液系统中，当 $b(HAc)$________(大于/小于/等于) $b(Ac^-)$时，抗酸能力强；当 $b(HAc)$________(大于/小于/等于)$b(Ac^-)$时，抗碱能力强；当 $b(HAc)$________(大于/小于/等于)$b(Ac^-)$时，缓冲能力最大。

6. 在一定体积的真空容器中放置一定量的 $NH_4HS(s)$，发生反应 $NH_4HS(s) \longrightarrow NH_3(g)+H_2S(g)$，$\Delta_r H^{\ominus}_m=180kJ \cdot mol^{-1}$，360℃达平衡时测得 $p(NH_3)=2.10kPa$，则该反应在 360℃ 时的 $K^{\ominus}=$________；当温度不变时，压力增加到原来的 2 倍，$K^{\ominus}=$________，平衡向________移动；升高温度，平衡向________移动。

四、计算题(共 45 分)

1.(12 分)在 298.15K、100kPa 下,$CaSO_4(s) = CaO(s) + SO_3(g)$,已知该反应的 $\Delta_r H_m^\ominus = 402kJ \cdot mol^{-1}$,$\Delta_r S_m^\ominus = 189.6J \cdot mol^{-1} \cdot K^{-1}$。

(1) 通过计算说明在 298.15K 和标准条件下,此反应能否自发进行。

(2) 对上述反应,是升温有利,还是降温有利?

(3) 使上述反应逆向进行所需的最高温度?

2.(21 分)室温下,将镍片置于 $0.1mol \cdot kg^{-1}$ 硫酸镍溶液中和铜片置于 $0.2mol \cdot kg^{-1}$ 硫酸铜溶液中组成原电池。已知 $E^\ominus(Cu^{2+}/Cu) = 0.34V$,$E^\ominus(Ni^{2+}/Ni) = -0.26V$,$F = 96\,485J \cdot V^{-1} \cdot mol^{-1}$。

(1) 写出该原电池的电池符号。

(2) 写出该原电池化学反应方程式。

(3) 分别写出正负极半反应方程式。

(4) 计算原电池的标准电动势 $E^\ominus$ 和原电池的电动势 E。

(5) 求反应在 25℃时的标准平衡常数。

(6) 计算反应的 $\Delta_r G^\ominus$ 和 $\Delta_r G(kJ \cdot mol^{-1})$。

3.(12 分)对于气相反应 $A + B \longrightarrow C$,测定其反应速率的实验数据如下表:

$c_A/(mol \cdot dm^{-3})$	$c_B/(mol \cdot dm^{-3})$	$v/(mol \cdot dm^{-3} \cdot s^{-1})$
0.400	0.500	6.0×10^{-3}
0.400	0.250	1.5×10^{-3}
0.800	0.250	3.0×10^{-3}

(1) 求此反应的反应级数。

(2) 求反应速率常数。

(3) 写出反应速率方程式。

参考答案

一、判断题(每题 1 分,共 20 分)

1.×; 2.√; 3.×; 4.×; 5.√; 6.×; 7.√; 8.√; 9.×;
10.×; 11.×; 12.×; 13.×; 14.√; 15.×; 16.√; 17.√;
18.×; 19.×; 20.√

二、选择题(每题 1 分,共 15 分)

1.D; 2.A; 3.D; 4.B; 5.A; 6.A; 7.B; 8.C; 9.C; 10.A;
11.B; 12.D; 13.B; 14.C; 15.D

三、填空题(每空 1 分,共 20 分)

1. $-110.5kJ \cdot mol^{-1}$;$-201.2kJ \cdot mol^{-1}$;$-90.7kJ \cdot mol^{-1}$

2. $n=4, l=3, m=0、\pm1、\pm2、\pm3, m_s=\pm1/2$；$n=5, l=2, m=0、\pm1、\pm2, m_s=\pm1/2$；$n=6$，$l=0, m=0, m_s=+1/2$

3. 420K；2；升高；增大

4. 二氯化一硝基・五氨合钴(Ⅲ)；N；6

5. 小于；大于；等于

6. 4.41×10^{-4}；4.41×10^{-4}；左；右

四、计算题(共 45 分)

1. (12 分)**解** (1) $\Delta_r G_m^\ominus=\Delta_r H_m^\ominus-T\Delta_r S_m^\ominus=(402-298.15\times189.6\times10^{-3})\text{kJ}\cdot\text{mol}^{-1}$
$=345.47\text{kJ}\cdot\text{mol}^{-1}>0$

不能自发进行。

(2) $\Delta_r H_m^\ominus>0, \Delta_r S_m^\ominus>0$，故升温有利。

(3) $\Delta_r G_m^\ominus\geqslant0$，即 $\Delta_r H_m^\ominus-T\Delta_r S_m^\ominus\geqslant0$

$$T\leqslant\Delta_r H_m^\ominus/\Delta_r S_m^\ominus=402\times10^3\text{J}\cdot\text{mol}^{-1}/189.6\text{J}\cdot\text{mol}^{-1}\cdot\text{K}^{-1}=2120.25\text{K}$$

2. (21 分)**解** (1)电池符号为(−)$Ni|Ni^{2+}(0.1\text{mol}\cdot\text{kg}^{-1})\,\|\,Cu^{2+}(0.2\text{mol}\cdot\text{kg}^{-1})|Cu$(+)

(2) 电池反应：$Cu^{2+}+Ni\longrightarrow Cu+Ni^{2+}$

(3) 电极反应：正极 $Cu^{2+}+2e^-\longrightarrow Cu$

负极 $Ni\longrightarrow Ni^{2+}+2e^-$（或 $Ni-2e^-\longrightarrow Ni^{2+}$）

(4) $E^\ominus=0.34-(-0.26)=0.60(\text{V})$

根据能斯特方程有

$$E=E^\ominus-\frac{0.0592}{n}\lg\frac{[b(Ni^{2+})/b^\ominus]}{[b(Cu^{2+})/b^\ominus]}$$

$$=(0.34+0.26)-\frac{0.0592}{2}\lg\frac{0.1}{0.2}=0.609(\text{V})$$

或分别算出 $E(Cu^{2+}/Cu)=0.319\text{V}, E(Ni^{2+}/Ni)=-0.290\text{V}$

$$E=0.319-(-0.290)=0.609(\text{V})$$

(5) 标准平衡常数由 $E^\ominus=\frac{0.0592}{n}\lg K^\ominus$，得 $K^\ominus=5.58\times10^{19}$

(6) $\Delta_r G^\ominus=-nFE^\ominus=-2\times9.65\times10^4\times0.5846=112\ 827(\text{J}\cdot\text{mol}^{-1})=112.83(\text{kJ}\cdot\text{mol}^{-1})$

或 $\Delta_r G^\ominus=-RT\ln K^\ominus=8.314\times298.15\times\ln(5.58\times10^{19})=-112\ 707(\text{J}\cdot\text{mol}^{-1})$
$=-112.71(\text{kJ}\cdot\text{mol}^{-1})$

$\Delta_r G=-nFE=-2\times9.65\times10^4\times0.609=-117\ 537(\text{J}\cdot\text{mol}^{-1})=-117.5(\text{kJ}\cdot\text{mol}^{-1})$

或 $\Delta_r G=\Delta_r G^\ominus+RT\ln\dfrac{\frac{b(Ni^{2+})}{b^\ominus}}{\frac{b(Cu^{2+})}{b^\ominus}}=-112.71+\dfrac{8.314\times298.15}{1000}\ln\dfrac{0.1}{0.2}=-114.4(\text{kJ}\cdot\text{mol}^{-1})$

3. (12 分)**解** (1)

$$v=kc(A)^m c(B)^n$$

$$6.0\times10^{-3}\text{mol}\cdot\text{dm}^{-3}\cdot\text{s}^{-1}=k\times(0.4\text{mol}\cdot\text{dm}^{-3})^m\times(0.500)^n$$

$$1.5\times10^{-3}\text{mol}\cdot\text{dm}^{-3}\cdot\text{s}^{-1}=k\times(0.4\text{mol}\cdot\text{dm}^{-3})^m\times(0.2500)^n$$

$$3.0\times10^{-3}\text{mol}\cdot\text{dm}^{-3}\cdot\text{s}^{-1}=k\times(0.8\text{mol}\cdot\text{dm}^{-3})^m\times(0.2500)^n$$

解得

$$m=1, n=2$$

(2) $$k=6.0\times10^{-2}\text{mol}^{-2}\cdot\text{dm}^6\cdot\text{s}^{-1}$$

(3) $$v=kc_A c_B^2$$

综合练习题(六)

一、判断题(每题 1 分,共 22 分)

1. 在给定条件下,正向自发进行的反应,其逆反应不可能进行。 (　　)

2. 一定温度下,摩尔分数为 0.10 的 H_3PO_4 水溶液的蒸气压高于摩尔分数为 0.10 的葡萄糖水溶液的蒸气压。 (　　)

3. 在腐蚀电池中,被腐蚀金属总是作为阳极被腐蚀,在中性或弱酸性水膜中,阴极一般都是发生 $O_2+2H_2O+4e^- \rightleftharpoons 4OH^-$ 反应。 (　　)

4. 下列各半反应所对应的标准电极电势值是相同的。 (　　)

$$O_2 + 2H_2O + 4e^- \rightleftharpoons 4OH^-$$

$$\frac{1}{2}O_2 + H_2O + 2e^- \rightleftharpoons 2OH^-$$

$$2OH^- \rightleftharpoons \frac{1}{2}O_2 + H_2O + 2e^-$$

5. 在电化学中,$E^\ominus=\frac{RT}{nF}\ln K^\ominus$,因标准平衡常数 $K^\ominus$ 与反应方程式的写法有关,所以电动势 $E^\ominus$ 也应该与氧化还原反应方程式的写法有关。 (　　)

6. 盐类水溶液电解产物的一般规律是:若阳极是惰性电极(如石墨),则首先是 OH^- 放电生成 O_2,其次才是简单离子 S^{2-} 或 I^-、Br^-、Cl^- 等放电。 (　　)

7. 在基态原子的电子排布中,3d 和 4s 的每条轨道上都只有一个电子的元素是 Cr。 (　　)

8. 离子键、金属键主要存在于晶体中,而共价键既可存在于晶体中,也可存在于简单的气态小分子中。 (　　)

9. 在微观粒子中,只有电子具有波粒二象性。 (　　)

10. 在 NH_3 分子中,中心原子 N 采取 sp^2 杂化轨道与三个氢原子键合。 (　　)

11. 溶剂从浓溶液通过半透膜进入稀溶液的现象称为渗透现象。 (　　)

12. 次氯酸钠是强氧化剂,它可以在碱性介质中将 $[Cr(OH)_4]^-$ 氧化为 $Cr_2O_7^{2-}$。 (　　)

13. 反应 $H_2(g)+\frac{1}{2}O_2(g) \xlongequal{} H_2O(l)$,当反应进度 $\xi=2mol$ 时,反应生成 1mol 水。 (　　)

14. 由于 SiO_2 与 CO_2 都是共价化合物,因此它们都属于分子晶体。 (　　)

15. 把一小块冰放在 0℃的盐水中,冰会融化。 (　　)

16. 相同浓度的 H_2CO_3 和 H_2SO_3 溶液中,若 $b(SO_3^{2-})>b(CO_3^{2-})$,则 H_2CO_3 溶液的 pH 小于 H_2SO_3 溶液的 pH。 (　　)

17. 原电池:(−)Cd|$CdSO_4$(1.0mol·kg^{-1}) ¦¦ $CuSO_4$(1.0mol·kg^{-1})|Cu(+),若向 $CuSO_4$ 溶液中加入少量 $CuSO_4\cdot 5H_2O$ 晶体,此原电池的电动势会变小。 (　　)

18. 298.15K 和标准条件下，CO_2(g) 和 TiO_2(金红石) 的 $\Delta_f G_m^\ominus$(298.15K) 分别为 $-394.4kJ \cdot mol^{-1}$ 和 $-852.7kJ \cdot mol^{-1}$，则在该温度和压力条件下，C(石墨)从 TiO_2(金红石)中还原出金属钛的反应不能自发进行。 (　　)

19. 在周期表中，每种元素的原子核外电子能量的高低都与主量子数 n 和角量子数 l 的大小有关。 (　　)

20. 正、负离子相互极化，导致键的极性增强，使离子键转变为共价键。 (　　)

21. sp^3 杂化轨道是由 1s 轨道和 3p 轨道混合而成。 (　　)

22. 与中心离子结合的配位体的数目称为中心离子的配位数。 (　　)

二、选择题(每题 1 分，共 9 分)

1. 将以下物质①CH_4、②SiH_4、③GeH_4、④SnH_4 按沸点高低的顺序排列，应是(　　)

A. ①<②<③<④　　B. ①>②>③>④

C. ①<③<②<④　　D. ①<②<④<③

2. 活化能是指(　　)

A. 分子的平均能量

B. 活化分子的平均能量

C. 活化分子的最低能量

D. 活化分子的最低能量与分子的平均能量之差

3. B、C、N、O 四种元素，按其第一电离能的大小顺序排列，正确的是(　　)

A. B>C>N>O　　B. B<C<N<O

C. B>C<N<O　　D. B<C<N>O

4. NH_3 比 PH_3 的沸点高，其主要原因是(　　)

A. 氨分子体积较小　　B. 氨的电偶极矩大于零

C. 氨具有较大的键角　　D. 氨分子间存在氢键

5. 下列说法正确的是(　　)

A. 一定温度下，气、液两相达平衡时的蒸气压称为该液体在此温度下的饱和蒸气压

B. 氢的电极电势是零

C. 封闭系统与环境之间没有物质交换，也没有能量交换

D. 浓度很稀的弱酸溶液，其解离度大，因此溶液的酸度一定大

6. 下列各对物质所组成的溶液，具有缓冲作用的是(　　)

A. HCl 和 NH_4Cl　　B. NH_4Ac 和 NH_4Cl

C. H_2CO_3 和 $NaHCO_3$　　D. $NH_3 \cdot H_2O$ 和 NaOH

7. 下列反应错误的是(　　)

A. $MnO_4^- + SO_3^{2-} + H_2O \longrightarrow MnO_2 + SO_4^{2-} + OH^-$

B. $Pb(NO_3)_2 \xrightarrow{\triangle} Pb + NO_2 + O_2$

C. $Zn + H_2SO_4(浓) \longrightarrow ZnSO_4 + SO_2 + H_2O$

D. $Cl_2 + Ca(OH)_2 \xrightarrow{冷} Ca(ClO)_2 + CaCl_2 + H_2O$

8. 金属氢氧化物 $M(OH)_n$ 的标准溶度积常数为 $K_{sp}^{\ominus}$，其溶于铵盐溶液的反应为 $M(OH)_n + nNH_4^+ \rightleftharpoons M^{n+} + nNH_3 \cdot H_2O$，则该反应的标准平衡常数为(　　)

A. $K_{sp}^{\ominus}[M(OH)_n]/[K_b^{\ominus}(NH_3 \cdot H_2O)]^n$

B. $[K_b^{\ominus}(NH_3 \cdot H_2O)]^n/K_{sp}^{\ominus}[M(OH)_n]$

C. $K_{sp}^{\ominus}[M(OH)_n] \cdot K_b^{\ominus}(NH_3 \cdot H_2O)$

D. $\{K_{sp}^{\ominus}[M(OH)_n] \cdot K_b^{\ominus}(NH_3 \cdot H_2O)\}^{-1}$

9. 在 $0.1mol \cdot kg^{-1}$ H_2S 溶液中，各物质浓度大小次序正确的是(　　)

A. $H_2S > H^+ > S^{2-} > OH^-$　　B. $H_2S > H^+ > S^{2-} > HS^-$

C. $H^+ > H_2S > HS^- > S^{2-}$　　D. $H_2S > H^+ > OH^- > S^{2-}$

三、填空题(每空 1 分，共 42 分)

1. 在浓度均为 $0.10mol \cdot kg^{-1}$ 的 $[Cu(CN)_2]^-$、$[Ag(CN)_2]^-$、$[Au(CN)_2]^-$ 三种溶液中，$b(CN^-)$ 最小的溶液是_________。已知 $K_{稳}^{\ominus}\{[Cu(CN)_2]^-\} = 1.0 \times 10^{24}$，$K_{稳}^{\ominus}\{[Ag(CN)_2]^-\} = 1.26 \times 10^{21}$，$K_{稳}^{\ominus}\{[Au(CN)_2]^-\} = 2.0 \times 10^{38}$。

2. 金属渗氮时利用下述氨分解反应：$2NH_3(g) \rightleftharpoons N_2(g) + 3H_2(g)$，$\Delta_r H_m^{\ominus} = 92kJ \cdot mol^{-1}$。为了使这一反应顺利进行，应该采取_________(高/低)温_________(高/低)压。

3. 量子数 $n=2$、$l=1$ 的原子轨道符号是_________，可以有_________种空间取向，有_________条轨道，最多可容纳_________个电子。

4. 共价键有方向性的原因是____________________________。

5. 填写氢在下列物质中形成的化学键类型：

在 HCl 中__________________，在 NaOH 中__________________，

在 NaH 中__________________，在 H_2 中__________________。

6. 已知配离子 $[Mn(H_2O)_6]^{2+}$，则 Mn^{2+} 是以_________杂化轨道与配位体中_________原子成键的，其空间构型为_________。

7. NaI、NaBr、NaCl、NaF 中熔点最高的是_________；SiF_4、$SiCl_4$、$SiBr_4$、SiI_4 中熔点最低的是_________。

8. 已知在一定温度范围内，下列反应为(基)元反应 $2NO(g) + Cl_2(g) \longrightarrow 2NOCl(g)$。

(1) 该反应的速率方程为 $v=$____________________________；

(2) 该反应的总级数为_____级；

(3) 其他条件不变，如果将容器的体积扩大到原来的 2 倍，则反应速率是原来的_____倍。

9. 就原子轨道的能级而言，在氢原子中 E_{3s}_____ E_{3p}，在钾原子中 E_{3s}_____ E_{3p}。(>、=或<)

10. 塑料的玻璃化温度远远_____于室温，而橡胶的玻璃化温度要远远_____(高/低)于室温。

11. $[FeF_6]^{3-}$ 属于外轨型配合物，它的中心离子与配位体是靠_________键结合的，中心离子以_________杂化轨道与配位体成键，该配离子的几何构型为_________。

12. 金属$_{22}$Ti的外层(价层)电子构型为____________,最高氧化数为____________。最后填充的一个电子的可能的四个量子数为____________________。

13. 燃料电池主要由____________、____________、电极和____________四个部分组成。

14. 根据固体能带理论,金属的导电性是基于其晶体能带中有__________带存在;半导体能带的主要特性是禁带宽度较绝缘体__________。

15. ______油的爆燃,是由在发动机中未燃烧的混合气体产生高密度的__________所致,__________值是______油__________的定量指标。

16. 写出$[PtCl(NO_2)(NH_3)_2]$的名称:______________________________;写出氯化二氯三氨一水合钴(Ⅲ)的化学式:__________________________。

四、计算题(共27分)

1. (5分)在1.0kg的0.10mol·kg^{-1} NH_3水中,加入多少克NH_4Cl固体才能使溶液中的$b(OH^-)=2.0\times10^{-6}$ mol·kg^{-1}?已知$K_b^\ominus(NH_3\cdot H_2O)=1.77\times10^{-5}$,$NH_4Cl$相对分子质量为53.5。

2. (8分)已知

$$Ce^{4+}+e^- = Ce^{3+} \qquad E^\ominus(Ce^{4+}/Ce^{3+})=1.443V$$

$$Hg^{2+}+2e^- = Hg \qquad E^\ominus(Hg^{2+}/Hg)=0.851V$$

(1) 写出电池反应式。

(2) 写出电池符号。

(3) 求电池反应的$K^\ominus$(298.15K)。

3. (9分)NO和CO是大气污染物,在一定条件下,可通过下列反应转化为N_2和CO_2:$2NO(g)+2CO(g) = N_2(g)+2CO_2(g)$。

(1) 已知$\Delta_f G_m^\ominus$(298.15K)值:NO(g)为87,CO(g)为-137,CO_2(g)为-394,单位都是kJ·mol^{-1}。求该反应的$K^\ominus$(298.15K)。

(2) 在大气中分压一般为:$p(NO)=5.07\times10^{-2}$ Pa,$p(CO)=5.07$Pa,$p(N_2)=7.91\times10^4$ Pa,$p(CO_2)=31.4$Pa。问此条件下,25℃时该反应自发进行的方向。

(3) 已知该反应$\Delta_r H_m^\ominus<0$,试从化学热力学考虑,在汽车排气管的高温下,污染物的转化反应是否比常温下更有利。

4. (5分)某温度时CaF_2的溶解度为0.015g·kg^{-1}。求此温度下CaF_2的$K_{sp}^\ominus$。已知CaF_2相对分子质量为78。

参考答案

一、判断题(每题1分,共22分)

1.×; 2.×; 3.√; 4.√; 5.×; 6.×; 7.√; 8.√; 9.×;
10.×; 11.×; 12.×; 13.×; 14.×; 15.√; 16.×; 17.×;

18. √； 19. ×； 20. ×； 21. ×； 22. ×

二、选择题(每题 1 分,共 9 分)

1. A； 2. D； 3. D； 4. D； 5. A； 6. C； 7. B； 8. A； 9. D

三、填空题(每空 1 分,共 42 分)

1. $[Au(CN)_2]^-$
2. 高;低
3. 2p;3;3;6
4. 原子轨道总是沿着最大重叠的方向成键
5. 极性共价键;极性共价键;离子键;非极性共价键
6. sp^3d^2;O;正八面体
7. NaF;SiF_4
8. $k[c(NO)]^2c(Cl_2)$;3;1/8
9. =;<
10. 高;低
11. 共价配键(或配位键);sp^3d^2;正八面体
12. $3d^24s^2$;4;$n=3, l=2, m=0、\pm1、\pm2, m_s=\pm\frac{1}{2}$
13. 燃料;氧化剂;电解液
14. 未满(或导);窄
15. 汽;过氧化物;辛烷;汽;抗爆性
16. 一氯·一硝基·二氨合铂(Ⅱ)； $[CoCl_2(H_2O)(NH_3)_3]Cl$

四、计算题(共 27 分)

1. (5 分)**解** 设加 NH_4Cl 固体后,溶液中 NH_4Cl 的浓度为 x mol·kg^{-1}

$$b(OH^-)/b^\ominus = K_b^\ominus(b_{碱}/b^\ominus)/(b_{盐}/b^\ominus)$$

$$2.0\times10^{-6} = 1.77\times10^{-5}\times0.10/x$$

$$x = 0.885$$

$$b(NH_4Cl) = 0.885\text{mol}\cdot\text{kg}^{-1}$$

$$m(NH_4Cl) = 0.885\text{mol}\cdot\text{kg}^{-1}\times1\text{kg}\times53.5\text{g}\cdot\text{mol}^{-1} = 47.35\text{g}$$

2. (8 分)**解** (1) $2Ce^{4+} + Hg = Hg^{2+} + 2Ce^{3+}$

(2) (−)Pt|Hg(l)|$Hg^{2+}(b^\ominus)$ ¦¦ $Ce^{3+}(b^\ominus)$,$Ce^{4+}(b^\ominus)$|Pt(+)

(3) $$E^\ominus = E^\ominus(Ce^{4+}/Ce^{3+}) - E^\ominus(Hg^{2+}/Hg) = 0.592\text{V}$$

$$\lg K^\ominus = zE^\ominus/0.0592\text{V} = 20.0,\quad K^\ominus = 1.0\times10^{20}$$

3. (9 分)**解** (1) $$\Delta_r G_m^\ominus(298.15\text{K}) = \sum \nu\Delta_f G_m^\ominus(298.15\text{K}) = -688\text{kJ}\cdot\text{mol}^{-1}$$

$$\ln K^\ominus(298.15\text{K}) = -\Delta_r G_m^\ominus(298.15\text{K})/RT = 277.6$$

所以 $K^\ominus(298.15\text{K}) = 3.63\times10^{120}$。

(2) $$\prod = \{[p(N_2)p^2(CO_2)]/[p^2(NO)p^2(CO)]\}p^\ominus = 1.18\times10^6$$

$$\prod < K^\ominus$$

反应向右(正向)自发进行。

[或求得 $\Delta_r G_m(298.15K) = -292kJ \cdot mol^{-1} < 0$]

(3) 因为 $\Delta_r H_m^\ominus < 0$(又从反应式可判断 $\Delta_r S_m^\ominus < 0$),从热力学考虑,高温对反应不利。

4. (5分)解 $\frac{0.015}{78} mol \cdot kg^{-1} = 1.9 \times 10^{-4} mol \cdot kg^{-1}$

$$K_{sp}^\ominus(CaF_2) = [b(Ca^{2+})/b^\ominus][b(F^-)/b^\ominus]^2$$

$$= 1.9 \times 10^{-4} \times (2 \times 1.9 \times 10^{-4})^2 = 2.8 \times 10^{-11}$$

综合练习题(七)

一、判断题(每题1分,共10分)

1. 反应 $2NO(g) + O_2(g) \longrightarrow 2NO_2(g)$ 的速率方程式是 $v = kc^2(NO)c(O_2)$,该反应一定是基元反应。 ( )
2. 金属氧化反应的 $\Delta_r G_m^\ominus$-T 图中线位越高,表明金属单质与氧结合能力越强。( )
3. 非金属元素主要分布在p区,其中电负性最大的元素是F。 ( )
4. 王水能溶解金而硝酸不能,是因为王水对金既有配合性又有氧化性。 ( )
5. 加入催化剂能使反应速率加快,其平衡常数也随之增大。 ( )
6. 混合物一定是多相系统,纯物质是单相系统。 ( )
7. 标准平衡常数是反应物和生成物都处于各自的标准态时的平衡常数。 ( )
8. 氧化数是指某原子的表观电荷数,其在数值上与化合价相同。 ( )
9. 一条s轨道只能填充2个电子,而一条p轨道最多可以填充6个电子。 ( )
10. 水是一种重要的溶剂,在某些化学反应中水还可作为酸(质子酸)、碱(质子碱)、氧化剂、配合剂或还原剂。 ( )

二、选择题(每题2分,共50分)

1. 下列关于四个量子数 n、l、m、m_s,其中不合理的是( )

A. 1,1,0,+1/2; B. 2,1,0,−1/2; C. 3,2,0,+1/2; D. 5,3,0,+1/2

2. 与多电子原子中电子能级有关的量子数是( )

A. n,l,m B. n,l C. n D. n,l,m,m_s

3. 判断下列物质熵值最小的是( )

A. $S_m(C_2H_5OH, g)$ B. $S_m(CH_3—O—CH_3, g)$

C. $S_m(C_2H_5OH, l)$ D. $S_m(CH_3—O—CH_3, l)$

4. 某气体系统经途径1和2膨胀到相同的终态,两个变化过程所做的体积功相等且无非体积功,则两过程( )

A. 因变化过程的温度未知,依吉布斯公式无法判断 ΔG 是否相等

B. ΔH 相等

C. 系统与环境间的热交换不相等

D. 以上选项均正确

5. 下列物理量不属于状态函数的是(　　)

A. G　　B. H　　C. S　　D. W

6. 为了减少汽车尾气中NO和CO污染大气,拟按下列反应进行催化转化:$NO(g)+CO(g) \longrightarrow 1/2N_2(g)+CO_2(g)$,$\Delta_r H_m^{\ominus}(298.15K)=-374kJ \cdot mol^{-1}$。为提高转化率,应采取的措施是(　　)

A. 低温高压　　B. 高温高压　　C. 低温低压　　D. 高温低压

7. 相同温度时,质量摩尔浓度均为$0.010mol \cdot kg^{-1}$的下列四种物质的水溶液,按其渗透压递减的顺序排列正确的是(　　)

A. $HAc>NaCl>C_6H_{12}O_6>CaCl_2$　　B. $C_6H_{12}O_6>HAc>NaCl>CaCl_2$

C. $CaCl_2>NaCl>HAc>C_6H_{12}O_6$　　D. $CaCl_2>HAc>C_6H_{12}O_6>NaCl$

8. 下列分子中偶极矩最小的是(　　)

A. NH_3　　B. PH_3　　C. H_2S　　D. SiH_4

9. 298.15K时,下列物质的标准摩尔吉布斯生成函数为0的是(　　)

A. $Br_2(g)$　　B. $Br^-(g)$　　C. $Br_2(l)$　　D. $Br_2(s)$

10. 原电池$(-)Zn|Zn^{2+}(1mol \cdot kg^{-1}) \vdots\vdots MnO_4^-(1mol \cdot kg^{-1}),Mn^{2+}(1mol \cdot kg^{-1}),H^+(1mol \cdot kg^{-1})|Pt(+)$,如增大正极的$H^+$浓度,则其电动势将(　　)

A. 增加　　B. 减少　　C. 不变　　D. 无法判断

11. 已知:$E^{\ominus}(Sn^{4+}/Sn^{2+})=0.14V$,$E^{\ominus}(Fe^{3+}/Fe^{2+})=0.77V$,则不能共存于同一溶液中的一对离子是(　　)

A. Sn^{4+},Fe^{2+}　　B. Fe^{3+},Sn^{2+}　　C. Fe^{3+},Fe^{2+}　　D. Sn^{4+},Sn^{2+}

12. p_x原子轨道角度分布图是(　　)

A. 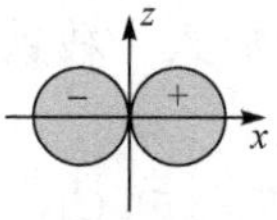

B. 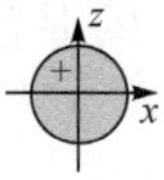

C. 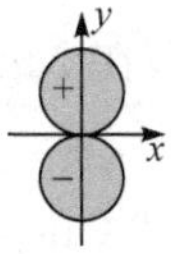

D. 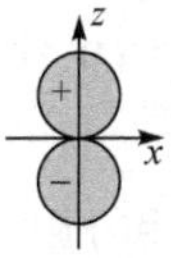

13. 过渡元素的下列性质中错误的是(　　)

A. 过渡元素的水合离子都有颜色　　B. 过渡金属的离子易形成配离子

C. 过渡金属有可变的氧化数　　D. 过渡元素的价电子包括ns和$(n-1)d$电子

14. 已知下列反应的标准电动势都大于0:$Zn+Cu^{2+} \longrightarrow Zn^{2+}+Cu$,$Zn+Ni^{2+} \longrightarrow Ni+Zn^{2+}$,则在标准状态下,$Ni^{2+}$与Cu之间的反应是(　　)

A. 自发的　　B. 处于平衡态　　C. 非自发的　　D. 不可判断

15. 与化学反应式中的化学计量数必定有关的物理量是(　　)

A. 反应级数　　B. 原电池的标准电动势

C. 反应的活化能　　D. 反应的标准平衡常数

16. 根据酸碱质子理论下列分子或离子中不具备两性的是(　　)

A. H_2O　　B. HS^-　　C. $H_2PO_4^-$　　D. S^{2-}

17. 下列原子中第一电离能最大的是(　　)

A. Li　　B. B　　C. N　　D. O

18. 活化能是指(　　)

A. 分子的平均能量

B. 活化分子的平均能量

C. 活化分子的最低能量

D. 活化分子的最低能量与分子的平均能量之差

19. 温度 T 时，在抽空的容器中发生分解反应 $NH_4HS(s) \longrightarrow NH_3(g) + H_2S(g)$，并测得此平衡体系的总压力为 p，则标准平衡常数 $K^{\ominus}$ 为(　　)

A. $0.25p^2$　　B. $p/p^{\ominus}$　　C. $(p/p^{\ominus})^2$　　D. $(0.5p/p^{\ominus})^2$

20. NH_3 比 PH_3 沸点高，其主要原因是(　　)

A. NH_3 分子体积小　　B. NH_3 的偶极矩大于零

C. NH_3 具有较大的键角　　D. NH_3 存在氢键

21. 下列叙述错误的是(　　)

A. 在氧化还原反应中，如果两电对的 E 相差越大，则反应速率不一定越快

B. 对于原电池 $(-)Cu|Cu^{2+}(b_1) \vdots\vdots Cu^{2+}(b_2)|Cu(+)$，只有 $b_1 > b_2$ 时，才成立

C. 钢铁制件在大气中的腐蚀主要是吸氧腐蚀而不是析氢腐蚀

D. 为了保护地下管道(铁制)，可以采用外加电流法并将其与外电源的负极相连

22. 下列说法正确的是(　　)

A. 一定温度下气液两相达平衡时的蒸气压称为该液体在此温度下的饱和蒸气压

B. 标准氢电极电势测量值是零

C. 催化剂不改变反应的 $\Delta_r H_m$，但改变反应的 $\Delta_r G_m$

D. 一定温度下，渗透压较大的水溶液其蒸气压也一定较大

23. 已知：$E^{\ominus}(Fe^{2+}/Fe) = -0.45V$，$E^{\ominus}(Cu^{2+}/Cu) = 0.34V$，$E^{\ominus}(Mg^{2+}/Mg) = -2.375V$，$E^{\ominus}(Cl_2/Cl^-) = 1.36V$，在 $MgCl_2$ 和 $CuCl_2$ 的混合溶液中放入一枚铁钉，将会生成(　　)

A. Fe^{2+} 和 H_2　　B. Fe^{2+} 和 Cu　　C. Mg 和 H_2　　D. Fe^{2+} 和 Cl_2

24. 下列化合物中，既存在 σ 键又存在配位键的是(　　)

A. NH_4F　　B. NaOH　　C. H_2S　　D. $BaCl_2$

25. 已知碳酸钙的热分解反应的 $\Delta_r H_m^{\ominus} = 178kJ \cdot mol^{-1}$，在 298K 时的 $\Delta_r G_m^{\ominus} = 130.1kJ \cdot mol^{-1}$，使碳酸钙自发分解的最低温度为(　　)

A. 298K　　B. 837K　　C. 1108K　　D. 1210K

三、填空题(每空 1 分，共 10 分)

1. 运用价层电子对互斥理论，判断下列分子的空间几何构型：I_3^- __________，ClF_3 __________，ClO_2^- __________。

2. 已知某元素的原子序数为 53，则该元素位于__________周期；它的核外电子排布为__________。(提示：原子实依次为[He]、[Ne]、[Ar]、[Kr]、[Xe]、[Rn])

3. 24 号元素 Cr 未成对电子数目为__________。

4. 如果第七周期已经填满，第七周期能容纳的元素数目为__________。

5. 原子轨道沿两核联线以“头碰头”方式进行重叠形成的是__________键。

6. 配离子$[PdCl_4]^{2-}$的中心离子是__________，配位数是__________。

四、简答题(共10分)

1. (4分)试用稀溶液的依数性说明融雪剂的工作原理；加融雪剂后，雪水的沸点如何变化?

2. (6分)试用杂化轨道理论解释NH_3分子如何成键，H—N—H键角(107°18′)为什么小于109°28′。

五、计算题(共20分)

1. (10分)某反应 $2A_2(g)+B_2(g)\longrightarrow 2A_2B(g)$ [已知 $\Delta_f H_m^\ominus(A_2B, g, 298K)=-100kJ\cdot mol^{-1}$，$S_m^\ominus(A_2B, g, 298K)=-150J\cdot mol^{-1}\cdot K^{-1}$，$S_m^\ominus(A_2, g, 298K)=-60\ J\cdot mol^{-1}\cdot K^{-1}$，$S_m^\ominus(B_2, g, 298K)=-80J\cdot mol^{-1}\cdot K^{-1}$，$\Delta_f G_m^\ominus(A_2B, g, 298K)=-85kJ\cdot mol^{-1}$]。求：

(1) 1500K时的$\Delta_r H_m^\ominus$、$\Delta_r S_m^\ominus$、$\Delta_r G_m^\ominus$。

(2) 1500K时，A_2、B_2、A_2B的分压分别为25kPa、10kPa和200kPa时，该反应是否自发。

2. (10分)已知反应 $MnO_4^-(aq)+5Fe^{2+}(aq)+8H^+(aq)\longrightarrow Mn^{2+}(aq)+5Fe^{3+}(aq)+4H_2O(l)$，$E^\ominus(MnO_4^-/Mn^{2+})=1.51V$，$E^\ominus(Fe^{3+}/Fe^{2+})=0.77V$，温度为25℃，试回答：

(1) 写出原电池的两极反应式，写出该原电池在标态下的电池符号。

(2) 求当pH=5.00，其他有关物质均处于标准态时的$E(MnO_4^-/Mn^{2+})$及此时反应的$\lg K^\ominus$。

参考答案

一、判断题(每题1分，共10分)

1. ×； 2. ×； 3. √； 4. √； 5. ×； 6. ×； 7. ×； 8. ×； 9. ×； 10. √

二、选择题(每题2分，共50分)

1. A； 2. B； 3. D； 4. B； 5. D； 6. A； 7. C； 8. D； 9. C； 10. A； 11. B； 12. A； 13. A； 14. D； 15. D； 16. D； 17. C； 18. D； 19. D； 20. D； 21. B； 22. A； 23. B； 24. A； 25. C

三、填空题(每空1分，共10分)

1. 直线形；T形；V形
2. 五；$[Kr]4d^{10}5s^2 5p^5$
3. 6
4. 32
5. σ

6. Pd(Ⅱ)；4

四、简答题(共10分)

1. (1) (2分)根据稀溶液的依数性,加入融雪剂(盐)后稀溶液的凝固点降低,因此雪融化;(2) (2分)根据稀溶液的依数性,加入融雪剂后雪水的沸点升高。

2. (1) (2分)NH_3 分子中N原子外层电子构型为 $2s^2 2p^3$,其中含有一对电子的2s轨道和三条含有单电子的2p轨道杂化,形成四条不等性 sp^3 杂化轨道;(2) 三条含有单电子的 sp^3 杂化轨道与三个H原子的1s轨道成键(1分),而含有孤对电子的杂化轨道未参与成键(1分);(3) (2分)未参与成键的孤对电子更靠近N原子,电子云密度大,对其他成键的电子的杂化轨道排斥作用大,所以 NH_3 的键角被压缩而都小于109°28′。

五、计算题(共20分)

1. **解** (1) $\Delta_r H_m^\ominus = 2\times\Delta_f H_m^\ominus(A_2B) - [2\times\Delta_f H_m^\ominus(A_2) + \Delta_f H_m^\ominus(B_2)] = -200kJ\cdot mol^{-1}$ (2分)

$\Delta_r S_m^\ominus = 2\times S_m^\ominus(A_2B) - [2\times S_m^\ominus(A_2) + S_m^\ominus(B_2)] = -100J\cdot mol^{-1}\cdot K^{-1}$ (2分)

$\Delta_r G_m^\ominus = \Delta_r H_m^\ominus - T\times\Delta_r S_m^\ominus = -50kJ\cdot mol^{-1}$ (2分)

(写对公式1分,计算正确1分)

(2) $\Delta_r G_m = \Delta_r G_m^\ominus + RT\ln\prod_B = -50 + 8.314\times1500\times\ln\dfrac{\left(\dfrac{p_{A_2B}}{p^\ominus}\right)^2}{\left(\dfrac{p_{A_2}}{p^\ominus}\right)^2\left(\dfrac{p_{B_2}}{p^\ominus}\right)} = 30.6kJ > 0$ (3分)

反应非自发 (1分)

2. **解** (1) 正极:$MnO_4^-(aq) + 8H^+(aq) + 5e^- \longrightarrow Mn^{2+}(aq) + 4H_2O(l)$ (1分 未配平不给分)

负极:$Fe^{3+}(aq) + e^- \longrightarrow Fe^{2+}(aq)$ (1分)

电池符号:(−)Pt|Fe^{2+}(1mol·kg^{-1}),Fe^{3+}(1mol·kg^{-1}) ┊┊ MnO_4^-(1mol·kg^{-1}),$8H^+$(1mol·kg^{-1}),Mn^{2+}(1mol·kg^{-1})|Pt(+) (2分)

(2) $E(MnO_4^-/Mn^{2+}) = E^\ominus(MnO_4^-/Mn^{2+}) + \dfrac{0.0592V}{5}\lg\dfrac{c(MnO_4^-)[c(H^+)]^8}{c(Mn^{2+})}$ (1分)

$= 1.51V + \dfrac{0.0592V}{5}\lg\dfrac{1\times(10^{-5})^8}{1}$ (1分)

$= 1.04V$ (1分)

$E^\ominus = E^\ominus(MnO_4^-/Mn^{2+}) - E^\ominus(Fe^{3+}/Fe^{2+}) = 1.51V - 0.77V = 0.74V$ (1分)

$\lg K^\ominus = zE^\ominus/0.0592V$ (1分)

$= 5\times0.74V/0.0592V = 62.5$ (1分)

综合练习题(八)

一、判断题(每题1分,共10分)

1. 相同质量的尿素$[CO(NH_2)_2]$和葡萄糖($C_6H_{12}O_6$)溶于100g水中,两溶液凝固点相同。 ( )

2. 标准平衡常数是反应物和生成物都处于各自的标准态时的平衡常数。 ( )

3. 将等质量0.05mol·kg^{-1} HCl和0.1mol·kg^{-1} $NH_3\cdot H_2O$混合,所得溶液为缓

冲溶液。 (　　)

4. 对于只含有单齿配体的配合物而言，配位数等于配体数。 (　　)

5. 含氧酸根的电极电势值均与 pH 有关。 (　　)

6. 在浓差腐蚀中，氧气较充足部分的金属发生腐蚀。 (　　)

7. p 轨道的空间构型为双球形，则每一个球形代表一个原子轨道。 (　　)

8. 色散力只存在于非极性分子中。 (　　)

9. 活化能是指能够发生有效碰撞的分子所具有的平均能量。 (　　)

10. 温度升高，反应速率加快，从而使反应平衡常数增大。 (　　)

二、选择题(每题 1 分，共 30 分)

1. 质量相等的金刚石和石墨，在氧气中完全燃烧时放出的热量(　　)

A. 相等　　B. 石墨放热较多　　C. 金刚石放热较多　　D. 无法判断

2. 恒温下，下列反应的 $\Delta_r S_m^\ominus$ 为负值的是(　　)

A. $2AgNO_3(s) \longrightarrow 2Ag(s) + 2NO_2(g) + O_2(g)$

B. $2SO_2(g) + O_2(g) \longrightarrow 2SO_3(g)$

C. $2NO_2(g) \longrightarrow 2NO(g) + O_2(g)$

D. $2C_6H_6(l) + 15O_2(g) \longrightarrow 12CO_2(g) + 6H_2O(g)$

3. 已知碳酸钙热分解反应的 $\Delta_r H_m^\ominus = 178\text{kJ} \cdot \text{mol}^{-1}$，在 298K 时的 $\Delta_r G_m^\ominus = 130.1\text{kJ} \cdot \text{mol}^{-1}$，碳酸钙标态下自发分解的最低温度为(　　)

A. 298K　　B. 837K　　C. 1108K　　D. 1210K

4. 已知 $\Delta_f G_m^\ominus(Ag_2O, s) = -11.2\text{kJ} \cdot \text{mol}^{-1}$，反应 $2Ag_2O(s) = 4Ag(s) + O_2(g)$ 在 298K 达到平衡，氧的分压最接近于(　　)

A. $10^{-4} p^\ominus$　　B. $10^4 p^\ominus$　　C. $10^2 p^\ominus$　　D. $10^{-2} p^\ominus$

5. 反应 $NO(g) + CO(g) \longrightarrow 1/2N_2(g) + CO_2(g)$ 的 $\Delta_r H_m^\ominus = -373.0\text{kJ} \cdot \text{mol}^{-1}$，若要提高 NO(g) 和 CO(g) 的转化率，可采取的方法是(　　)

A. 高温高压　　B. 低温低压　　C. 低温高压　　D. 低压高温

6. 同浓度的下列水溶液凝固点最高的是(　　)

A. KCl　　B. CH_3COOH　　C. K_2SO_4　　D. 葡萄糖

7. 下列说法正确的是(　　)

A. 弱酸的浓度越小，其解离度就越大，因此酸性也越强

B. 两种酸 HX 和 HY 的水溶液具有相同的 pH，则这两种酸的浓度必然相等

C. 多元弱酸溶液中，由于 $K_{a_1}^\ominus \gg K_{a_2}^\ominus$，故计算多元弱酸溶液中的氢离子浓度时，可近似用一级解离平衡进行计算

D. 弱酸或弱碱的解离平衡常数不仅与溶液温度有关，而且与其浓度有关

8. 同浓度的下列水溶液 pH 最大的是(　　)[已知 $K_a^\ominus(HAc) = 1.76 \times 10^{-5}$，$K_b^\ominus(NH_3) = 1.77 \times 10^{-5}$，$K_{a_1}^\ominus(H_2S) = 9.1 \times 10^{-8}$，$K_{a_2}^\ominus(H_2S) = 1.1 \times 10^{-12}$，$K_a^\ominus(HCOOH) = 1.77 \times 10^{-4}$]

A. HAc　　B. NH_4Ac　　C. H_2S　　D. HCOOH

9. 在 HAc 溶液中加入下列物质时，HAc 解离度增大的是(　　)

A. NaAc　　B. 纯 HAc　　C. HCl　　D. NaCl

10. 下列叙述正确的是(　　)

A. 因为 $Cu^{2+}+2e^-$ ══ Cu 对应的 $E^\ominus(Cu^{2+}/Cu)$ 为 0.347V，故 $Cu-2e^-$ ══ Cu^{2+} 对应的 $E^\ominus(Cu^{2+}/Cu)$ 为 −0.347V

B. 含氧酸根的氧化能力随溶液 pH 的增大而增强

C. 因为 $E^\ominus(Pb^{2+}/Pb)=-0.126V>E^\ominus(Sn^{2+}/Sn)=-0.138V$，故 Sn^{2+} 不可能将 Pb 氧化为 Pb^{2+}

D. 在一个实际供电的原电池中，总是电极电势高的电对为正极，电极电势低的为负极

11. $E^\ominus(Br_2/Br^-)=1.087V$，对原电池(−)Pt | H_2(50kPa) | H^+($1mol \cdot kg^{-1}$) ┆┆ Br^-($1mol \cdot kg^{-1}$) | Br_2 | Pt(+)，其电动势为(　　)

A. 1.087V　　B. 1.078V　　C. 1.067V　　D. 1.096V

12. 下列说法正确的是(　　)

A. 电极电势表中所列的电极电势值就是相应电极双电层的电位差

B. 原电池中，电子由负极经导线流到正极，再由正极经溶液流到负极，从而构成回路

C. 对电池反应，若其 $E^\ominus$ 越大，则电池反应速率也越快

D. 实际进行的电池反应，其标准电动势可能小于零

13. 量子力学的一个轨道是指(　　)

A. 玻尔理论中的原子轨道　　B. n 值一定时的一个波函数

C. n 和 l 值一定时的一个波函数　　D. n、l 和 m 值一定时的一个波函数

14. 下列符合基态原子的外层电子排列的是(　　)

A. $2s^2 2p_x^2$　　B. $3d^4 2s^2$　　C. $4f^3 5s^2$　　D. $3d^8 4s^2$

15. 对于多电子原子体系，比较下列轨道中的电子，能量高的是(　　)

A. 3s　　B. 3p　　C. 3d　　D. 4s

16. 原子轨道沿两核连线以“肩并肩”方式进行重叠的是(　　)

A. σ 键　　B. 氢键　　C. π 键　　D. 配位键

17. PCl_3 和 CCl_4 两分子之间的作用力是(　　)

A. 取向力＋色散力　　B. 诱导力＋色散力

C. 取向力＋色散力＋诱导力　　D. 色散力

18. 某反应 A＋E ══ C，$\Delta H=+100kJ \cdot mol^{-1}$，这说明(　　)

A. E_a(正)$=100kJ \cdot mol^{-1}$　　B. E_a(逆)$=100kJ \cdot mol^{-1}$

C. E_a(正)$>E_a$(逆)　　D. E_a(正)$<E_a$(逆)

19. 下列哪一个元素原子的最外层 s 轨道电子都已占满(　　)

A. Cr　　B. Cu　　C. Ag　　D. V

20. 按共价键的价键理论，共价键的形成是由于(　　)

A. 电子云的叠加　　B. 波函数径向部分的叠加

C. 原子轨道的叠加　　D. 电子云角度部分的叠加

21. 由总浓度一定的 $H_2PO_4^-$-HPO_4^{2-} 缓冲对组成的缓冲溶液[已知 $K_{a_1}^\ominus(H_3PO_4)=7.6\times10^{-3}$，$K_{a_2}^\ominus(H_3PO_4)=6.3\times10^{-8}$，$K_{a_3}^\ominus(H_3PO_4)=4.4\times10^{-13}$]，缓冲能力最大时的pH为(　　)

A. 2.1　　B. 7.2　　C. 7.2±1　　D. 12.4

22. 已知 $K_{稳}^\ominus\{[Cu(NH_3)_4]^{2+}\}=10^{13.32}$，$K_{稳}^\ominus\{[Zn(NH_3)_4]^{2+}\}=10^{9.46}$，则向$[Cu(NH_3)_4]^{2+}$中加入等浓度的 Zn^{2+} 时(　　)

A. $[Cu(NH_3)_4]^{2+}$可转化为$[Zn(NH_3)_4]^{2+}$

B. $[Cu(NH_3)_4]^{2+}$不能转化为$[Zn(NH_3)_4]^{2+}$

C. 以上两种情况都有可能

D. 条件不足无法判断

23. 在下列几种反应条件的改变中，不能引起反应速率常数变化的是(　　)

A. 改变反应体系的温度　　B. 改变反应体系所使用的催化剂

C. 改变反应物的浓度　　D. 改变反应的途径

24. 温度 T 时，在抽空的容器中发生分解反应 $NH_4HS(s) \longrightarrow NH_3(g)+H_2S(g)$，并测得此平衡体系的总压力为 p，则标准平衡常数 $K^\ominus$ 为(　　)

A. $0.5p^2/p^\ominus$　　B. $p^2/p^\ominus$　　C. $(p/p^\ominus)^2$　　D. $(0.5p/p^\ominus)^2$

25. 某温度 T 时，若电池反应$\frac{1}{2}A+\frac{1}{2}B_2 = \frac{1}{2}A^{2+}+B^-$的标准电动势为 $E_1^\ominus$，$A^{2+}+2B^- = A+B_2$ 的标准电动势为 $E_2^\ominus$，则 $E_1^\ominus$ 与 $E_2^\ominus$ 的关系为(　　)

A. $E_1^\ominus=\frac{1}{2}E_2^\ominus$　　B. $E_1^\ominus=E_2^\ominus$　　C. $E_1^\ominus=-\frac{1}{2}E_2^\ominus$　　D. $E_1^\ominus=-E_2^\ominus$

26. 体型结构的高聚物有很好的力学性能，其原因是(　　)

A. 分子间有化学键　　B. 分子内有柔顺性

C. 分子间有分子间力　　D. 化学键与分子间力均有

27. 从下列 T_g、T_f 值中判断，适宜作为橡胶的是(　　)

	A	B	C	D
T_g/℃	87	189	90	−73
T_f/℃	175	300	135	122

28. 某基态原子的最外层只有两个电子，则其次外层的电子数(　　)

A. 一定为 8 电子　　B. 一定为 18 电子

C. 一定为 2 电子　　D. 不能确定

29. 通过测定 AB_2 型分子的偶极矩，总能判断(　　)

A. 分子的几何形状　　B. 元素的电负性差值

C. A—B 键的极性　　D. 三种都可以

30. 下列各晶体中，熔化时只需克服色散力的是(　　)

A. K　　B. H_2O　　C. SiC　　D. SiF_4

三、填空题(每空 1 分,共 25 分)

1. 蔗糖催化水解 $C_{12}H_{22}O_{11}+H_2O \longrightarrow 2C_6H_{12}O_6$ 是一级反应。在 298K 时,其速率常数为 $5.7\times10^{-5}\ s^{-1}$。若反应的活化能为 $110kJ\cdot mol^{-1}$,则在 283K 时速率常数为________。

2. 反应 $2SO_2(g)+O_2(g) \longrightarrow 2SO_3(g)$ 的 $\Delta_r H_m^\ominus(298K)=-196kJ\cdot mol^{-1}$,在一定压容器中反应达到平衡时,若加入稀有气体平衡,________(正反应方向移动、逆反应方向移动、不移动)。

3. 25℃时 $Ag_2O(s)$ 的 $\Delta_f G_m^\ominus=-11.2kJ\cdot mol^{-1}$,故 $Ag_2O(s)$ 分解成 $Ag(s)$ 和 $O_2(g)$ 的反应在室温和标准状态下是________反应(填"正向自发"或"非自发")。

4. 1mol 水在 100℃、101.328kPa 下变为水蒸气的汽化热为 40.58kJ,假定水蒸气为理想气体,蒸发过程不做非体积功,则 $H_2O(l) \longrightarrow H_2O(g)$ 相变过程的 $W=$________;$\Delta U=$________;$\Delta_r S_m^\ominus=$________;$\Delta_r G_m^\ominus=$________。(提示:汽化热指的是每摩尔物质经过定压过程发生汽化产生的热量,即 Q;与水蒸气相比液态水的体积可忽略;相变过程处于平衡态;注意各物理量的单位)

5. 已知某元素的原子序数为 83,则该元素处于第______周期,位于______区,位于______族,价层电子排布为________,电子排布为________________。(提示:[He]、[Ne]、[Ar]、[Kr]、[Xe]、[Rn]分别代表 2、10、18、36、54、86 个电子)

6. 已知 $K_w^\ominus(298K)=1.0\times10^{-14}$,如果 298K 下将反应 $OH^-(aq)+H^+(aq) \longrightarrow H_2O(l)$ 设计成原电池的方式来进行,则此原电池的标准电极电势为________V;原电池的电池符号为________________。

7. 若温度 $T_2>T_1$,平衡常数 $K_{T_2}^\ominus<K_{T_1}^\ominus$,则该反应的 $\Delta_r H_m^\ominus$ ____ 0(>或<)。

8. 用系统命名法命名,$[Co(NH_3)_3(H_2O)Cl_2]Cl$ 为________________,$[Cu(en)_3]SO_4$ 为________________,$K[Al(OH)_4]$为________________。

9. 已知 $K_a^\ominus(HAc)=1.8\times10^{-5}$,则共轭碱的 $K_b^\ominus$ 为__________。

10. 试由以下热力学数据确定压力为 100kPa 时 PCl_3 的沸点________。

物质	$PCl_3(l)$	$PCl_3(g)$
$\Delta_f H_m^\ominus/(kJ\cdot mol^{-1})$	−319.7	−287.0
$S_m^\ominus/(J\cdot mol^{-1}\cdot K^{-1})$	217.1	311.7

11. 运用价层电子对互斥理论,判断下列分子的几何构型

I_3^- ________________,SO_3^{2-} ________________,$TeCl_4$ ________________。

12. 已知电池反应为 $Zn(s)+2H^+(x\ mol\cdot kg^{-1}) = Zn^{2+}(1mol\cdot kg^{-1})+H_2(100kPa)$,其 $E=0.46V$,$E^\ominus(Zn^{2+}/Zn)=-0.7618V$,则氢电极溶液中的 pH 为________。

13. 在 Mg、Al、F、Si 和 Cr 5 种原子中,具有未成对电子最多的是________。

四、计算题(共35分)

1. (12分)对于反应 $N_2(g)+O_2(g)=2NO(g)$，已知 $\Delta_f H_m^\ominus(NO,g,298K)=90.25kJ\cdot mol^{-1}$，298K时的 $K^\ominus=4.60\times10^{-31}$，计算：

(1) 298K时反应的 $\Delta_r H_m^\ominus$、$\Delta_r G_m^\ominus$、$\Delta_r S_m^\ominus$。

(2) 500K时的 $K^\ominus$。

(3) 298K时，$p_{N_2}=100.0kPa$，$p_{O_2}=100.0kPa$，$p_{NO}=1.0kPa$，$\Delta_r G_m(298K)=$? 判断反应是否能自发进行。

2. (5分)已知 $K_{HAc}^\ominus=1.76\times10^{-5}$，计算：

(1) $0.1mol\cdot kg^{-1}$ HAc的解离度 α。

(2) 向上述体系中加入NaAc(s)使 $b(NaAc)=0.1mol\cdot kg^{-1}$，求溶液的pH和解离度 α。

(3) 将上述两个结果比较，说明解离度减小的原因。

3. (6分)已知 $K_{稳}^\ominus\{[Ag(NH_3)_2]^+\}=1.1\times10^7$，$K_{稳}^\ominus\{[Ag(CN)_2]^-\}=4.0\times10^{20}$：

(1) 在50g $0.2mol\cdot kg^{-1}$ $AgNO_3$ 溶液中加入等质量的 $1.0\ mol\cdot kg^{-1}$ 的氨水。计算平衡时溶液中 Ag^+ 的浓度。

(2) 求从 $[Ag(NH_3)_2]^+$ 向 $[Ag(CN)_2]^-$ 转化的标准平衡常数。

4. (12分)金属铜插入 $0.1mol\cdot kg^{-1}$ 的 $CuSO_4$ 溶液中构成电极，并与标准氢电极组成原电池，已知 $E^\ominus(Cu^{2+}/Cu)=0.34V$：

(1) 写出电极反应和原电池的电池符号。

(2) 计算原电池的电动势，并说明反应自发进行的方向。

(3) 计算反应的标准平衡常数。

(4) 计算反应的 $\Delta_r G_m$。

参考答案

一、判断题(每题1分，共10分)

1. ×； 2. ×； 3. √； 4. √； 5. ×； 6. ×； 7. ×； 8. ×； 9. ×； 10. ×

二、选择题(每题1分，共30分)

1. C； 2. B； 3. C； 4. A； 5. C； 6. D； 7. C； 8. B； 9. D； 10. D； 11. D； 12. D； 13. D； 14. D； 15. C； 16. C； 17. B； 18. C； 19. D； 20. C； 21. B； 22. B； 23. C； 24. D； 25. D； 26. D； 27. D； 28. D； 29. A； 30. D

三、填空题(每空1分，共25分)

1. $5.42\times10^{-6}s^{-1}$
2. 逆反应方向
3. 非自发

4. -3.101kJ；37.48kJ；108.8J·mol^{-1}·K^{-1}；0

5. 六周期；p 区；ⅤA；$6s^2 6p^3$；[Xe] $4f^{14}5d^{10}6s^2 6p^3$

6. 0.8288V；(−)Pt|$H_2(p_1)$|$OH^-(b_1)$ ⋮⋮ $H^+(b_2)$|$H_2(p_2)$|Pt(+)或
(−)Pt|$O_2(p_1)$|$OH^-(b_1)$ ⋮⋮ $H^+(b_2)$|$O_2(p_2)$|Pt(+)

7. <0

8. 氯化二氯·三氨·一水合钴(Ⅲ)或氯化二氯·三氨·水合钴(Ⅲ)； 硫酸三乙二胺合铜(Ⅱ)；四羟基合铝(Ⅲ)酸钾

9. 5.6×10^{-10}

10. 73℃或 346K

11. 直线形；三角锥形；变形四面体

12. 5.12

13. Cr

四、计算题(共 35 分)

1. **解** (1) $\Delta_r H_m^\ominus(298K)=2\times\Delta_f H_m^\ominus(NO,g,298K)=2\times90.25=180.50(kJ\cdot mol^{-1})$ (2 分)

$\Delta_r G_m^\ominus(298K)=-2.303RT\lg K^\ominus=173.10kJ\cdot mol^{-1}$ (2 分)

$\Delta_r G_m^\ominus(298K)=\Delta_r H_m^\ominus(298K)-T\Delta_r S_m^\ominus$

所以 $\Delta_r S_m^\ominus=[\Delta_r H_m^\ominus(298K)-\Delta_r G_m^\ominus(298K)]/T$

$=(180.50-173.10)/298$

$=24.83(J\cdot mol^{-1}\cdot K^{-1})$ (2 分)

(2) 设 298K 时的标准平衡常数为 $K_{T_1}^\ominus$，500K 时的标准平衡常数为 $K_{T_2}^\ominus$

$$\ln\frac{K_{T_2}^\ominus}{K_{T_1}^\ominus}=\frac{\Delta_r H_m^\ominus}{R}\left(\frac{1}{T_1}-\frac{1}{T_2}\right)=\frac{180.50}{8.3145\times10^{-3}}\left(\frac{1}{298}-\frac{1}{500}\right)=29.43$$

$$\frac{K_{T_2}^\ominus}{K_{T_1}^\ominus}=\frac{K_{500K}^\ominus}{K_{298K}^\ominus}=6.057\times10^{12}$$

$K_{500K}^\ominus=6.057\times10^{12}\times4.60\times10^{-31}=2.77\times10^{-18}$ (2 分)

(3) $\Delta_r G_m^\ominus(500K)=-RT\ln K_{500K}^\ominus=-2.303RT\lg K_{500K}^\ominus$

$=-2.303\times8.3145\times10^{-3}\times500\times\lg(2.77\times10^{-18})$

$=168.1(kJ\cdot mol^{-1})$

或 $\Delta_r G_m^\ominus(500K)=\Delta_r H_m^\ominus-T\Delta_r S_m^\ominus$

$=180.50-500\times24.83\times10^{-3}$

$=168.1(kJ\cdot mol^{-1})$

按题设条件，应计算非标准条件下的 $\Delta_r G_m(500K)$ (2 分)

$\Delta_r G_m(500K)=\Delta_r G_m^\ominus(500K)+RT\ln\prod_B$

$$=168.1+8.3145\times10^{-3}\times500\times\ln\frac{(p_{NO}/p^\ominus)^2}{(p_{N_2}/p^\ominus)(p_{O_2}/p^\ominus)}$$

$$=168.1+4.157\ln\frac{(1/100)^2}{(100/100)(100/100)}$$

$=168.1-4.157\times4$

$=151.5(kJ\cdot mol^{-1})>0$ (2 分)

反应在题设条件下正向非自发。

2. **解** (1) α=1.32% (2分)

(2) pH=4.75 (1分),α= 0.0178% (1分)

(3) 同离子效应 (1分)

3. **解** (1) 平衡时 $b(Ag^+)=9.91\times10^{-8}mol\cdot kg^{-1}$ (3分)

(2) $K^\ominus=K^\ominus_{稳}\{[Ag(CN)_2]^-\}/K^\ominus_{稳}\{[Ag(NH_3)_2]^+\}=3.64\times10^{13}$ (3分)

4. **解** (1) $(+)Cu^{2+}+2e^-=\!=\!=Cu$ $(-)2H^++2e^-=\!=\!=H_2$

$$Pt|H_2(g,100kPa)|H^+(1.0mol\cdot L^{-1})\,\vdots\vdots\,Cu^{2+}(0.10mol\cdot L^{-1})|Cu$$

$$Cu^{2+}+H_2=\!=\!=Cu+2H^+ \quad (4分)$$

(2) $E(Cu^{2+}/Cu)=E^\ominus(Cu^{2+}/Cu)+\dfrac{0.0592V}{2}\lg\{c(Cu^{2+})/b^\ominus\}=0.31V$

$$E=E^\ominus(Cu^{2+}/Cu)-E^\ominus(H^+/H_2)=0.31V>0 \quad (4分)$$

该电池应该正向自发进行。

(3) $\lg K^\ominus=\dfrac{nE^\ominus}{0.0592V}=\dfrac{2\times0.34V}{0.0592V}=11.49$

$K^\ominus=3.1\times10^{11}$ (2分)

(4) $\Delta_rG_m=-nFE=-2\times96485C\cdot mol^{-1}\times0.31V=-59.82kJ\cdot mol^{-1}$ (2分)

索　引

L

M

N

P